"十三五"国家重点出版物出版规划项目

铜铅锌矿选矿新技术

陈代雄　著

北　京

冶 金 工 业 出 版 社

2023

内 容 提 要

本书共 4 章，全面介绍了铜铅锌基础理论及复杂铜铅锌硫化矿、难选氧化矿、铜钼矿的选矿工艺技术，重点介绍了作者科研团队在工艺流程创新、高效选矿药剂研发、绿色环保铜铅锌分离技术等方面取得的科研成果。

本书可供矿物加工工程专业的高校师生、科研院所及矿山企业等科研技术人员阅读参考。

图书在版编目 (CIP) 数据

铜铅锌矿选矿新技术/陈代雄著 . —北京：冶金工业出版社，2019. 10
（2023. 7 重印）

"十三五"国家重点出版物出版规划项目

ISBN 978-7-5024-8264-0

Ⅰ. ①铜…　Ⅱ. ①陈…　Ⅲ. ①铜矿床—选矿　②铅锌矿床—选矿
Ⅳ. ①TD95

中国版本图书馆 CIP 数据核字（2019）第 220798 号

铜铅锌矿选矿新技术

出版发行	冶金工业出版社	电　话	(010)64027926
地　址	北京市东城区嵩祝院北巷 39 号	邮　编	100009
网　址	www.mip1953.com	电子信箱	service@ mip1953.com

责任编辑　徐银河　张耀辉　王梦梦　美术编辑　彭子赫　版式设计　孙跃红
责任校对　李　娜　责任印制　禹　蕊

北京捷迅佳彩印刷有限公司印刷

2019 年 10 月第 1 版，2023 年 7 月第 2 次印刷

710mm×1000mm　1/16；16.25 印张；315 千字；250 页

定价 88.00 元

投稿电话　(010)64027932　投稿信箱　tougao@cnmip.com.cn
营销中心电话　(010)64044283
冶金工业出版社天猫旗舰店　yjgycbs.tmall.com
（本书如有印装质量问题，本社营销中心负责退换）

前　言

　　人类文明的发展史与人类利用自然、开发矿产资源息息相关，从石器时代，到青铜器时代，再到铁器时代，特别是物质高度发展的今天，房子、高铁、飞机、汽车、公路、桥梁等等，我们生活的一切都离不开矿产资源。矿产资源是人类赖以生存、发展和进步的重要物质基础。矿产资源高效回收利用是推动经济社会可持续发展、满足矿产资源日益增长的需求的重要保障。随着我国矿产资源的不断开发利用，高品位富矿和易选矿越来越少，有限的资源日益匮乏，呈现"贫、细、杂"复杂难选的特点和趋势，矿物加工的难度和复杂程度不断加大。这需要人们不断研发出新工艺、新技术和新装备，大幅降低资源浪费。复杂铜铅锌矿、氧化铜矿、铜钼硫化矿是最复杂难选的重要矿产资源之一，也是获取铜、铅、锌、钼金属及其化合物的重要来源。

　　铜作为人类发现和利用最古老的金属之一，是有色金属材料中消费量第二大的金属。由于铜具有优越的物理和化学性能，被广泛应用在国民经济各个领域，保障其供给尤其重要。但是我国铜资源严重短缺，人均占有率不到世界平均的1/3，60%以上需要依赖进口。铅、锌金属因其特殊性，在工业发展中有着不可替代的地位，随着世界经济全球化进程的加快，铅、锌开采业在世界范围内的竞争愈演愈烈，铅锌精矿产量逐年增加，我国铅锌矿产资源严重不足，超过50%依赖进口。钼是发现得比较晚的一种金属元素，1792年由瑞典化学家从辉钼矿中提炼出来。由于金属钼具有高强度、高熔点、耐腐蚀、耐研磨等优点，在工业上得到了广泛的利用。钼的各种合金钢，具有耐高温强度、耐磨性和抗腐蚀性的特性，用于制造运输装置、机车、工业机械、各种仪器、高速切削工具、飞机的金属构件、制造军舰、坦克、枪炮、火箭、卫星的合金构件和零件。因此，铜、铅、锌和钼金属非常重要，被称为战略金属。

铜矿资源分为硫化铜矿和氧化铜矿两大类。随着高品位、易选硫化铜矿日趋减少，难选、低品位硫化铜矿和氧化铜矿开发利用逐渐引起选矿界的重视。复杂铜铅锌矿、氧化铜矿、铜钼硫化矿是复杂难选的含铜矿产资源，是回收利用铜、铅、锌、钼金属及化合物的重要来源。然而，这些矿产资源开发利用存在复杂难选、资源利用率低、资源浪费严重、精矿产品质量低下、生产工艺流程复杂、环境污染严重、基础理论研究不够深入等问题，迫切需要研究出新工艺、新技术实现资源高效清洁回收利用，将矿石中有价元素金属和矿物资源"吃干榨净"，这是当今广大选矿科研工作者重要的研究课题和共同面对的奋斗目标。

本书是作者及其团队长期从事复杂铜铅锌硫化矿、难选氧化矿、铜钼矿选矿方面的研究，包括技术和理论研究成果，是国内外最新成果和作者从事选矿应用科研工作三十多年的总结。本书旨在增进同行间的技术交流，为生产实践和理论研究提供借鉴。

本书共分4章，全面介绍了复杂铜铅锌硫化矿、难选氧化矿、铜钼矿的选矿工艺技术及浮选理论研究成果。本书资料收集力求新而全，在理论研究的基础上增加选矿实例，以期能够更好地说明问题，方便大家的学习和理解。

在本书编写过程中，得到湖南有色金属研究院选矿研究所罗新民、杨建文、胡波、肖骏、张晓峰、董艳红、潘高产、贺国帅的大力支持，也得到中南大学朱建裕教授和张晨阳副教授的大力支持和帮助。在此，谨向他们表示诚挚的谢意。

由于时间仓促以及水平有限，不足之处，敬请广大读者批评指正。

作　者
2019 年 4 月

目　录

1 概述 ·· 1

1.1 铜的性质和用途 ·· 1

1.2 铅的性质和用途 ·· 2

1.3 锌的性质和用途 ·· 3

1.4 铜的生产 ·· 3

1.5 铅锌的生产 ·· 4

参考文献 ··· 5

2 硫化铜铅锌矿选矿 ··· 7

2.1 铜铅锌矿资源储量和分布 ·· 7

2.1.1 铜矿资源储量及分布 ·· 7

2.1.2 铅锌矿资源储量和分布 ·· 8

2.2 硫化铜铅锌矿床类型和矿石结构 ···································· 10

2.2.1 矿床类型 ·· 10

2.2.2 铜铅锌硫化矿物构造与结构 ······································ 11

2.2.3 铜铅锌硫化矿中主要矿物的嵌布特性 ····························· 12

2.3 硫化铜铅锌矿选矿 ··· 13

2.3.1 浮选行为 ·· 13

2.3.2 复杂铜铅锌硫化矿浮选工艺 ······································ 15

2.3.3 铜铅锌分离 ·· 20

2.3.4 铜铅分离药剂研究进展 ·· 23

2.4 铜铅硫化矿和药剂作用的理论计算 ···································· 30

2.4.1 密度泛函理论 ·· 30

2.4.2 黄铜矿表面吸附模型 ·· 32

2.4.3 方铅矿表面吸附模型 ·· 34

2.4.4 黄药和 Z-200 药剂分子性质计算 ································ 35

2.4.5 黄铜矿（001）面与药剂作用计算结果 ·························· 41

2.4.6 方铅矿（100）面与药剂作用计算结果 ·························· 46

2.5 铜铅矿浮选机理 ·· 50

　　2.5.1　抑制剂对铜铅浮选分离红外光谱分析的影响 ……… 51
　　2.5.2　药剂与矿物表面作用的光电子能谱分析 ………… 52
　2.6　硫化铜铅锌矿选矿实践 …………………………………… 57
　　2.6.1　西藏中凯复杂铜铅锌多金属矿 …………………… 57
　　2.6.2　青海浪力克铜矿 …………………………………… 65
　　2.6.3　青海祁连博凯铜铅锌矿 …………………………… 71
　　2.6.4　小铁山多金属矿 …………………………………… 78
　　2.6.5　江西七宝山铅锌矿伴生铜资源回收 ……………… 82
　参考文献 …………………………………………………………… 89

3　氧化铜矿选矿 ……………………………………………………… 92
　3.1　氧化铜矿矿床类型和矿石特性 …………………………… 92
　　3.1.1　氧化铜矿矿床类型 ………………………………… 92
　　3.1.2　氧化铜矿资源及其矿石特点 ……………………… 93
　　3.1.3　氧化铜矿物种类 …………………………………… 94
　　3.1.4　氧化铜矿石特性 …………………………………… 97
　3.2　氧化铜矿物浮选行为 ……………………………………… 98
　3.3　氧化铜矿选矿工艺 ………………………………………… 101
　　3.3.1　直接浮选工艺 ……………………………………… 101
　　3.3.2　硫化浮选工艺 ……………………………………… 102
　　3.3.3　离析法工艺 ………………………………………… 104
　　3.3.4　化学选矿工艺 ……………………………………… 106
　　3.3.5　混合捕收协同浮选 ………………………………… 106
　　3.3.6　胺类浮选法 ………………………………………… 107
　　3.3.7　选冶联合法 ………………………………………… 107
　　3.3.8　磁浮联合工艺 ……………………………………… 108
　　3.3.9　微波辐照浮选法 …………………………………… 108
　　3.3.10　超声处理浮选法 ………………………………… 108
　3.4　氧化铜矿浮选药剂 ………………………………………… 108
　　3.4.1　硫化剂 ……………………………………………… 109
　　3.4.2　捕收剂 ……………………………………………… 109
　　3.4.3　调整剂 ……………………………………………… 110
　3.5　氧化铜硫化浮选机理 ……………………………………… 112
　　3.5.1　氧化铜硫化机理 …………………………………… 113
　　3.5.2　LA 的促进硫化及辅助捕收机理 ………………… 115
　　3.5.3　COC 羟肟酸的作用机理 ………………………… 116
　3.6　氧化铜矿选矿实践 ………………………………………… 119

3.6.1　华刚矿业股份有限公司 SICOMINES 氧化铜钴矿选矿实践 ……… 120

3.6.2　新疆滴水氧化铜矿选矿技术及实践 ………… 139

3.6.3　西藏玉龙氧化铜矿选矿技术及实践 ………… 151

3.6.4　刚果金 KOLWEZL 矿选矿小型试验开发研究 ………… 175

参考文献 ………… 193

4　铜钼矿选矿技术 ………… 195

4.1　铜钼矿矿床类型和矿石特性 ………… 195

4.1.1　矿床类型 ………… 195

4.1.2　矿石性质 ………… 196

4.2　铜钼矿物浮选行为 ………… 197

4.2.1　辉钼矿的浮选行为 ………… 197

4.2.2　黄铜矿的浮选行为 ………… 198

4.3　铜钼矿选矿工艺 ………… 199

4.3.1　混合浮选分离工艺 ………… 200

4.3.2　抑铜浮钼 ………… 200

4.3.3　抑钼浮铜（硫）方案 ………… 205

4.4　铜钼矿浮选药剂 ………… 206

4.4.1　浮选药剂概述 ………… 206

4.4.2　捕收剂 ………… 206

4.4.3　抑制剂 ………… 211

4.5　铜钼矿选矿实践 ………… 213

4.5.1　金堆城钼矿 ………… 213

4.5.2　洛阳栾川钼业集团选矿二公司 ………… 217

4.5.3　德兴铜钼矿选厂 ………… 218

4.5.4　柿竹园铜钼铋钨多金属选矿厂 ………… 219

4.5.5　小寺沟选矿厂 ………… 221

4.5.6　安徽省金寨县沙坪沟钼矿 ………… 223

4.5.7　姑田铜钼矿 ………… 230

4.5.8　新疆洛钼矿业有限公司东戈壁钼矿 ………… 233

4.5.9　伊春鹿鸣矿业公司钼矿 ………… 235

4.5.10　库厄琼选矿厂 ………… 238

4.5.11　拉·卡里达德选矿厂 ………… 240

4.5.12　丘基卡马达选矿厂 ………… 244

参考文献 ………… 247

索引 ………… 249

1 概　　述

1.1　铜的性质和用途

铜在地壳中的含量约万分之一，自然界中很少有金属铜形态存在，多以化合物形态存在于共生矿中。铜的矿物达两百多种，较常见并具有工业价值的铜矿物约 15 种，分为硫化铜矿、氧化铜矿和混合铜矿三大类，主要铜矿物有黄铜矿、辉铜矿、孔雀石、蓝铜矿、斑铜矿、黝铜矿等。

铜是元素周期表中第 Ⅳ 周期的第一副族元素，原子序数 29，相对原子质量为 63.55，化合价为 +1 价和 +2 价。纯净的铜显玫瑰红色或紫红色，人们常常称之为紫铜。熔融铜的密度为 $8.22g/cm^3$，纯铜的密度为 $8.89g/cm^3$。莫氏硬度为 3，是一种相当柔软的金属。铜的熔点为 1033℃，沸点通常为 2910℃。

铜有两种氧化物，即棕色的一氧化铜（Cu_2O）和黑色的氧化铜（CuO）。这两种氧化物均为盐基性，可生成亚铜盐和铜盐。铜是一种重要的有色金属，在现代许多工业领域和科学技术领域中，铜已经成为必不可少的金属。

铜的电导率高，导电性能好，仅次于银，且铜的售价比银低很多，因此铜在电器、电子技术、电机制造等工业部门应用最广，用量最大，仅电器工业就耗用铜产量的一半。铜的导热性能好，在金属中处于第三位，仅次于银和金，因此常用铜来制造加热器、冷凝器、热交换器等。铜的延展性能好，易于成型和加工，因此在飞机、船舶和汽车制造等工业部门中多用来制造零部件。铜的耐腐蚀性较好，在常温下很少溶于盐酸，缓溶于稀硫酸，但溶解于热而浓的硫酸，放出 SO_2 气体，而留下硫酸铜。铜的最适宜的溶剂为硝酸。

铜易与锌、锡、铝、镍、铍等有色金属制成各种不同特性的合金，而获得越来越广泛的应用。铜与锌的合金、铜与锡的合金，人们通常分别称之为黄铜和青铜，广泛地应用于各种工业部门。铜与铝可以各种比例组成合金。以铜为主的铝合金称为铝青铜，其抗展性强，且比黄铜或锡青铜轻 10%~15%，可用来制造强度与韧性均较高的铸件。在铜和镍的合金中，最重要的合金是含镍为 67%、含铜为 33% 的蒙乃尔合金，其抗蚀性很强，即使把它加热至高温，其强度仍可保持极大的限度，因而，它比任何铜基合金或普通铜都更优良。含铍的铜合金，其力学性能超过高级优质钢，有良好的导电性，广泛用于制造无线电设备和各种部件、工具。熔渗铜钨用于电触点、半导体支座，近十几年来在火箭喷嘴上用作主要的结构材料。

　　铜及其化合物是新的超导体的主要组分之一。据报道，近两年来美国国际商用机器公司瓦特桑研究中心和日本筑波大学先后研究成功了超导起始转变温度分别为30K和近90K的新型超导材料。1987年2月24日中国科学院物理研究所赵忠贤等科学家获得了超导起始转变温度在100K以上的新型超导体，其主要成分是钡、钇、铜、氧四种元素。

1.2　铅的性质和用途

　　铅是最软的重金属，呈灰蓝色，新鲜断面具有强烈的金属光泽。铅的熔点低（327.4℃）、密度大（11.68g/cm³）、流动性好（340℃时，其黏度为0.0189P；470℃时为0.0144P），铅的沸点根据不同文献资料，测得的数值均不一样，不过现在大多数认为铅的沸点为1525℃。铅在500~550℃时，便有显著挥发，并具有毒性，所以生产过程中，应严格控制生产温度，尽量减少铅的挥发。铅是热和电的不良导体，如果把银的导热度和导电度当作100%，则铅的导热度和导电度分别为银的8.5%和10.7%。铅的展性好，可以压轧成铅皮或锤成铅箱，但是其延性差，不能拉成铅丝。常温时，铅在完全干燥的空气中，不会发生任何化学反应；在潮湿和含有二氧化碳的空气中时，铅会被氧化而失去金属光泽，其表面被二氧化铅覆盖而变成暗灰色，此薄膜慢慢转化，变成碱性碳酸铅，可防止内部继续被氧化；铅在空气中加热熔化，开始氧化生产氧化铅，继续加热到330~450℃，则氧化铅转化成三氧化铅，温度上升到450~470℃时，又转化成四氧化三铅，无论是三氧化二铅还是四氧化三铅，在高温下都不稳定，易离解为氧化铅和氧。铅易溶于硝酸，特别是稀硝酸、硼氟酸、硅氟酸和醋酸；常温下硫酸和盐酸仅作用于铅表面，形成几乎不溶的氧化铅和硫酸铅膜，保护表面，内层不再受酸的侵蚀，但在煮热的盐酸和加热至200℃的浓硫酸作用下，铅能被慢慢地溶解。

　　杂质对铅的性质有很大的影响，铅中含有少量的杂质，在如砷、锑、铜、锡、碱金属和碱土金属存在时不但会使得铅的硬度增加、抗腐蚀性能降低，而且还会使得制成的材料颜色变坏，甚至根本不能使用。砷和锑会使得铅变得脆和硬，镉、碲和锡能增大铅的硬度和疲劳极限，铜可以提高铅的熔点，铋和锌均能增加铅的硬度和降低铅的耐酸性能。

　　由于铅具有高密度、良抗蚀性、熔点低、柔软、易加工等特性，因此在许多工业领域中得到应用，铅板和铅管广泛用于制酸工业、蓄电池、电缆包皮及冶金工业设备的防腐衬里。

　　铅能吸收放射性射线，可作原子能工业及X射线仪器设备的防护材料。铅能与锑、锡、铋等配制成各种合金，如熔断保险丝、印刷合金、耐磨轴承合金、焊料、榴霰弹弹丸、易熔合金及低熔点合金模具等。铅的化合物四乙基铅可作汽油抗爆添加剂和颜料，还可以作建筑工业隔音和装备上的防振材料等。

1.3 锌的性质和用途

锌是现代社会的重要基础材料之一，在国民经济和人们的日常生活中占有十分重要的地位，在全世界的金属材料消耗中锌仅次于铁、铝、铜，居第四位。

锌是元素周期表中第Ⅳ周期第Ⅱ副族元素，原子序数 30，相对原子质量 65.38。纯锌是一种银白略带蓝色的有色重金属，密度 7.14g/cm³，熔点 419.4℃，沸点 907℃。锌在地壳中的平均含量为 0.0083%。

锌的化合价是+2 价，化学性质活泼，其具有许多优良特性：(1) 抗腐蚀性能强，在潮湿和含二氧化碳的空气中，表面易被氧化，生成不溶于水的氢氧化锌或碱式碳酸锌的致密薄膜层，能阻止被继续氧化腐蚀。金属表面镀锌防腐就是利用这一特性。(2) 熔点较低，具有强烈的挥发性质。(3) 具有中等的强度、硬度和延展性，锻锌件和锌合金可制成带材、板材和棒材以及锌箔、锌丝等。(4) 属两性元素，既易溶于稀硫酸、稀盐酸和各种浓度的硝酸中，也能溶于强碱和氢氧化铵溶液中，生成各具用途的锌化合物。(5) 能与许多金属炼制成各种特性的合金，提高合金的力学性能和抗腐蚀性能等。(6) 与其他金属碰撞不发生火花，不会有引起爆炸的危险。

由于锌具有上述优良特性，因而锌及其合金和化合物在镀锌、干电池、印刷、建筑、汽车制造、机械制造、仪器仪表、日用五金、电子、军火、橡胶、制革、纺织、医药、陶瓷和木材加工等工业中获得了日益广泛的应用。锌的最大用途是用作钢铁制品的镀锌，如镀锌铁皮、铁管、日用五金和仪器、仪表、设备器具的零部件等，防止它们在大气中的腐蚀损坏。

锌广泛用于炼制各种合金，如黄铜、特种黄铜和锌铝、锌铝镁等合金。锌含量在 40% 以下的黄铜使用价值最大，其强度比纯铜大 50%。黄铜、特种黄铜、铜锌铝、锌铝镁等合金广泛应用于机械制造、汽车制造和军火等工业部门中。以锌为主要基准成分，加入适量的铝、镁、稀土等金属炼制的模具合金、压铸合金和记忆合金等在电子计算机和机械制造等工业中的应用越来越广泛。

锌也是人和动、植物生长所必需的微量元素之一。锌能促进植物的光合作用和呼吸作用，在缺锌的土壤中合理地施以锌肥，能使玉米、水稻显著增产。锌也参与人体的各种新陈代谢作用，促进和维持着人体的正常发育和健康。正常情况下，人体含锌量约占体重的 0.001%。

1.4 铜的生产

矿山铜的生产主要集中在智利、中国、秘鲁、美国、澳大利亚等国，2012 年，这些国家的矿山铜产量分别占世界总量的 31.90%、9.11%、7.62%、7.02% 和 5.37%，合计约占世界总量的 61%。2010~2013 年世界矿山铜主要生产国产量见表 1-1。

表 1-1　2010~2013 年世界矿山铜主要生产国产量[1~4]　　　　　（万吨）

国家名称	2010 年	2011 年	2012 年	2013 年
智利	541. 89	526. 28	543. 39	577. 60
中国	115. 58	127. 19	155. 15	168. 13
秘鲁	124. 72	123. 52	129. 86	137. 56
美国	110. 00	111. 00	119. 54	126. 82
澳大利亚	87. 00	96. 00	91. 40	96. 10
赞比亚	73. 17	78. 41	78. 16	86. 52
俄罗斯	72. 78	72. 48	72. 48	72. 00
加拿大	52. 51	56. 90	57. 86	63. 19
墨西哥	27. 01	44. 36	52. 55	48. 91
印度尼西亚	87. 12	54. 30	40. 03	48. 54
世界合计	1614. 75	1629. 47	1703. 42	1808. 60

注：表中矿山铜指的是所生产的矿石和精矿中可回收的含铜量。

从我国铜精矿产量的分布来看，2013 年铜精矿主要产于江西、内蒙古、云南、安徽、甘肃、四川、新疆、湖北、青海、山西等 10 个省区，产量合计达 148. 68 万吨，占全国总产量的 88. 43%。就精炼铜产量而言，2013 年主要生产省区为江西、山东、安徽、甘肃、湖北、云南、江苏、浙江、内蒙古和广东，合计产量达 567. 75 万吨，占全国总产量的 85. 16%[5]。

1. 5　铅锌的生产

铅、锌金属因其特殊性，在工业发展中有着不可替代的地位，因此随着世界经济全球化进程的加快，铅、锌开采业在世界范围内的竞争愈演愈烈，铅锌精矿产量逐年增加。2013 年世界矿山铅产量为 561. 91 万吨，其中欧洲及南美洲矿山铅产量 228. 09 万吨，矿山铅产量详见表 1-2。矿山铅生产大国有中国、澳大利亚、美国、秘鲁、墨西哥、俄罗斯和印度等，年产量均在 10 万吨以上，他们的产量占当年世界产量的 86. 9%；其中我国是世界第一大铅矿生产国，2013 年产量达 304. 80 万吨，占世界当年矿山铅产量的 54. 2%[5]。

2013 年世界矿山锌产量 1372. 04 万吨，其中欧洲及南美洲锌矿山产量 749. 46 万吨，世界矿山锌产量详见表 1-3。世界矿山锌生产大国主要有中国、澳大利亚、秘鲁、印度、美国、墨西哥和加拿大等，年产量均在 50 万吨以上；其中我国是世界最大的锌矿生产国，2013 年锌矿山产量 539. 15 万吨，占当年世界锌矿山产量的 39. 3%[5]。

表1-2 世界矿山铅产量 （万吨）

国家或地区	2010年	2011年	2012年	2013年	国家或地区	2010年	2011年	2012年	2013年
中国	198.13	235.83	283.84	304.80	土耳其	3.90	3.96	5.43	8.46
澳大利亚	71.20	62.10	62.20	71.61	波兰	2.31	3.62	3.47	1.51
美国	36.85	34.57	34.78	34.96	爱尔兰	3.91	5.05	4.59	4.35
秘鲁	26.20	23.00	24.92	26.65	马其顿	4.13	3.73	3.92	4.24
墨西哥	19.21	22.37	23.81	24.05	哈萨克斯坦	3.61	3.46	3.85	4.08
俄罗斯	9.70	11.30	13.80	13.47	朝鲜	2.73	2.85	3.84	5.88
印度	9.07	9.41	11.51	12.55	伊朗	3.20	2.96	4.00	4.61
玻利维亚	7.28	10.01	8.11	8.52	摩洛哥	3.27	3.08	2.68	2.90
瑞典	6.77	6.20	6.36	5.95	其他	13.03	13.93	16.66	16.85
加拿大	6.48	5.94	6.12	2.02	世界总计	436.04	468.82	529.14	561.91
南非	5.06	5.45	5.25	4.43	欧洲及南美洲总计	216.75	207.54	216.32	228.09

表1-3 世界矿山锌产量 （万吨）

国家或地区	2010年	2011年	2012年	2013年	2013年较2012年增长率/%	国家或地区	2010年	2011年	2012年	2013年	2013年较2012年增长率/%
中国	384.22	405.00	485.91	593.15	11.0	巴西	21.12	19.78	16.43	16.43	0.0
澳大利亚	148.00	151.60	154.20	152.30	-1.2	纳米比亚	20.42	19.25	19.36	18.75	-3.2
印度	73.98	73.30	72.49	81.70	12.7	瑞典	19.87	19.40	18.83	17.57	-6.7
美国	74.80	76.90	73.80	78.80	6.8	伊朗	12.00	13.80	13.80	14.28	3.5
墨西哥	57.00	63.19	66.03	64.12	-2.9	波兰	9.19	8.72	7.67	8.73	13.8
加拿大	64.91	61.16	61.17	42.61	-30.3	蒙古	5.63	5.24	5.96	5.21	-12.6
玻利维亚	41.14	42.71	38.98	40.73	4.5	葡萄牙	—	0.42	3.00	5.34	77.9
哈萨克斯坦	40.45	37.67	37.05	36.11	-2.5	其他	53.90	55.92	55.96	54.83	2.0
爱尔兰	35.39	34.45	34.03	32.67	-4.0	世界总计	1235.97	1242.30	1318.65	1372.04	4.0
俄罗斯	26.90	28.20	25.85	27.60	6.8	欧洲及南美洲总计	759.20	7447.29	746.40	749.46	0.4

参 考 文 献

[1] 中国有色金属工业协会，中国有色金属工业年鉴编辑委员会．中国有色金属年鉴·2011 [M]．北京：中国印刷总公司，2011.

[2] 中国有色金属工业协会，中国有色金属工业年鉴编辑委员会．中国有色金属年鉴·2012 [M]．北京：中国印刷总公司．2012.

[3] 中国有色金属工业协会，中国有色金属工业年鉴编辑委员会．中国有色金属年鉴·2013 [M]．北京：中国印刷总公司，2013.

[4] 中国有色金属工业协会，中国有色金属工业年鉴编辑委员会．中国有色金属年鉴·2014 [M]．北京：中国印刷总公司，2014.

[5] 国土资源部信息中心．世界矿产资源年评（2014）[M]．北京：地质出版社，2014.

2 硫化铜铅锌矿选矿

2.1 铜铅锌矿资源储量和分布

2.1.1 铜矿资源储量及分布

全球铜资源丰富，据美国地质调查局（USGS，2010~2012 年）估计，全球陆地铜资源量超过 30 亿吨，深海矿结核中铜资源量约 7 亿吨。铜矿类型主要有斑岩型、砂页岩型、火山成因块状硫化物型、岩浆铜镍硫化物型、铁氧化物铜金型（IOCG）、矽卡岩型、脉型等，其中前 4 类分别占世界储量的 55.3%、29.2%、8.8% 和 3.1%，合计占世界总储量的 96.4%。

从地区分布看，全球铜蕴藏量最丰富的地区共有五个：（1）南美洲秘鲁和智利境内的安第斯山脉西麓；（2）美国西部的洛杉矶和大坪谷地区；（3）非洲的刚果（金）和赞比亚；（4）哈萨克斯坦共和国；（5）加拿大中东部。

全球铜矿资源分布较集中，其中约 50% 分布于美洲。从国家分布来看，世界铜资源主要集中在智利、秘鲁、澳大利亚等国。截至 2011 年，全球铜储量约为 6.9 亿吨。智利是世界上铜资源最丰富的国家，2011 年，探明储量达 1.9 亿吨，占全球储量的 28%；秘鲁探明储量 9000 万吨，占全球储量的 13%，居第二位；澳大利亚探明储量 8600 万吨，占全球储量的 12%，居第三位；我国探明的储量为 3000 万吨，占全球储量的 4%，居第六位。此外，印度尼西亚、波兰、赞比亚、哈萨克斯坦、加拿大、蒙古、菲律宾等国也有着丰富的铜资源。图 2-1 为世界铜资源中各国家的探明储量和储量分布比例示意图。

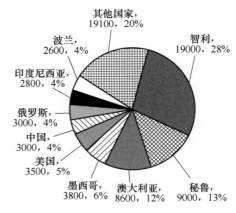

图 2-1 世界铜资源中各国家的探明储量和储量分布比例示意图（单位：万吨）

近十几年来，全球铜资源储量增长迅速，从 2001 年的 3.4 亿吨，增至 2011 年的 6.9 亿吨，增长了 102.9%。各主要铜资源国都有不同程度的增长，其中，智利、秘鲁和澳大利亚最为突出，分别增长至原来的 1.16 倍、4.7 倍和 8.6 倍（USGS，2001 年，2011 年）。

　　我国铜储量主要集中在东部省区，仅江西、安徽、黑龙江3省就占了我国铜储量的44%。而我国的铜资源量则主要集中在西部，西藏、云南、新疆和内蒙古4个省区的铜资源量占了全国铜总资源量的52.8%[5]。我国铜资源现状如下：

　　（1）贫矿多、富矿少。2010年铜的查明资源量中，铜含量大于1%的富矿仅占21%；若以其中的基础储量来看，铜含量大于1%的富矿占24%；若以资源量来看，铜含量大于1%的富铜矿也仅为39%。

　　（2）铜矿资源保证程度低。虽然我国铜查明资源量不少，但储量不足，铜储量只占铜查明资源量的13.6%，储量的保证程度较低。进入21世纪以来，我国铜矿储采比直线下降。若按当年的保有储量和国内铜精矿产量计算，2005年的储采比为21.38，2009年降至13.99，2010年则更低，仅为8.64。

　　（3）我国铜矿的开发利用程度较高，但条件较好的后备基地严重不足。在现有的查明铜资源量中，已开发利用的占48.1%，可规划利用的占39.8%。若以基础储量来看，已开发利用的占65%，可规划利用的只有20%。西部地区虽然勘查取得了很大进展，但勘探程度不足，基础设施薄弱，生态环境脆弱，开发利用难度较大，短期内难以提高我国铜矿资源的保证程度[5]。

2.1.2　铅锌矿资源储量和分布

　　世界范围内铅锌资源是丰富的，全球大陆已知铅锌资源除南极洲外，其他五大洲约50余个国家均有分布。据美国地调局统计，2002年世界已查明的铅资源量有15亿吨。铅储量为6800万吨，储量基础为1400万吨；锌资源量19亿吨；锌储量20000万吨，锌储量基础为45000万吨。铅储量比20世纪90年代初减少了200万吨，储量基础增加了2000万吨；锌储量和储量基础各比90年代初增加5600万吨和15500万吨。这是由于近十几年来，各国对贱金属的勘查较为重视，加大了勘查投入，发现了大量新矿床，增加了资源量。

　　世界铅锌资源地理分布较为广泛，储量较为丰富。截至2013年，世界已查明的铅资源量超过20亿吨，铅储量8900万吨，铅储量较多的国家有澳大利亚、中国、俄罗斯、秘鲁、墨西哥和美国6国，合计占世界铅储量的86.9%，其中我国铅储量1400万吨，占世界铅储量的15.7%，居世界第二位。现有铅储量只占铅查明资源量的22.5%，全球铅的勘查潜力很大[6, 7]。

　　截至2013年，世界锌储量2.5亿吨，我国锌储量居世界第二位。其中澳大利亚、中国、秘鲁和墨西哥4个国家的锌储量占世界锌储量的60%；世界查明锌资源量约19亿吨，现有锌储量只占查明储量锌资源量的13.2%[6, 7]。

　　按2013年世界铅矿山产量561.9万吨计，现有铅储量厂矿保证年限为16年；按2013年世界锌矿山产量1372.04万吨计，现有锌储量的静态保证年限为18年[6]。世界铅、锌详细储量分别见表2-1和表2-2[6]。

表 2-1 世界铅储量 （万吨）

国家或地区	储量	国家或地区	储量
澳大利亚	3600	波兰	170
中国	1400	玻利维亚	160
俄罗斯	920	瑞典	110
秘鲁	750	爱尔兰	60
墨西哥	560	加拿大	45
美国	500	其他	365
印度	260	世界总计	8900

表 2-2 世界锌储量 （万吨）

国家或地区	储量	国家或地区	储量
澳大利亚	6400	哈萨克斯坦	1000
中国	4300	加拿大	700
秘鲁	2400	玻利维亚	520
墨西哥	1800	爱尔兰	130
印度	1100	其他	5700
美国	1000	世界总计	25000

我国铅锌资源丰富，分布广泛，类型繁多，资源前景良好。铅、锌储量均居世界前列。截至 2002 年年底，我国查明铅资源储量 3797 万吨，其中基础储量 1251 万吨，查明锌资源储量为 9781 万吨，其中基础储量 3756 万吨，铅、锌储量基础均居世界第一位。

全国 29 个省、市、自治区均有铅、锌；其中云南、内蒙古、甘肃、广西、广东、湖南、江西、四川等省区为储量主要集中区，以上 8 个省区合计占铅、锌查明资源储量的 70%以上。从成矿地区看，相对集中在滇西兰坪地区、秦岭-祁连山地区、南岭地区、川滇地区及狼山-查尔泰山等五大地区。

我国铅锌矿的平均品位高于世界平均品位，铅锌比高于世界平均水平，而且矿石共伴生有价成分较多。我国铅锌资源主要有以下几个特点：

（1）矿产地分布广泛，但储量主要集中在几个省区。我国铅锌矿床（点）遍及全国各省（区），但从富集程度和现保有储量来看，主要集中于 6 个省区，铅锌合计储量大于 800 万吨的省区依次为云南 2662.91 万吨、内蒙古 1609.87 万吨、甘肃 1122.49 万吨、广东 1077.32 万吨、湖南 888.59 万吨、广西 878.80 万吨，合计为 8239.98 万吨，占全国铅锌合计储量 12956.92 万吨的 64%。从三大经济地区分布来看，主要集中于中西部地区，铅储量占 73.8%，锌储量占 74.8%；而且铅锌储量多集中在大型矿床中。据 1999 年统计，我国有大型铅矿区 14 处，探明资源总量 1087 万吨，储量 329 万吨，分别占全国的探明资源总量和储量的 31%和 50%；大型锌矿区 44 处，探明资源总量 5352 万吨，储量 1553 万吨，分别占全国的 58% 和 77%。特大型矿区（广东凡口、云南兰坪金顶和甘肃西成地区）铅锌资源总量 2655 万吨，储量 886 万吨，分别占全国的 21% 和 33%。

除上述特大型（500 万吨以上）矿区外，在全国范围内，铅锌探明资源总量在 100 万吨以上的铅锌矿区还有内蒙古东升庙、霍各乞、炭窑口、甲生盘和白音诺，云南白牛厂、老厂、都龙曼家寨，四川大梁于、天宝儿、呷村，湖南李梅，广西大厂，江西冷水坑，陕西铅硐山，青海锡铁山，甘肃小铁山，新疆可可塔勒，江苏栖霞山，浙江五邵，河北荣家营等。这些铅锌资源集中区为我国铅锌规模生产提供原料基地。

（2）我国铅锌资源贫矿多、富矿少。我国铅锌资源另一特点是贫矿多、富矿少。我国铅矿平均品位 1.60%，锌矿平均品位 3.32%。铅矿品位主要集中在 0.5%～5%，大于 5% 的探明资源总量占 5.8%，储量占 9.9%；我国锌矿品位主要集中在 1%～7.5%，8% 以上的探明资源总量仅占全国的 13.6%，储量占全国的 25.6%；10% 以上的探明资源总量仅占全国的 7.3%，储量仅占全国的 12.3%。另据中国地质调查局发展研究中心对全国 116 个中型以上铅锌矿床的统计，我国铅锌矿床铅+锌平均品位小于 7.5% 的矿床占 71.6%。铅+锌平均品位在 7.5%～15% 的矿床占 24.1%，铅+锌平均品位大于 15% 的矿床仅占 4.3%。

（3）矿区成矿区域和成矿期也相对较集中。从目前已勘探的超大型、大中型矿床分布来看，主要集中在滇西、川滇、西秦岭-祁连山、内蒙古狼山和大兴安岭、南岭等五大成矿集中区。成矿期主要集中在燕山期和多期复合成矿期。据《中国内生金属成矿图说明书》统计的铅锌矿床的成矿期，前寒武期占 6%、加里东期占 3%、海西期占 12%、印支期占 1.3%、燕山期占 39%、喜马拉雅期占 0.7%、多期占 38%。

（4）大中型矿床占有储量多，矿石类型复杂。在全国 700 多处矿产地中，大中型矿床的铅、锌储量分别占 81.1% 和 88.4%。矿石类型多样，主要矿石类型有硫化铅矿、硫化锌矿、氧化铅矿、氧化锌矿、硫化铅锌矿、氧化铅锌矿以及混合铅锌矿等。以锌为主的铅锌矿床和铜锌矿床较多，而铅为主的铅锌矿床不多，单铅矿床更少。

2.2　硫化铜铅锌矿床类型和矿石结构

2.2.1　矿床类型

在硫化铜铅锌矿石中，铜矿物种类较多。常见的主要金属矿物为黄铜矿、方铅矿、闪锌矿，次要的为黄铁矿、磁黄铁矿、斑铜矿、辉铜矿、黝铜矿、磁铁矿及毒砂等。这类矿石大都产于热液型与矽卡岩型矿床中，在其他工业类型矿床中也有产出。它们的物质组成，由于成矿条件及矿床类型的不同而有所不同。不同产地的硫化铜铅锌矿石，具有不同的特性。

产于热液型的硫化铜铅锌矿床金属品位较低。其分布特征一般是岩体内部为斑岩型，岩体边缘接触带中为矽卡岩型，因此有时称其为斑岩-矽卡岩型，该矿床中的矿石品位中等，矿石铜的品位可达2%～3%，主要为大、中、小型铜矿床及矿点，基本上不形成超大型矿床。目前，已知矽卡岩型的大型铜矿床有江西瑞昌武山、九江城门山、铅山天排山和湖北大冶铜绿山、广东曲江大宝山与安徽铜陵冬瓜山等。矿石中铅锌多而铜少者就成为铅锌矿石，在个别矿床中铅少铜多，则形成铜锌矿石。例如，加拿大基达·克里克（Kid Greek）矿体分为两个矿带，一个矿带是铜锌矿石，产出铜精矿和锌精矿；另一个矿带是铜铅锌银矿石，产出高银铜精矿、银锌精矿及铅精矿[8]。

热液型多金属硫化矿床的工业意义最大。几乎绝大部分多金属硫化矿石是从这类矿床中开采出来的。这种矿床的成因，先期同生沉积，后期热液叠加改造成矿，又把它称之为沉积改造矿床。主要分布在我国南方，如湖南的衡阳盆地、麻阳盆地、云南的楚雄盆地和四川的安宁河盆地，它们在同一地区受相同的层位控制。该矿石中铜品位较富，一般在1.0%～2.0%不同矿床中常伴生有金、银、硒等有用元素，有时还可圈出它们的矿体，甚至还可形成含铜铀矿床或含铜银矿床。

2.2.2　铜铅锌硫化矿物构造与结构

铜铅锌硫化矿矿物组成种类多，相互嵌布关系复杂，常见的矿石构造有块状构造、浸染状构造、脉状构造等。矿物结构以自行晶结构、他形晶结构、包含结构、交代结构、乳滴状结构与固溶体分离结构为主。

2.2.2.1　矿石的构造

块状构造：方铅矿、闪锌矿、黄铜矿等金属硫化物含量在80%以上，晶体颗粒较大，呈致密块状。矿石中单矿物粗细不同，受风化程度差异，使其紧密程度有所不同。粗粒者，尤其是方铅矿、闪锌矿等较粗粒，解理发育。某些地段风化较强，而显得松散。细粒者则较致密。

条带状构造：由黄铁矿、毒砂组成的条带，由方铅矿、闪锌矿、银砷黝铜矿组成条带，与由脉石、碳酸盐矿物、石英组成的条带相间平行排列互为条带状构造。

浸染状构造：脉石矿物中均匀或不均匀呈星散状分布有金属硫化物，常见的有黄铁矿、闪锌矿、毒砂、方铅矿。分为稀疏浸染状构造和稠密浸染状构造。

脉状构造：由黄铁矿、闪锌矿、黄铜矿、方铅矿、银砷黝铜矿组成的细脉，穿切花岗斑岩。其中黄铜矿呈细脉沿方铅矿裂隙分布，则形成细脉状构造。

2.2.2.2　矿物的结构

自形晶结构：少数或半数的黄铁矿、毒砂呈自形晶产出。

他形晶结构：黄铜矿、方铅矿、闪锌矿、黄铁矿等硫化物呈他形不规则粒状，均匀或不均匀地充填在脉石矿物颗粒间。

包含结构：闪锌矿晶体内包含固溶体分离形成的黄铜矿晶体。

乳滴状结构：闪锌矿晶体内包含许多细小的固溶体分离形成的乳滴状黄铜矿晶体。

细脉状结构：黄铜矿呈细脉沿方铅矿裂隙分布，黄铜矿呈细脉状产出。

交代骸晶状结构：黄铁矿、毒砂被闪锌矿、方铅矿、银砷黝铜矿从内部向边缘交代呈骸晶结构。

互嵌结构：闪锌矿、方铅矿、黄铜矿三种矿物生成时可能同时生长，晶界相互抵触干涉，不能显示自形而形成共同边界，成为互嵌结构。

交代结构：银砷黝铜矿、辉铜矿、方铅矿、闪锌矿与黄铁矿等相互交代构成，黄铁矿、毒砂被闪锌矿、银砷黝铜矿交代残留后则形成残余结构。

固溶体分离结构：闪锌矿中分布有黄铜矿的固溶体分离物。黄铜矿在闪锌矿中呈乳滴状、格子状。

我国铅锌资源十分丰富，目前全国铅锌矿产地有 3000 多处，铅锌金属储量高达 1 亿多吨，铅锌储量均居世界第二位。尽管我国铅锌储量较为丰富，但是由于近几十年的大量开采，铅锌矿中易于开采的、结构完整且可浮性较好的铅锌矿石，逐渐减少。我国目前的铅锌矿呈现贫、细、杂的现象，选矿技术面临更多的挑战。

2.2.3　铜铅锌硫化矿中主要矿物的嵌布特性

2.2.3.1　黄铜矿

铜矿物的主要存在形式为黄铜矿，常呈浸染状、星散状、不规则带状与不规则他形粒状。常与铁闪锌矿、方铅矿连生，常在方铅矿呈中细不规则状分布、在黄铜矿中则呈似脉状分布。黄铜矿与闪锌矿之间可呈镶嵌或不规则状毗邻，或黄铜矿呈细粒星点状分布于闪锌矿间，与闪锌矿呈固溶体分离结构，固溶体分离结构中所产出的黄铜矿粒度细小，不仅影响黄铜矿的回收，还很容易将与之共生的闪锌矿活化。

2.2.3.2　方铅矿

铅矿物的主要存在形式为方铅矿，通常呈他形不规则状或集合体与磁黄铁矿、铁闪锌矿和黄铜矿紧密共生，有的呈团粒状、斑点状、浸染状、脉状、星点状分布在脉石中。部分方铅矿与银砷黝铜矿呈固溶体分离结构，包裹银砷黝铜矿；与闪锌矿和黄铁矿交代；有的呈不规则条带状，包含圆形的闪锌矿，与闪锌矿呈规则或不规则状连生；有的方铅矿交代黄铁矿、闪锌矿呈港湾状；有的方铅矿微粒在脉石中呈现不规则状分布；微少量的方铅矿包裹于黄铜矿中。

闪锌矿、黄铜矿、方铅矿等矿物共生紧密，且嵌布粒度非常细小，特别是铅、锌矿物受铜离子交代结构影响，闪锌矿颗粒周围普遍存在铜蓝的反应边，有的已经形成辉铜薄壳包裹。方铅矿和黄铜矿之间通常因相互包裹而形成包含结构。矿物嵌镶关系十分复杂。

2.3 硫化铜铅锌矿选矿

复杂铜铅锌硫化矿通常是指含铜、铅、锌等硫化物在矿石中致密共生，或部分受到氧化变质的多金属硫化矿，产生铜铅离子，铅锌矿物受到活化，致使铜铅锌可浮性接近，部分活化的铅锌矿物可浮性超过氧化了的铜矿物；铜铅锌矿物粒度不均匀，铜、铅、锌等硫化物在矿石中致密共生，常规磨矿难以解离，超细磨矿容易导致过粉碎，其浮选分离是选矿界公认的难题之一，也是选矿工作者重要的研究领域。

目前，国内外有许多选矿厂因铜铅分离效果差，只生产出铅精矿和锌精矿产品，铜矿物未能得到有效的回收，造成了资源的严重浪费[9]；或是铜精矿和铅精矿产品互含高，质量差。近年来，国内外针对复杂铜铅锌多金属硫化矿的高效分离开展了广泛研究，在新工艺和新技术等方面不断改进，大幅度地提高了复杂铜铅锌硫化矿的选矿指标。

2.3.1 浮选行为

浮选法是目前多金属硫化矿的主要选矿方法。浮选的效果、采用的流程以及浮选工艺条件等与所处理矿石的矿物组成及其结构特点密切相关。当矿石中只含铅锌矿物时，则浮选工艺条件及流程相对都比较简单些。如果除了铅锌矿物外，还含有铜矿物、黄铁矿、贵金属以及其他伴生矿物时，它们的选别就会变得比较复杂。如果矿石中还有褐铁矿、赭石泥质状矿物、可溶性重金属盐、石墨、炭质页岩及滑石等，这种矿石的浮选就会变得更加复杂化。矿石结构特点对浮选工艺也有重大的影响。不均匀嵌布的矿石必须采用阶段磨矿浮选，有用矿物呈细粒或粗细不均匀嵌布的矿石，都会造成选矿工艺上的困难，特别是硫化矿物呈类质同象混合物存在时，常规选矿方法是不能分离的，需要用化学选矿或冶炼的方法加以回收。

矿浆环境对浮选有着不可忽略的影响，其中矿浆的 pH 值对矿物浮选影响最大，黄铜矿和方铅矿分别在不同 pH 值条件下，根据前面的捕收剂浓度试验，选取乙基黄药（浓度 4×10^{-5} mol/L）、Z-200（4×10^{-5} mol/L）、酯 105（10×10^{-5} mol/L）三种捕收剂作用下的浮选效果，同样采用精矿产率来进行评价。

2.3.1.1　黄铜矿不同 pH 值下浮选行为

取黄铜矿 10g，加入 120mL 蒸馏水，用超声波清洗机对矿样表面进行清洗，清洗时间为 12min，再用一次性蒸馏水清洗 3 次，清洗后矿样放入 150mL 浮选槽中，加入 150mL 的蒸馏水，搅拌 1min 调浆，加入 pH 值调节剂（NaOH、HCl），调节矿浆 pH 值分别为 6、7、9、11、13，加入不同的捕收剂搅拌 1min 后加入松醇油，搅拌 1min 后刮泡。将所得的精矿和尾矿烘干后称重。计算精矿的产率，所得结果如图 2-2 所示。

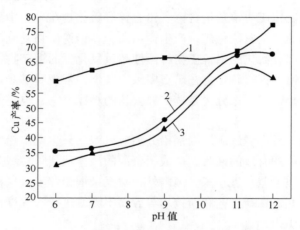

图 2-2　不同 pH 值下三种捕收剂对黄铜矿的浮选效果
1—乙基黄药；2—Z-200；3—酯 105

从图 2-2 中可以看出，该条件下，乙基黄药为捕收剂时，精矿产率最高，在整个 pH 值范围内均有较好的可浮性，并随体系 pH 值升高时有增进的趋势；Z-200 和酯 105 为捕收剂时，在酸性条件下得到的精矿产率较低，在碱性条件下浮选得到的精矿产率逐渐升高，浮选性变好。所以在浮选硫化矿时多采用偏碱性工艺以期得到更高的产率，但这种方法也存在着不利于伴生银的回收、浮选管道易板结等弊端。

2.3.1.2　方铅矿不同 pH 值下浮选

取方铅矿 10g，按和黄铜矿相同的流程，经过洗矿、浮选、烘干等流程后，将得到的精矿称重，计算精矿产率，所得到的结果如图 2-3 所示。

从图 2-3 中看出，在该条件下，乙基黄药为捕收剂时，方铅矿精矿回收率最高，在整个 pH 值范围内均有较好的可浮性，并随体系 pH 值升高时有增进的趋

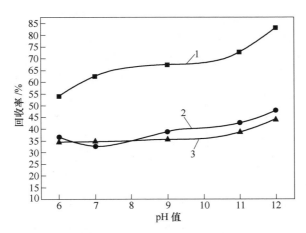

图 2-3　不同 pH 值下三种捕收剂对方铅矿的浮选行为的影响

1—乙基黄药；2—Z-200；3—酯 105

势，这一点与黄铜矿相同。Z-200 和酯 105 对方铅矿的捕收能力不强，产率低于 45%，乙基黄药对方铅矿的捕收能力明显强于 Z-200 和酯 105，说明使用 Z-200 和酯 105 作为捕收剂，更有利于实现铜铅的分离。

2.3.2　复杂铜铅锌硫化矿浮选工艺

铜铅锌硫化矿选矿回收通常采用浮选工艺，可分别获得铜、铅、锌、硫等精矿产品，也可进一步回收选矿过程富集于精矿产品中的伴生有价元素，其浮选分离具有以下特点：（1）矿石中硫化铜矿物含量低，但是方铅矿、闪锌矿的含量高，黄铁矿的含量变化大、选矿产品种类多，导致流程结构较复杂，生产上操作困难；（2）各目的矿物致密共生，相互嵌镶，嵌布粒度细且不均匀，造成磨矿过程中单体解离困难；（3）有时矿石易氧化变质，易泥化，使浮选分离变得更复杂，有时矿石中含有较多的炭质、炭质页岩、磁黄铁矿或黏土质矿物，这些矿物均会对浮选分离指标带来不利影响；（4）特别是部分铜铅锌矿物氧化，产生难免铜铅离子对铅锌矿物活化，铜铅锌分离难度极大。

因此，铜铅锌硫化矿是浮选分离最难选的矿石之一，处理该类型矿石必须采用较为复杂的浮选工艺。以下将以浮选工艺为主线，并结合生产现状，阐述复杂铜铅锌硫化矿浮选的几种工艺：优先浮选工艺、部分混合优先浮选工艺、铜铅锌混合浮选工艺以及其他工艺。

2.3.2.1　铜铅锌硫化矿优先浮选法

对含有两种或两种以上有用矿物的矿石进行选矿时，将所需的有用矿物逐一依次选出为单一精矿的浮选流程称为优先浮选。该工艺流程适用于原矿铜品位相对较高的原生硫化矿，可以适应矿石品位的变化，具有较高的灵活性。某复杂铜铅锌多金属矿矿物种类复杂，各矿物间嵌布紧密，属于典型的难分离的低品位铜铅锌硫化矿。罗小林[10]使用先浮铜后浮铅—尾矿浮锌的优先浮选法工艺对该矿物进行回收，获得了铜品位与回收率为25.13%、80.67%的铜精矿，铅品位与回收率为58.76%、88.99%的铅精矿，锌品位与回收率为56.21%、87.39%的锌精矿。李文辉等人[11]选用其自主研发的LP-01作为选铜捕收剂，并采用铜铅锌优先浮选工艺对新疆某低品位铜铅锌硫化矿石进行浮选，得到较好的分选指标。国外如苏联哲兹卡兹干铜铅矿选厂、瑞典莱斯瓦尔铅锌选厂同样也采用此流程，生产稳定且指标优良。

有的铜铅锌硫化矿物中含有磁黄铁矿，其可浮性与铜铅锌矿物相近，且多与有用矿物嵌布形式复杂，影响有价金属矿物间的浮选分离，造成浮选指标差。该类矿石可采用预先脱除磁黄铁矿，消除其对铜铅锌浮选的影响，再根据矿石的具体性质采用常规的浮选工艺，来解决此类矿石浮选难的问题。罗仙平等人[12]综合考查某含磁黄铁矿高的低品位铜铅锌硫化矿物性质后，在原本的优先浮选基础上增加浮选后消磁的步骤，即先采用铜铅锌优先浮选，后对锌矿物与磁黄铁矿的混合物进行弱磁脱除磁黄铁矿回收锌精矿。最终获得铜品位与回收率为12.04%、45.48%的铜精矿，铅品位与回收率为42.88%、80.04%的铅精矿，锌品位与回收率为42.04%、84.11%的锌精矿，硫品位与回收率31.47%、18.52%的硫铁精矿，实现了矿石中有用组分的回收利用。某高硫复杂铜铅锌矿中磁黄铁矿含量较高，因其可浮性与铜铅锌矿物相近，对有价金属矿物间浮选分离的影响较大，陈代雄等人[13]针对该矿石的这一特性，采用磁选—浮选联合工艺流程，即磁选预先脱除部分磁黄铁矿后再进行铜铅锌优先浮选，同时铜优先浮选精矿进行铜硫分离，得到了好的分离效果。

某些铜铅锌硫化矿物中各有价金属粒度细且分布不均，嵌布关系复杂，直接浮选难以分离。根据矿物的具体性质，可在原有的工艺流程上加上再磨工艺来解决。某复杂铜铅锌硫化矿属于易浮难分离矿物，李荣改等人[14]通过研究，在优先浮选的基础上增加了精矿再磨流程，即优先浮选铜—再磨—精选铜—铜浮选尾矿选铅—再选锌的流程。最终获得了铜品位与回收率为18.02%、57.50%的铜精矿，铅品位与回收率为51.43%、33.20%的铅精矿，锌品位与回收率为45.83%、48.95%的锌精矿，铅锌混合精矿中铅和锌的品位分别为31.53%、38.46%，回收率分别为42.56%、34.05%。青海某铜铅锌硫化矿物不仅各有用矿物共生非常紧密，嵌布粒度极不均匀，而且各矿物主要以微细粒形式存在，导致铜铅锌之间难以分离。赵玉卿等人[15]针对该矿物的特性，在优先浮选的基础上增加再磨工艺，即优先选铜，铜进行两次粗选、一次扫选、四次精选后进行铅与锌的浮选，最终获得了铜品位为20.12%的铜精矿，整个铜的回收率为87.37%，铅锌混合精矿铅+锌品位为 48.49%，铅回收率为 76.90%，锌回收率为 82.76%，很好地实现了铜铅锌的分离回收。为提高矽卡岩型铜铅锌硫化矿床伴生贵金属银的回收，采用铜铅锌优先浮选工艺，依次分别获得铜精矿、铅精矿、锌精矿产品，同时改进磨矿工艺，采用新型浮选药剂进行诱导活化银浮选，大幅度提高伴生银的总回收率。针对某地铜铅锌硫化矿易浮、难分离、嵌布粒度极不均匀的特点，采用铜铅锌优先浮选、铜再磨再选的工艺流程，获得了较好的分选效果。

2.3.2.2 硫化铜铅锌矿部分混合优先浮选法

当矿石中铜铅嵌布关系复杂，采用选择性浮选药剂或相关工艺无法实现铜铅锌依次优先浮选时，可采用先分离矿石中某两种有用矿物，再活化并浮选第三种有用矿物，最后分离预先浮起的混合精矿的部分混合优先浮选工艺。该工艺是传统的铜铅锌硫化矿浮选方法，被国内多数矿山企业应用于生产实践。

巴林左旗红岭铜铅锌铁矿在选矿方案试验的基础上，采用铜铅混合浮选再分离—锌浮选的工艺流程，选用抑铜浮铅工艺，获得的铜精矿中铅的含量较低。

铜铅锌三种金属矿物中铜与铅两种矿物可浮性非常相近，因此混合浮选中大多数选择先浮铜铅混合矿物，尾矿选锌的工艺流程。四川某铜铅锌硫化矿中各矿物嵌布关系复杂，闫明涛等人[16]使用铜铅混浮—铜铅分离—混浮尾矿选锌的工艺对该矿物进行浮选，最终获得铜品位与回收率为 17.5%、51.80% 的铜精矿，铅品位与回收率为 60.10%、79.51% 的铅精矿，锌品位与回收率为 47.01%、80.61% 的锌精矿，浮选效果较好。

但是现存的铜铅锌硫化矿石结构与组成普遍复杂，含有黄铁矿、次生铜和云母等物质，这些物质可浮性好，与铜铅锌矿物嵌布紧密，仅使用混合浮选往往不能获得理想的效果，相关研究者针对具体的矿石性质对混合浮选法进行改进。

嘎依穷铜铅锌硫化矿中黄铁矿的含量高，可浮性好且与有用矿物嵌布紧密，导致分离产品互含高，回收率低。邓冰等人[17]对原有的混合浮选流程进行改进，将粗选矿浆浓度降低至 15% 的低浓度，同时提高浮选搅拌强度，显著降低了铜铅精矿浮选时黄铁矿的上浮量。后用石灰抑制黄铁矿，再次减少其对铜铅混合精矿浮选的影响，最终获得铜品位与回收率分别为 22.40%、67.28% 的铜精矿，铅品位与回收率为 50.26%、62.25% 的铅精矿，锌品位与回收率为 50.16%、83.56% 的锌精矿。

某复杂铜铅锌硫化矿物，不仅有用矿物品位低（铅+锌的品位小于 4%，铜品位仅为 0.30%），而且氧化铜和次生硫化铜的总量占到总铜的 29.03%，在磨矿过程中，产生大量的铜离子活化闪锌矿，导致在选铜铅时锌较难抑制。唐志中等人[18]综合分析矿物的性质，将原来的优先浮铜铅—尾矿浮锌的工艺流程改成优先浮铜—混浮铅锌—尾矿选锌的工艺流程，同时选用乙硫氮捕收混浮铅锌，使用硫酸铜充当锌浮选的活化剂，用丁基黄药进行捕收，最后所获得的铜铅锌精矿的回收率相较之前提高了 20%。

某复杂铜铅锌硫化矿中次生铜与氧化矿物含量较高，严重影响有用矿物精矿的提取。乔吉波等人[19]针对该矿物特性，使用铜铅混浮—铜铅分离—再浮锌—选氧化铅的改进后的混合浮选法对其进行分离，对于选锌后的尾矿，用硫化钠作为硫（活）化剂，用丁基黄药作捕收剂对氧化铅矿物进行回收。最终获得铜品位与回收率为 19.51%、66.72% 的铜精矿，铅品位与回收率为 59.39%、54.48% 的硫化铅精矿，锌品位与回收率为 40.98%、64.29% 的锌精矿，铅品位与回收率为 44.78%、21.22% 的氧化铅精矿。

青海祁连复杂铜铅锌矿物中可浮性好的云母含量高，云母与铜矿物表面带电量高，吸附紧密，浮铜时云母也会随之上浮，对铜铅锌精矿的分离提取造成困难。陈代雄等人[20]对该矿物进行分析研究，确定先使用云母抑制剂 DM、GJ 进行抑云母浮铜，并在此过程中除去云母，消除其对后续浮选的影响，后再进行铅锌的分离，即优先浮铜—铜精矿脱云母—铅锌硫混浮—铅锌与硫分离的选矿工艺流程，最终获得铜品位与回收率为 21.24%、76.20% 的铜精矿，铅品位为 18.38%、回收率为 85.07% 的铅精矿，锌品位为 23.32%、回收率为 89.32% 的锌精矿。

四川某铜铅锌硫化矿有用金属元素以硫化物形式为主，且黄铁矿含量高，该矿物整体含硫量高。郭玉武等人[21]对该矿物综合考察试验之后，决定针对硫进行混合浮选，即先进行铜铅硫等可浮再分离，后进行硫浮选，最后对硫尾矿进行浮锌的工艺流程，对该矿进行综合回收。最终获得铜品位与回收率为 16.56%、78.76% 的铜精矿，铅品位与回收率为 51.16%、64.34% 的铅精矿，锌品位与回收率 44.25%、61.69% 的锌精矿和硫品位与回收率为 38.61%、96.33% 的硫精矿。

铜矿物与铅矿物可浮性非常相近，分离铜铅混合矿物所得的单精矿普遍存在互含严重的问题，一直是铜铅锌矿物分离中的难点。王李鹏等人[22]为解决该问题，提出铜铅等可浮—铜铅再磨分离—铅锌依次浮选的工艺流程，他以西藏某复杂铜铅锌硫化矿为实验对象，该矿物中各金属矿物共生密切，属于典型的难分离矿物。王李鹏等人使用该工艺流程对矿物进行分离，同时使用高效捕收剂 A-22 捕收铜和选择性抑制剂 NY-89 抑制铅，实现了该复杂矿物的有效分离。除此之外，也可先对混合精矿进行脱药处理，常用浓密、过滤、再磨，以及活性炭等脱药方法，后进行分离作业对铜铅精矿进行分离。陈代雄[23]对铜铅混合精矿采用机械浓缩脱水，无需使用常规活性炭或硫化钠脱药，采用铅矿物选择性抑制剂实现了铜铅矿物的有效分离。

2.3.2.3 铜铅锌硫化矿混合浮选法

对含有两种或两种以上有用矿物的矿石进行选矿时，将矿石中各有用矿物一起选出为混合精矿，再对混合精矿进行分离获得所需单一精矿的过程称为混合浮选。小铁山硫化矿中铜、铅、锌的赋存形式以硫化矿为主，铜铅锌硫等有用矿物嵌布粒度细、嵌布关系较为密切，分离难度较大，属于复杂难选硫化矿。多年来的生产实践证明"全混合-脱硫-亚硫酸-硫化钠"法分离铜与铅锌的浮选工艺对小铁山硫化矿较为适合[24]。

某铜铅锌硫化矿中铜矿物种类较多且以黝铜矿为主，且部分铅锌矿物可浮性较好，矿物粒度细，导致该厂使用优先浮选法所获得的精矿品位不高，互含严重。赵开乐等人[25]经过多次实验，最终发现使用全混合浮选法可以有效地对该矿物进行分离，即通过精矿浮选和加压浸出获得单一精矿的工艺流程。最终获得了铜浸出率 85.96%、锌浸出率 91.24% 的优良指标，渣中铅脱硫后品位可达 40%。

2.3.2.4 铜铅锌硫化矿其他选矿工艺

A 等可浮浮选

随着矿山的不断开采，甘肃铜铅锌硫化矿矿物组分和性质也随之发生变化，导致产出的精矿品质差。为了解决这一问题，对该矿石进行研究，最终确定采用铜与部分铅锌优先混合浮选再浮选分离、其余铅锌与硫混合浮选再铅锌与硫分离的工艺流程。

B 异步浮选

青海某复杂铜铅锌多金属硫化矿中含有微细粒交代的铅-锌连生体，根据矿石中目的矿物可浮性的差异及嵌布特征，采用了铜优先浮选—铅异步快速浮选—铅锌硫混浮—铅锌与硫分离异步浮选法，获得了较好的选矿指标。

C 铜优先浮选—铅锌硫混浮—铅锌与硫分离

针对含易浮脉石云母的复杂铜铅锌矿，采用优先浮铜—铜精矿脱云母—铅锌硫混浮—铅锌与硫分离的浮选工艺，在铜与铅锌分离的同时消除云母对浮选过程的影响。

D 铜快速浮选及再磨技术

西北铜铅锌硫化矿，铜铅锌共生关系密切，因其铜、铅矿物的嵌布粒度小的特性，使得铜铅锌矿物分离难度较大，采用铜快速浮选—铜铅混浮—铜铅再磨分离—锌浮选的选矿技术，有效地解决了铜铅锌矿物分离问题，使得铜、铅和锌三种精矿的回收率均得到有效的提高。

　　E　氰化尾渣回收铜铅锌工艺

　　氰化尾渣回收铜铅锌常用的工艺有铜铅锌依次优先浮选、铅锌优先混合浮选—铜浮选、铜铅混浮—铜铅分离—锌浮选及其他工艺。

　　F　生物浸出

　　近年来的研究热点之一是生物浸出复杂铜铅锌硫化矿，具备成本低、污染少等优点，但同时也存在浸出周期长、受环境影响较大、浸出率偏低等缺点，因此该方法在工业上的应用受到一定的限制。

2.3.3　铜铅锌分离

　　当前国内外复杂铜铅锌矿选矿主要采用铜铅混合浮选后再分离和优先浮选工艺流程。由于方铅矿和黄铜矿等含铜矿物的可浮性相近，浮选分离困难。采用重铬酸盐法浮铜抑铅，该法主要特点是重铬酸钾用量大，搅拌时间长，对环境污染严重；采用氰化法浮铅抑铜，该法对环境污染严重，且不利于贵金属金和银的综合回收。由于重铬酸钾和氰化物存在环境污染问题，近年来许多选矿工作者开展了广泛的无氰无铬研究，取得了较大的成效。

　　近年来，在复杂铜铅锌硫化矿铜铅分离不彻底、易污染等问题上已有了较大进展。其中，磨矿体系对硫化物的表面物理化学反应及可浮性进行了大量的研究，在磨矿过程中，发生着矿物晶格破裂生成新解理面的过程，也伴随着硫化矿物的表面物理化学性质的变化。磨矿介质、磨矿气氛对硫化矿浮游性产生的影响主要取决于接触时间、电介质的导电率、氧的存在与否以及与金属矿物相关的电化学活性等因素。瓷介质中方铅矿表面会发生适度的氧化反应，有利于方铅矿浮选；铁介质中，铁与方铅矿的腐蚀电偶作用增强了体系的还原性，降低了药剂在方铅矿表面的吸附性能，不利于方铅矿的浮选。黄铜矿在空气磨矿气氛、不同磨矿介质下，回收率按照瓷球 > 不锈钢球 > 铁球磨矿顺序递减，铁球磨矿时，引入了铁增强了矿浆的还原性，对铜浮选不利。磨矿气氛也是影响矿浆电位改变硫化矿表面亲/疏水的电化学反应，从而对后续浮选作业的选择性产生重要的影响。铜铅锌精矿的再磨将对其分离浮选带来一定的促进作用。同时，铜铅精矿再浮选分离需要再磨以提高铜矿物-方铅矿连生体单体解离度，并脱除部分残余药剂，再磨也会改变铜铅分离过程中矿物表面的物理化学性质。Ye. S 和 Grano 研究发现，采用不同磨矿方式再磨处理相同硫化矿物至相同粒级分布下，比表面积及产物表面电化学活性会发生变化进而影响后续的浮选作业，水平搅拌磨削解离铜铅混合精矿可使黄铜矿表面电化学活性提高。此外，磨矿和再磨会破坏硫化矿晶体结构产生晶格缺陷，影响浮选活性。晶格空位缺陷导致硫化矿表面不均匀；杂质将致使矿物表面离子键与共价键的比例发生一定的改变，离子键比例越大，矿物的亲水性越好，但可浮性会变差；杂质缺陷的存在还会导致半导体矿物变成 n 型或 p 型半导体，n 型半导体的形成则不利于浮选，但 p 型半导体的形成对浮选有利；空位缺陷通过改变空位周边相邻原子和电子的运动状态来形成不同的吸附中心，进而影响浮选药剂在硫化矿表面的吸附。如含有阴离子空位的方铅矿不利于黄药的吸附，而含有阳离子空位的方铅矿有利于黄药的吸附，即方铅矿表面的不同类型晶格空位缺陷直接影响铜铅分离的难易。陈建华等人[26] 使用密度泛函理论第一性原理对方铅矿晶格缺陷类型对其费米能级、能带结构、态密度等电子结构和性质的影响进行计算，以探明方铅矿在矿浆溶液中被捕收剂捕收的活性。结果表明，经磨矿后的方铅矿单体颗粒表面以硫空位为主时，为间接带隙 n 型半导体，有利于方铅矿的抑制；而当方铅矿单体颗粒表面以铅空位为主时，半导体类型没有发生变化，此时黄药更易与方铅矿发生吸附，不利于铜铅精矿分离过程中方铅矿的抑制。此外，磨矿过程和铜铅精矿再磨过程中由于矿物沿着矿石晶格间的解理面、脆弱面-裂缝、晶格间含杂质区断开，即便是单纯离子晶格断裂时，也会沿着离子界面断开，从而暴露出新鲜的矿物表面，原矿中呈类质同象混入物态及包裹态的金属离子进入矿浆溶液中，致使矿浆溶液中的金属离子浓度增大。晶格中的难免离子对铜铅精矿分离产生一定的影响，如 Cu^+、Cu^{2+}、Fe^{2+}、Ag^+、Mg^{2+}、Al^{3+}、Ca^{2+}、Pb^{2+}、Zn^{2+} 等对黄铜矿、方铅矿浮游性有明显的影响。方铅矿硬度低、脆性好、三相解理发育，在磨矿过程中产生大量的微细粒方铅矿，随着磨矿的持续，这些微细粒级方铅矿矿物表面产生弯曲、破裂等效应，改变方铅矿矿物晶体结构，进而形成晶格空位缺陷，改变了浮选体系中方铅矿的可浮性。

近年来，大量的试验研究发现，在相同的磨矿条件下，对铜铅混合精矿再磨处理时，磨矿产物中的方铅矿可在较低的再磨细度时即可大部分碎至-0.019mm 以下，而黄铜矿仍具有较高的嵌布粒度[27]（见图 2-4（a）），而在进行黄铜矿-方铅矿人工混合矿物（质量比为 1 : 1）单矿物分离条件试验过程中也发现，在有方铅矿抑制剂存在（$c_{K_2CrO_4} = 1 \times 10^{-4} mol/L$）的条件下（见图 2-4（b）），随着磨矿细度的增大，黄铜矿的可浮性维持在较高的水平，而方铅矿的可浮性在达到一定细度时急剧上升，完全不受重铬酸盐的抑制。已有的数据结果充分说明了铜铅分离无法彻底分离的症结在于微细粒级的方铅矿（小于 0.019mm）易解离，而该部分微细粒的方铅矿在磨矿体系、矿浆溶液中的物化性质的变化，使得使用传统的捕收剂与抑制剂匹配无法实现对方铅矿的有效抑制，致使铜铅分离不彻底。

如图 2-5 所示，铜铅分离后的铜精矿（含铜 26.33%、含铅 7.222%）经全细度筛析，-0.013mm 中的方铅矿的占有率达到了铜精矿产品中全部方铅矿的 41%，而在-0.013 ~ +0.019mm 的方铅矿的占有率为 22%，两个粒级中方铅矿占有率达到了铜精矿产品中互含的铅的总占有率的 63%，而在+0.056mm 以上所有

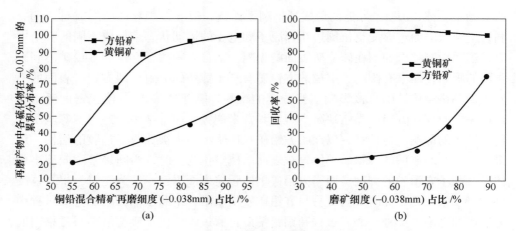

图 2-4　磨矿细度对黄铜矿、方铅矿可浮性的影响

（a）铜铅混合精矿再磨后的方铅矿、黄铜矿在各自硫化物中 -0.019mm 粒级的
累积分布率与再磨细度的关系；（b）黄铜矿-方铅矿人工混合矿（1∶1）在有捕收剂
（$c_{乙黄药} = 1 \times 10^{-4}\,mol/L$）、方铅矿抑制剂（$c_{重铬酸钾} = 1 \times 10^{-4}\,mol/L$）
条件下进行单矿物分离时各矿物回收率与磨矿细度的关系

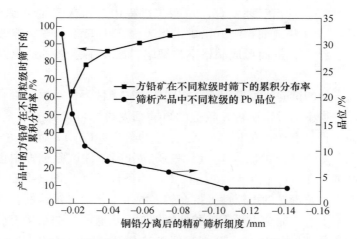

图 2-5　铜铅分离后铜精矿（Cu 26.33%、Pb 7.22%）
中的方铅矿在不同粒级中筛下的累积分布率和品位

粒级中的方铅矿只占总铅的 8% 左右。从这一症结出发，研究微细粒方铅矿的表面结构、氧化还原电位和界面作用与可浮性，揭示微细粒方铅矿与抑制剂、捕收剂的作用机理，为铜铅硫化矿深度分离提供理论基础。

目前浮选是铜铅锌共伴生硫化矿分选最重要的方法，铜铅锌共伴生矿结构复杂多变，不同矿物间微细粒致密嵌布、包裹，铜铅矿物具有极为接近的自诱导和捕收诱导浮选特性，且矿石中铜品位普遍较低。因此，多采用先混合浮选得到铜铅混合精矿，继而进行铜铅分离得到单一铜精矿和铅精矿的工艺。国内外的选矿学者对该工艺开展了研究，主要工作着力于以下的几个方面：（1）通过优化并改进已有的工艺流程和药剂制度提高可浮性相近的铜矿物和铅矿物分离效率；（2）应用电化学理论探析不同硫化矿物的量子化学、电极接触动力学的差异性及关联性并由此产生的电位调控浮选技术指导生产实践；（3）应用单矿物试验研究、仪器检测和理论计算，探讨了捕收剂、抑制剂对硫化矿物可浮性影响的作用机理；（4）应用多种密度泛函理论分析解释矿物晶体结构的变化对矿物可浮性的影响等。各项工作取得了一定的结果，并形成了多条技术路线。但由于铜铅分离难度过大，影响因素多，导致许多选矿厂只生产铅精矿和锌精矿，铜没有得到有效回收，造成铜资源的严重浪费以及冶炼成本升高。据不完全统计，目前我国有70%的铜铅锌矿伴生，未能得到充分的回收利用，每年的浪费高达数十亿元。此外，传统的工艺，铜铅精矿分离常采用的抑制剂氰化物（抑铜浮铅）、重铬酸盐（抑铅浮铜）等，毒性很大，对环境污染严重，并造成稀贵金属流失。

2.3.4 铜铅分离药剂研究进展

2.3.4.1 铜抑制剂

抑铜浮铅的传统药剂是氰化物，考虑到环境影响，目前越来越多使用新型药剂进行替代。李晓波等人[28]研发新型抑铜浮铅（铜抑制剂）THB-2抑制剂，该抑制剂少许用量即可得到较好的抑制效果且可自然降解不会对环境造成污染。将其投入实验对新疆某铜铅锌硫化矿进行分选，顺利地解决了该矿物原本得到的铜产品中含铅偏高、铅精矿品位低的问题。姜毅等人[29]使用无毒药剂硫酸亚铁+硫代硫酸钠法对甘肃某铜铅锌硫化矿进行铜铅分离，回收效果很好。周兵仔等人[30]新合成的无毒抑制剂THB-2可实现铜铅高效分离，使得小茅山铜铅锌多金属硫化矿取得了很好的分离效果。徐彪等人[31]浮选铜铅精矿使用新型的无氰、无铬、无污染抑制剂TZ-12，进行抑铜浮铅实验，最大限度回收铅、锌、铜，获得的铅精矿铅含量与回收率分别为57.46%、85.59%，锌精矿锌含量与回收率分别为41.05%、67.28%，回收效果良好。有的学者基于铜铅两种矿物表面性质的差异进行相关的研究，寻找使用巯基乙酸钠、壳聚糖、聚丙烯酰胺等作为铜抑制剂，虽然药剂具有一定的选择性，但是普遍较差，无法实现两种矿物较好地分离。

2.3.4.2 铅抑制剂

传统的铅抑制剂为重铬酸钾，多年来，学者通过寻找其他药剂与重铬酸钾进行组合，达到减少重铬酸钾用量的效果。如使用重铬酸钾与硫化钠的组合来抑制方铅矿，分离指标良好，且在一定水平上减少了重铬酸钾的使用剂量。也有的学者寻找新型药剂替代重铬酸盐，黄海露[32]对甘肃省天水某银铅锌多金属硫化矿进行分选实验时，先用硫化钠与活性炭对混合精矿进行脱药，后在弱酸性矿浆中（加硫酸）加入硫酸亚铁与硫代硫酸钠来抑铅浮铜，最终获得的铜铅单精矿产率与纯度都很好。此外，一些天然的有机化合物也对铅具有抑制作用而被用于铜铅精矿的分离，如糊精、壳聚糖、抗坏血酸等，这类抑制剂来源广泛，易于降解，对环境影响很小。然而，仍然存在着铅抑制不彻底，铜精矿和铅精矿互含较高的问题。可以预见，新型高效低毒甚至是无毒抑制剂仍然是铜铅分离的研究热点之一，在该方向的研究将进一步拓展和深化以指导铜铅分离机理研究和生产实践。

在方铅矿的抑制剂中，亚硫酸钠、硅酸钠、CMC、磺化木质素等都属于清洁环保型抑制剂，且对方铅矿具有一定的抑制作用。

2.3.4.3　锌抑制剂

氰化钠对硫化锌矿物选择性抑制效果好、抑制能力强，但氰化物对环境有污染，存在安全隐患；另外氰化物易溶解贵金属，对于含金、银的多金属硫化矿选矿不利。新型抑制剂的研发对提高选矿指标和降低药剂成本有着重要意义。罗仙平等人[33]采用 Na_2CO_3 调整 pH 值至 9 左右，以 YN+$ZnSO_4$ 为锌矿物的抑制剂、SN-9 为浮铅捕收剂、抑锌浮铅，获得了良好的浮选指标。邱廷省等人[34]对某硫化铅锌银矿石采用铅锌优先流程，乙硫氮为铅矿物捕收剂，在石灰调高碱条件下，新型组合抑制剂 LYN 能高效地抑制闪锌矿，有效地实现了铅锌分离，与采用 Na_2CO_3+$ZnSO_4$ 为抑制剂的原工艺相比，铅精矿品位提高 4.57%、回收率提高 18.15%。某铅锌硫化矿氧化率约为 5%，矿浆中因氧化而存在的重金属离子可活化锌矿物，使得锌矿物难以被高效抑制，且该硫化铅锌矿中，含锌矿物大多为铁闪锌矿，采用石灰调高碱不利于锌矿物的回收。卢琳等人[35]研究发现，无毒有机抑制剂 YJ 与硫酸锌配合使用可增强对锌、硫的抑制效果，在硫化锌抑制剂种类条件试验中，YJ+硫酸锌较硫酸锌+亚硫酸钠、硫酸锌+硫化钠等无机组合抑制剂有更好的浮选效果。

刘润清等人[36]研究发现，巯基乙醇在 pH 值为 6~8 的情况下可抑制黄铁矿和铁闪锌矿，即巯基乙醇可在不同 pH 值条件下实现复杂硫化矿的分离。龙秋容等人[37]研究发现极性较弱的巯基（—SH）对铁闪锌矿有很好的抑制作用，但分子结构中含有羟基（—OH）、羧基（—COOH）、氨基（—NH_2）等极性较强的官能团却不足以产生对硫化矿的抑制作用，而且这种极性官能团组合产生的螯合作用也不能加强有机抑制剂对硫化矿的抑制作用。但若分子结构中存在苯环则可增强分子的共轭性，使得分子更易极化。对于偶氮类药剂如刚果红、苯胺黑，陈建华等人[26]研究发现，当双偶氮或三偶氮类药剂分子结构中同时含萘环及苯环时，偶氮药剂才对硫化矿存在抑制作用，且偶氮药剂的抑制性能随分子中偶氮基团数目的增加而增强，三偶氮药剂 AB243 与 AB210 对铁闪锌矿有着很强的抑制能力。植物鞣酸（单宁）类（如 MT、YMT、MZT、GZT、PT 等）具有多个苯环、氨基、羟基、羧基等基团，能够有效地抑制硫化矿物。周德炎[38]研究发现，以氰化物与 GZT 为铅锌分离组合抑制剂，与单独用氰化物相比，不仅可获得更高品位的铅精矿，且铅回收率也提高 10.22%。Huang P. 等人[39]研究发现，壳聚糖可作为硫化铅锌矿浮选分离的选择性抑制剂，其对有 Pb^{2+}、Cu^{2+} 附着的矿物有抑制作用。在方铅矿、闪锌矿浮选前，若闪锌矿表面已预先被 Cu^{2+} 附着，在 pH 值为 3.5~4.5 时，壳聚糖可抑制闪锌矿的上浮，实现铅锌分离；若闪锌矿表面未附着 Cu^{2+}，则需要加入 EDTA，增强壳聚糖对闪锌矿的抑制能力，在 pH 值为 4.0 时，通过抑锌浮铅实现铅锌分离。

不论是混合优先浮选法还是优先浮选法，对于锌矿的抑制都是至关重要的一步，锌矿抑制好，才能更好地得到纯度高的铜铅锌单精矿。印度尼西亚某地难分离铜铅锌硫化矿中闪锌矿可浮性极好，若仅仅使用硫酸锌、亚硫酸钠作为锌的抑制剂，难以对锌进行抑制。因此，他们使用硫化钠与硫酸锌、亚硫酸钠进行组合，抑锌效果大大增强。内蒙古某铜铅锌硫化选矿厂黄铜矿与闪锌矿之间嵌布关系紧密，部分黄铜矿以乳滴状、细脉状嵌布在闪锌矿中，这种结构中的铜锌解离难度高，且锌矿物也受到矿石中含量较高的次生铜的活化作用，导致铜锌分离的难度进一步加大，不仅导致铜铅回收率低，且精矿互含严重，严重影响该厂的经济效益。周涛等人[40]经实验发现，T-16+硫酸锌组合具有抑锌、活化铜铅的特性，铜精矿和铅精矿指标均得到显著的改善，现场铜精矿铜品位提高 5%、回收率提高 15%，铅精矿铅品位提高 13%、回收率更是提高了 30%。

2.3.4.4 组合抑制剂

由于单一抑制剂对矿物的抑制效果较差或是对环境的污染严重，目前许多研究人员开始探究高效清洁抑制剂的组合效果，高效清洁的组合抑制剂在工业上已经得到了一定程度的使用。针对硫化铜铅混合精矿难分离、剧毒抑制剂应用广泛的现状，陈代雄于 2003 年研发了新型无毒组合抑制剂 SCI（亚硫酸钠+硅酸钠+CMC）。通过单矿物浮选试验对混浮—脱药—抑制分离的工艺，采用丁基黄药为混合浮选的捕收剂，Na_2S 为脱药剂，SCI 为抑制剂，Z-200 为分离的捕收剂对铜铅分离作业的浮选进行了试验研究。结果表明，Z-200 对黄铜矿具有良好的选择性，可以作为黄铜矿和方铅矿分离流程的捕收剂使用，新型抑制剂能够在铜铅分离中有效地抑制方铅矿，能够高效实现铜铅分离。艾光华等人[45]采用铜铅优先浮选工艺，使用水玻璃+亚硫酸钠+羧甲基纤维素组合抑制剂对某铜铅锌多金属硫化矿进行铜铅分离的试验，成功实现了铜铅的有效分离，获得了较佳的选矿指标。李玉芬等人[46]使用 CCE 组合抑制剂，在铜锌分离中对在矿床中被铜离子活化了的锌去活性，在该药剂作用下同时添加硫酸锌、亚硫酸钠即能使锌矿物在铜锌分离中得到最好的抑制，从而达到铜锌分离的目的。

在重铬酸盐中加入具有低毒性和无毒的化合物，大大降低了重铬酸盐的用量，同时增强了对方铅矿的抑制作用，成为"少铬"组合抑制剂，如重铬酸盐+羧甲基纤维素（CMC）、重铬酸盐+Na_2SO_3、重铬酸盐+水玻璃、重铬酸盐+CMC+Na_2HPO_4 等。随着环保要求越来越严格，不含重铬酸盐的"无铬"绿色铅抑制剂受到越来越多的关注，如 O，O-二（2，3-二羟基丙基）二硫代磷酸、聚丙烯酸钠等及组合抑制剂 Na_2SO_3+水玻璃+CMC、Na_2SO_3+H_2SO_4+腐殖酸钠、H_2SO_3+淀粉、$Na_2S_2O_3$+$FeSO_4$ 等。

在含亚硫酸盐类方铅矿无机抑制剂的研究方面，主要包括亚硫酸盐、亚硫酸钠+硫酸亚铁、淀粉+亚硫酸氢钠等，虽然亚硫酸盐类效应对铜-铅-硫化物矿物的可浮性有差异，可以实现两种矿物的分离，但分离效果一般，这主要是由于药物对两种矿物具有抑制作用，无法将两种矿物很好地分离，说明药剂存在选择性较差的问题。并且亚硫酸盐易被氧化，在现场不易制备和储存，对环境污染也较大。除此以外，还有焦亚硫酸钠、焦磷酸钠等无机化合物可作为方铅矿抑制剂，虽然焦磷酸钠对两种矿物存在选择性差异，但是只在弱酸性条件下效果较好，对实际生产环境要求较高。近年来大部分的研究者主要是使用了大分子有机抑制剂及其改性药剂作为方铅矿的抑制剂，主要是羧甲基纤维素类、淀粉类或糊精等，具体有羧甲基纤维素、焦亚硫酸钠、焦亚硫酸钠+硅酸钠+羧甲基纤维素、羧甲基纤维素+亚硫酸钠+水玻璃、羧甲基纤维素+硫酸锌+水玻璃、磷酸酯淀粉等。虽然大分子有机药剂的抑制能力强，但是存在选择性差的问题，药剂用量大时对两种矿物均存在抑制作用[46]。除此以外，还有腐殖酸钠+过硫酸铵、鞣酸、聚合硫酸铁+甘油等方铅矿有机抑制剂。

组合抑制剂 SCI 和 SHI 是湖南有色金属研究院陈代雄课题组开发出来的绿色、高效、清洁的组合抑制剂，对细粒级方铅矿的抑制作用明显，特别是在铜铅分离过程中。

A　组合抑制剂 SCI 对细粒级方铅矿和黄铜矿浮选的影响

前面试验显示加大药剂量对含有细粒级方铅矿的抑制效果仍不十分彻底，本组试验针对微细级的抑制性进行了研究。选用组合抑制剂为：亚硫酸钠、CMC、水玻璃等，将它命名为 SCI。其中 Na_2SO_3：CMC=6：1 始终含有，Na_2SiO_3 用量固定为 $6×10^{-5}$ mol/L，一组含有，另一组不添加。设置 SCI 的浓度梯度为 $2×10^{-5}$ mol/L、$8×10^{-5}$ mol/L、$12×10^{-5}$ mol/L、$18×10^{-5}$ mol/L、$24×10^{-5}$ mol/L。选用 +0.015mm 和 -0.015mm 两个粒级的矿粉进行混合，矿中黄铜矿和方铅矿的比例为 1：1，每次实验所用矿粉质量为 10g。捕收剂 Z-200，浓度设定为 $20×10^{-5}$ mol/L。

如图 2-6 和图 2-7 所示，实验表明，在 SCI 组合抑制剂作用下，无论是否加入水玻璃，各粒级的黄铜矿的回收率整体高于铅的回收率，受到抑制作用的影响不大，但-0.015mm 的细粒级黄铜矿颗粒回收率比+0.015mm 的低；在 Na_2SO_3+CMC+Na_2SiO_3 作用下对+0.015mm 的粗粒级方铅矿颗粒有明显的抑制作用，而且随着组合抑制剂浓度的升高而作用增强，但对-0.015mm 的微细粒级方铅矿，抑制作用明显减弱，进一步表明方铅矿粉碎到一定粒度后，结合抑制剂能力或数量减少，浮游活性增加。在浮选体系中 Na_2SO_3+CMC+无水玻璃的情况下，整体对粗粒级和细粒级方铅矿抑制作用较弱，在抑制剂浓度达到 $2×10^{-5}$mol/L 和 $8×10^{-5}$mol/L时粗细粒级下降趋势基本重合，组合抑制剂对+0.015mm 粗粒级铅抑制性明显大于-0.015mm 细粒级铅。

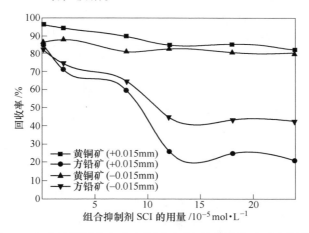

图 2-6 组合抑制剂在水玻璃作用下对细粒级混合矿浮选的影响

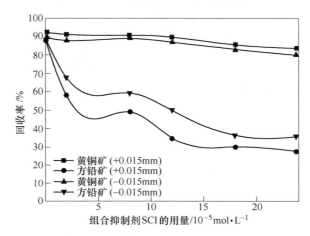

图 2-7 组合抑制剂在无水玻璃作用下对混合矿浮选的影响

B　组合抑制剂 SHI 对细粒级方铅矿和黄铜矿浮选的影响

选用组合抑制剂为：磺化木质素、亚硫酸钠、水玻璃，将它命名为 SHI，Na_2SO_3：磺化木质素 = 5∶1，始终添加。Na_2SiO_3 用量固定为 $6×10^{-5}mol/L$，一组添加而另一组不添加。将粉碎筛选获得的 +0.015mm 和 -0.015mm 粒径的两个粒级的矿粉，按黄铜矿和方铅矿的比例为 1∶1 进行混合，每次实验所用矿粉质量为 10g。捕收剂 Z-200，浓度设定为 $20×10^{-5}mol/L$。

如图 2-8 和图 2-9 所示，随着抑制剂浓度的增加，-0.015mm 细粒级黄铜矿比 +0.015mm 粗粒级的回收率略微低，整体上各粒级的黄铜矿回收率不受影响。对方铅矿的浮选回收率较低，说明组合抑制剂有一定抑制效果，但 -0.015mm 细粒级方铅矿明显比 +0.015mm 方铅矿难以抑制，说明铜铅分离不彻底主要是细粒

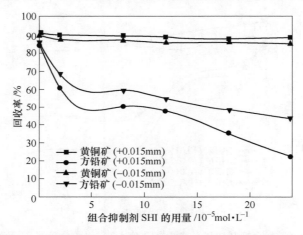

图 2-8　组合抑制剂在无水玻璃作用下对混合矿浮选的影响

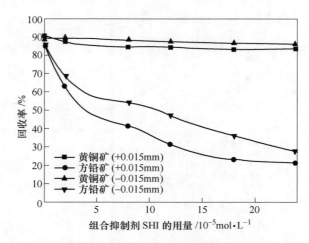

图 2-9　组合抑制剂在水玻璃作用下对混合矿浮选的影响

级方铅矿物更难抑制。当组合抑制剂含有低浓度 Na_2SiO_3 时，$-0.015mm$ 方铅矿颗粒抑制效果有所加强，铜和铅的分离度得到了提升，表明 Na_2SiO_3 的加入能一定程度上促进此种组合抑制剂对微细粒级（$-0.015mm$）铅的浮游活性的抑制，增加铜铅混合矿浮选的分离效率。

C　组合抑制剂 SCI 中各组分比例对细粒级方铅矿和黄铜矿浮选的影响

组合抑制剂 SCI 对细粒级方铅矿有良好抑制效果，SCI 在一定用量条件下寻找最佳比例，实现铜铅最佳分离效果。实验设计比例：（1）Na_2SO_3：Na_2SiO_3：CMC=6：6：1；（2）Na_2SO_3：Na_2SiO_3：CMC=6：4：1；（3）Na_2SO_3：Na_2SiO_3：CMC=6：2：1；（4）Na_2SO_3：Na_2SiO_3：CMC=6：4：2；（5）Na_2SO_3：Na_2SiO_3：CMC=6：4：3；SCI 用量固定为 $6\times10^{-5}mol/L$。由图 2-10 表明 Na_2SO_3：Na_2SiO_3：CMC=6：4：1 抑制细粒方铅矿效果最好，对黄铜矿没有影响。按照 SCI 中 Na_2SO_3：Na_2SiO_3：CMC=6：4：1，设计 SCI 的浓度梯度为 $2\times10^{-5}mol/L$、$8\times10^{-5}mol/L$、$12\times10^{-5}mol/L$、$18\times10^{-5}mol/L$、$24\times10^{-5}mol/L$。选用 $+0.015mm$ 和 $-0.015mm$ 两个粒级的矿粉进行混合，矿中黄铜矿和方铅矿的比例为 1：1，每次实验所用矿粉质量为 10g。捕收剂 Z-200，浓度设定为 $20\times10^{-5}mol/L$。

如图 2-10 和图 2-11 所示，实验表明，在 SCI 组合抑制剂作用下，各粒级黄铜矿的回收率整体高于铅的回收率，受到抑制作用的影响不大，但 $-0.015mm$ 的细粒级黄铜矿颗粒回收率比 $+0.015mm$ 的低；在 Na_2SO_3：Na_2SiO_3：CMC=6：4：1 组合对 $+0.015mm$ 的粗粒级方铅矿颗粒有良好的抑制作用，而且随着组合抑制剂浓度的升高而作用增强，当 SCI 浓度达到 $12\times10^{-5}mol/L$ 时，铅的回收率为 10% 以下，因此 SCI 在一定比例和一定用量的条件下对 $-0.015mm$ 的微细粒级方铅矿，可以实现比较良好的抑制。

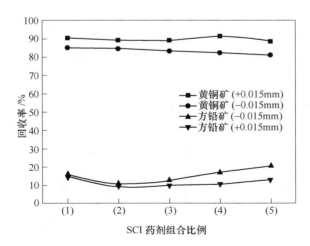

图 2-10　不同比例组合抑制剂 SCI 对细粒级混合矿浮选的影响

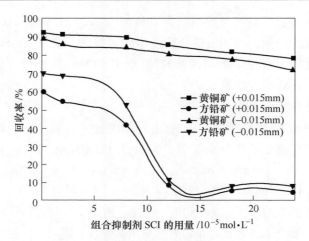

图 2-11　组合抑制剂 SCI 用量对混合矿浮选的影响

2.4　铜铅硫化矿和药剂作用的理论计算

2.4.1　密度泛函理论

20 世纪 30 年代，物理学家海森堡和薛定谔分别发表了著名的不确定关系和薛定谔方程，宣告量子力学的确立。量子力学作为现代物理学的基石，其为物理学和化学的发展提供了崭新的理论，对于解释微观世界的物质规律和反应本质起到了决定性的作用[27]。然而量子力学的基本方程薛定谔方程（见式（2-1））的求解是极其复杂的，虽然可以通过薛定谔方程处理一些分子、原子、电子和固体层次上遇到的一般理化理论问题，但是一旦涉及多电子体系，使用薛定谔方程求解是非常困难的，主要是计算量过于庞大。式（2-1）称为波函数，E 是微观粒子的总能量即势能与动能之和，V 是势能，m 是微粒的质量，h 是普朗克常量，x、y、z 是空间坐标。

$$\frac{\partial^2 \psi}{\partial x^2} + \frac{\partial^2 \psi}{\partial y^2} + \frac{\partial^2 \psi}{\partial z^2} + \frac{8\pi^2 m}{h^2}(E - V)\psi = 0 \qquad (2-1)$$

基于此，通过对模型和方程的近似处理，在可靠的精度范围内获得数值解是一种可行的方案，主要的研究思路是如何将多粒子问题转化为多个电子问题，然后将更多的电子问题转化为单个电子问题，如果能完成这一步，可以使更多的电子薛定谔方程转化为单电子方程，从而使求解过程大大简化。1987 年以前主要用 Hartree-Fock（HF）近似处理方法；1995 年以来，使用 DFT 近似处理方法的工作以指数形式增加，现在已经大大超过使用 HF 方法进行研究的工作。这表明 DFT 在计算量子化学领域具有广泛的应用，且发挥着核心作用。HF 和 DFT 构成了第一性原理计算。

密度泛函理论通过粒子密度来描述体系基态的物理性质。由于粒子密度仅是空间坐标的函数，所以密度泛函理论将 3N 维波函数问题简化为三维粒子密度问题，这是非常简单直观的。此外，粒子密度通常是一个物理量。这些密度泛函理论具有很好的应用前景，密度泛函理论计算完全采用量子化学作为计算方法的理论基础，为了区别于量子化学的其他初始方法，有时称之为基于 DFT 的狭义第一原理计算。

在密度泛函理论中，密度泛函理论的精度问题一直困扰着我们，在密度泛函计算中所有的近似都被集中到称为交换相关能的一项上，交换相关能量泛函的近似形式决定着精度。因此，寻找更好的交换相关近似渐渐成为密度泛函体系发展的一个方向。

Kohn 和沈昌九在 1965 年提出局域密度近似（LDA），通过近似表达未知交换关联项，使得 DFT 的适用大大提高。LDA 的核心思想是利用现有的均匀电子密度函数计算非均匀电子气体条件下的交换相关项。局部密度近似（LDA）易于求解，运行成本低。它非常适合于电子密度小的系统。它在一般金属和半导体能带的早期计算中起着重要的作用。然而，也存在明显的缺陷，如过高估计结合能，计算材料表面和晶体缺陷。为了更准确地计算实际材料系统，建立了广义梯度近似法。这也是目前密度泛函计算中运用最为广泛的一类处理方法（GGA）。GGA 的近似处理正是在充分考虑到 LDA 近似算法的不足，将电子密度的梯度也作为交换关联泛函的变量，依次作为非均匀气体条件下的体系标准，再用密度梯度修正 GGA，进而校正了由于电子密度分布不均匀而导致的误差，使得计算的结果较之于 LDA 更精确。在 GGA（General Gradient Approximation）近似下，交换相关能是电子密度及其梯度的泛函。构造 GGA 交换相关泛函的方法分为两个流派。一派是以 Becke 为首，认为"一切都是合法的"，人们可以任何理由选择任何可能的泛函形式，而这种形式的好坏由实际计算来决定。通常，此类泛函的参数是在大量的数据支持下通过拟合计算得到的。另外一个流派则是以 Perdew 为代表，他们认为物理规律是发展交换相关泛函的基础，这些物理规律包括标度关系、渐进行为等。著名的 PBE 泛函便是在这种理念的基础上构造的，PBE 泛函也是现在最普遍使用的 GGA 泛函之一。随着近年来量子化学理论的高速发展，密度泛函理论的发展越发的成熟，同时计算硬件水平也在不断提高，这一系列的发展使得能够通过计算对物质内部结构和微观性质进行探索。

DMol^3 量子化学模块[41]在密度泛函的理论基础上对分子、固体和表面的电子结构和动能进行建模，在获取从头算精确结果同时保持较高的计算效率。密度泛函理论（Density Functional Theory）在 DMol^3 中给出的泛函有：VWN 泛函和 PWC

泛函是 DMol³ 给出的泛函，默认选用的是 PWC 泛函；非局域泛函也就是所谓基于梯度校正泛函；而杂化泛函 B3LYP 是一种参数泛函，通过配合一部分来自 Hatree-Fock 理论精确的交换能和一部分由其他泛函贡献的交换相关能而提高了交换相关能的计算，主要是对局域泛函权重比例的合理搭配，才能得到与实验值相符合的结果；Meta-GGA 泛函则是除广义梯度泛函外基于局域密度的可以处理依赖动能密度的梯度泛函。

本书使用广义梯度近似 GGA 方法采用 PBE 泛函进行梯度校正。动能密度的表达式见式（2-2），式中是波函数，是动能密度。

$$T_i(r) = \sum_I^{OCCUP} \frac{1}{2} \mid \nabla\psi_i(r) \mid \tag{2-2}$$

2.4.2　黄铜矿表面吸附模型

2.4.2.1　计算模型与方法

模拟计算黄铜矿与吸附药剂过程是基于密度泛函理论（Density Functional Theory）的量子化学计算。使用内置于 Material Studio 6.0 的可视化模块进行模型建立并利用内置的 DMol³ 量子化学计算模块进行晶胞优化、表面弛豫计算、药剂吸附模拟计算。采用广义梯度近似 GGA 理论，选择 Perdew 等人提出的密度泛函交换关联能计算方法进行梯度矫正，PBE 泛函方法进行计算。考虑到计算成本与计算精度，需要定性表述表面吸附过程，计算初始条件有：能量收敛阈值设置为 2.00×10^{-5} Ha；最大的力收敛阈值设置为 4.00×10^{-3} Ha，位移收敛阈值为 5.00×10^{-3} Ha，最大几何构型容忍偏移值设置为 0.3000；对于计算中包含金属离子的体系，本书所述研究使用赝势基组进行计算，可以较为精确地对铜和铁的价电子进行描述，也可减少计算量；k-points 设置为 2×2×1。

为了深入研究丁基黄药、Z-200 与矿物表面的作用机理，本书所述研究使用高斯公司的 G09 Version D. 01 量子化学软件包在 B3LYP/6-311G * [42] 的理论水平层面上对分子结构进行定性分析。孙伟等人曾运用前沿轨道理论对黄铜矿捕收剂的选择进行研究，包括几何构型优化、分子前线轨道分析、分子静电势分析，从而可以分析分子的活性官能团，为量子化学模拟计算提供初始结构，与药剂分子与矿物表面活性位点的反应取向信息，优化计算步骤，节约计算资源。最初的药剂分子模型来自 PubChem 网站，而后使用高斯进行几何构型优化。之后对药剂分子的性能进行分子结构的理论分析。

黄铜矿，晶体化学式子 $CuFeS_2$，硫化矿物。其中金属原子铜与铁离子都是四配位结构，晶体化学理论组成（质量分数）：Cu 34.56%，Fe 30.52%，S 34.92%，四方晶系。值得注意的是，黄铜矿在自然界中没有很好的解理面，也即表面成分相对复杂，但是其在浮选中扮演重要作用的成分已经得到了深入的研究。在一个块矿的黄铜矿表面，每一个 S 原子与四个金属原子配位结合，而每一个金属原子又与四个 S 配体原子形成配位结构。在一次 X 射线光电子能谱分析中，有人严格控制黄铜矿处于惰性的氛围，进行了实验，发现黄铜矿的（001）面是最多的暴露面。而其他的暴露面如（111）面、（101）面、（110）面与（112）面都被认为具有非常相似的结构。因此，黄铜矿表面并没有偏好的主要解理面。所以在本书所述研究中，选取典型的（001）面作为研究对象。（001）面比较具有代表性，主要是表面暴露的金属离子可以调节，适合本书的选择性吸附药剂的作用机理研究。（001）面具有可以代表复杂的黄铜矿矿物表面的特性。可以从图 2-12（c）中看出，Materials Studio 软件中解理的黄铜矿（001）面截断了 S—Cu 与 S—Fe 之间的化学键，这样表面暴露原子既有铜作为暴露原子，也有铁作为暴露原子，对于药剂吸附提供了更多的可能性。（001）晶面优化是基于优化的原胞进行解理而得到的结构，优化时固定底层三层原子，主要关注表层两层原子结构弛豫现象。

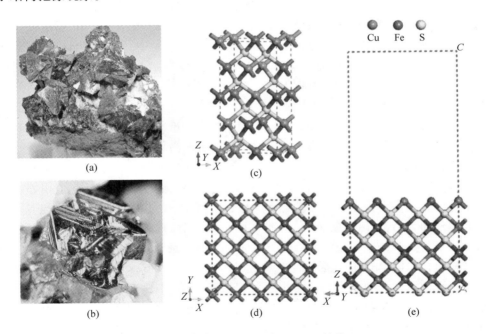

图 2-12　黄铜矿的天然晶体矿物及晶体模型

（a），（b）黄铜矿天然晶体矿物；（c）黄铜矿（001）面晶体模型；

（d）模型俯视图；（e）模型正视图

2.4.2.2　吸附能计算

优化后的解理表面作为被吸附基底，将吸附药剂分子放入体系后进行优化，从而可以得到最低能量构型。本书所述研究通过比较吸附能量差异，得到药剂与表面反应的难易程度，对药剂的浮选性能进行分析，计算中采用的吸附能计算模型如下：

$$E_{ads} = E_{system} - (E_{slab} + E_{agents})\qquad(2\text{-}3)$$

式中　　E_{ads}——吸附能；

　　　　E_{slab}——矿物晶面模型总能量；

　　　　E_{system}——吸附后体系构型能量；

　　　　E_{agents}——吸附前药剂能量。

2.4.3　方铅矿表面吸附模型

2.4.3.1　计算模型与方法

本书所述研究的计算模型与方法基于 DFT 的第一性原理超软赝势平面波方法，以 Materials Studio 6.0 软件中的 DMol^3 模块进行晶胞优化、表面弛豫计算和药剂吸附模拟计算。交联关联泛函采用广义梯度近似 GGA 下的 PBE 梯度修正近似对方铅矿的晶胞参数进行几何优化。在计算过程中，布里渊区积分采用 Monkhorst-Park 形式，k-points 设置为 $1 \times 1 \times 1$。在自洽场运算中，自洽精度取 1.0×10^{-5} eV/atom。能量收敛阈值设置为 2×10^{-5} Ha，原子间作用力收敛阈值为 0.04Ha/10^{-10}，原子位移收敛阈值为 0.005×10^{-10}。为了保证沿 Z 轴方向两个晶胞间不发生相互作用，使计算的表面能值趋于稳定和准确，必须要有足够厚的真空层，本书所述研究选用厚度为 15×10^{-10} 的真空层来消除真空层的影响。

方铅矿晶体呈立方体，立方面心格子，空间对称结构为 Fm3m，分子式为 PbS，属等轴晶系，每个单胞含 4 个 PbS 分子，每个硫原子分别与 6 个相邻的铅原子配位，而每个铅原子也分别与 6 个相邻的硫原子配位，形成八面体构造。常见的解理面为沿铅–硫键断裂的（100）面，表面上的硫原子和铅原子相互配对，即硫原子与 5 个铅原子配位，铅原子同样与 5 个硫原子配位。与实验室测量值及文献相比，GGA-PBE 优化后的晶胞参数（$a=b=c=5.9362 \times 10^{-10}$）与实验值保持一致，证明该方法的可靠性。本书所述研究仅以方铅矿（100）晶面模型为例，综合考虑计算时间和精度的要求，选取表面离子层数为 4，方铅矿（100）晶面弛豫和药剂吸附过程中固定基底两层原子层。本书所述研究中选用的方铅矿（100）晶面模型正视图和俯视图如图 2-13 所示。

2.4.3.2　吸附能计算

药剂在矿物表面的吸附能由式（2-4）所得：

$$\Delta E_{ads} = E_{X/slab} - E_X - E_{slab}\qquad(2\text{-}4)$$

式中，ΔE_{ads} 为药剂在矿物表面吸附能；E_X 为药剂总能量；E_{slab} 为矿物晶面模型

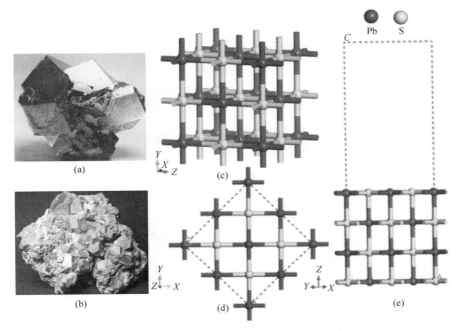

图 2-13 方铅矿的天然晶体矿物及晶体模型

（a），（b）方铅矿天然矿物晶体；（c）方铅矿（100）面晶体模型；

（d）模型俯视图；（e）模型正视图

总能量；$E_{X/slab}$ 为吸附了药剂的矿物模型总能量。ΔE_{ads} 越负，药剂在矿物表面吸附强度越强。

2.4.4 黄药和 Z-200 药剂分子性质计算

2.4.4.1 前线轨道分析

前线轨道分析认为分子最为活跃的反应主要发生在一些较为活跃的分子轨道上，提出最高占据轨道（HOMO）与最低未占据轨道（LUMO）来分别解释分子的成键本质。

丁基黄药（$CH_3(CH_2)_3CSSNa$）分子含有巯基末端基团，是传统的硫化矿物捕收剂，通过前线轨道分析可以获悉在复选中最易与矿物表面发生吸附的位点与吸附反应的类型。图 2-14 展示的是丁基黄药的分子前线轨道布局图。图 2-14（a）是分子图片，图 2-14（b）是丁基黄药分子的最高占据轨道（HOMO），主要集中在两个 S 原子。而最低未占据轨道（LUMO）则分散在碳原子周围的两个 S 原子和一个 O 原子上。由前线轨道分析可见，丁基黄药的巯基基团容易脱去质子，而且 S 具有较高的电负性，容易与相邻的 S 原子一起与金属离子发生反应，发生配位或者螯合成环。

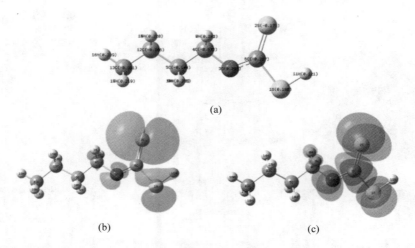

图 2-14　丁基黄药的分子前线轨道布局图

（a）丁基黄药的分子构型；（b）最高占据轨道；（c）最低未占据轨道

Z-200（$CH_3CH_2NHCSOCH(CH_3)_2$）的前线轨道图像如图 2-15 所示。由图 2-15 可知，Z-200 的最高占据轨道主要集中在与 N 原子相连的乙基上，这体现出了烃基是一种较强的亲电子基团，而水分子等是属于亲核基团，该乙基基团是 Z-200 的一个疏水基团。另一方面，最低未占据轨道信息展示的是在 S 原子上集中了离域的分子空轨道，S 原子是 Z-200 分子接受电子的一个重要位点，这一点，与很多文献中的实验结果是一致的。

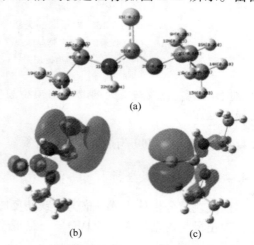

图 2-15　Z-200 的前线轨道图像

（a）Z-200 的分子构型；（b）最高占据轨道；

（c）最低未占据轨道

2.4.4.2　分子荷电分析

丁基黄药分子与 Z-200 分子的自然原子电荷布局分析结果如图 2-16 所示。

从表 2-3 可知，其中 Z-200 的 2S 原子的分析结果要比丁基黄药分子的电负性要高一些，这有利于 Z-200 在浮选中发挥更好的捕收性能。除此之外，分子静电势轮廓图（ESP）如图 2-17 所示，表明丁基黄药分子的 C═S 中的 S 原子电负性与氧原子都具有较好的亲核性质。这导致丁基黄药分子具有两个亲核位点。但是氧原子的轨道分析结果表明，其不容易与金属离子发生配合反应。

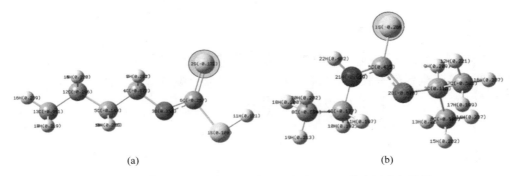

(a)   (b)

图 2-16 丁基黄药分子与 Z-200 分子的自然原子电荷布局分析结果

表 2-3 丁基黄药分子与 Z-200 分子的荷电对比

分 子	原 子	电荷/eV
丁基黄药分子	2S	-0.171
丁基黄药分子	1S	0.100
Z-200	2S	-0.268

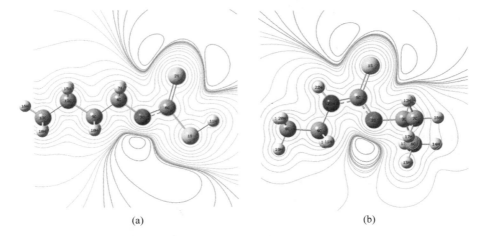

(a)   (b)

图 2-17 分子静电势（ESP）

(a) 丁基黄药；(b) Z-200

从图 2-17 可知，Z-200 的静电势轮廓图分析可以看出，Z-200 中的氧原子被包围在了分子内，所以分子只有一个硫原子作为较好的亲核位点。而亲水位点得到了一定程度的规避。

综合以上分析可知，丁基黄药与 Z-200 均具有较好的亲核性。黄原酸基团是主要浮选作用的亲矿物基团，具有与金属离子螯合成稳定螯合物的能力。Z-200 中的硫原子也具有较好的亲核能力，在浮选中扮演主要的亲矿物基团，具有较强的捕收能力。两者对矿物的捕收能力要依据不同的矿物进行具体分析。

2.4.4.3　羧甲基纤维素

羧甲基纤维素的抑制作用机理为：羧甲基纤维素不仅可以作为分散剂，而且羧甲基纤维素的呈胶束本身荷负电，因本身荷负电的缘故，羧甲基纤维素吸附荷正电的矿物，致使矿物浮选受到抑制；解离后的羧甲基纤维素呈阴离子状态，与荷正电方铅矿相吸附，羧甲基纤维素吸附于矿物表面，而本身含有大量羟基—OH 的羧甲基纤维素可以在水分子间发生氢键作用，在矿物表面形成一层水化膜，极大地抑制方铅矿的可浮性（见图 2-18）。

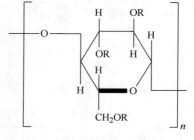

图 2-18　羧甲基纤维素结构示意图

2.4.4.4　矿物晶体表面模型及优化计算结果

A　黄铜矿（001）面结构

矿物表面由于化学键的断裂，使得表面原子处于受力不平衡状态，表层原子之间的距离由于力的作用需要重新调整，以达到新的平衡，这种现象称为表面弛豫。由图 2-19 可以看出，优化前后，黄铜矿表面未固定的原子发生了明显的弛豫现象。

黄铜矿表面发生断裂之后，表面断裂键主要是金属-硫键发生断裂，如果不考虑表面发生氧化，则黄铜矿的硫末端的表面由硫原子构成，具有硫化矿类似的性质且具有一定的天然可浮性的表面。与之相反，带有金属末端的表面则表现出荷正电的情况，化学键的断裂导致了表面金属原子具有冗余的表面正电荷，从而使得黄铜矿表面带电荷，表面电荷由溶液中水

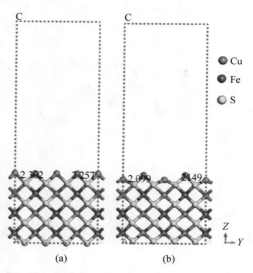

图 2-19　黄铜矿（001）暴露面在 PBE
水平优化前与优化后结构

（a）在 PBE 水平优化前；（b）在 PBE 水平优化后

及水中溶解的物质进行中和，先形成表面水化层，此处不考虑表面水化以及氧化问题。在不考虑水溶液的情况下，黄铜矿表面表现出铜离子发生朝向晶体内硫原

子的偏移，而铁原子则发生了较铁原子小很多的偏移。这样的偏移，进一步从量子化学计算结果揭示了铜原子更加亲硫。这也与文献报道得一致。表 2-4 提供各晶体中原子之间的键长作为计算的依据。键长差距的增加，说明键的强度减弱。其中 Fe—S 的差异较大为 0.0097nm，在晶体中 Fe—S 作用力相对较弱。而 Cu—S 键较为稳定，键长变化为 0.0054nm。说明铜与硫之间的作用力较强，发生断裂后，铜与铁相比更加喜硫，弛豫后偏移较小。

表 2-4 优化前后金属-硫平均键长

键类型	优化后晶体/nm	弛豫后表面平均键长/nm	优化前后键长差距/nm
Cu—S	0.2348	0.2402	0.0054
Fe—S	0.2214	0.2331	0.0097

优化结果作为吸附构型的吸附质。由图 2-20 可知，黄铜矿表面的暴露面上原子排列发生了很大的变化。在此基础上对优化后的药剂与矿物表面的吸附行为进行了研究。

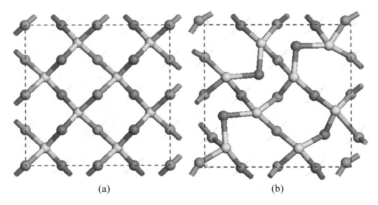

图 2-20 黄铜矿（001）暴露面在 PBE 水平优化前与优化后俯视结构
（为了获得较为清晰的视图，底层原子设置成为了 0.1mm 的点线格式）
（a）在 PBE 水平优化前；（b）在 PBE 水平优化后

B 方铅矿（100）面结构

理想的方铅矿（100）晶面具有层状结构，每一层的铅原子和硫原子的位置都具有相同 Z 坐标，表面结构相对简单。如图 2-21（a）所示，理想的方铅矿（100）晶面 Pb—S 键长只存在 0.2937nm 和 0.2973nm。从表 2-5 和图 2-21，方铅矿（100）晶面优化前后对比可以看出，方铅矿表面发生了明显的弛豫，铅原子和硫原子背离晶体体相分别移动了 0.0301nm 和 0.0547nm，铅原子和硫原子沿 Z 轴偏移量不一样导致 Pb—S 键长存在四种情况：0.2882nm、0.2891nm、0.3320nm 和 0.3575nm。由文献已知，方铅矿（100）面经过弛豫后，表面能带比体相更密、宽度更大，说明方铅矿表面电子结构发生了显著的变化，弛豫后的方铅矿表面更易失去电子。

表 2-5　方铅矿（100）面弛豫前后结构

化学键类型	键长/nm				原子类型	沿 Z 轴位移量/nm
	弛豫前		弛豫后			
PbS	最外层	0.2937	最外层	0.2882 0.2891	Pb	+0.0301
	次外层	0.2973	次外层	0.3320 0.3575	S	+0.0547

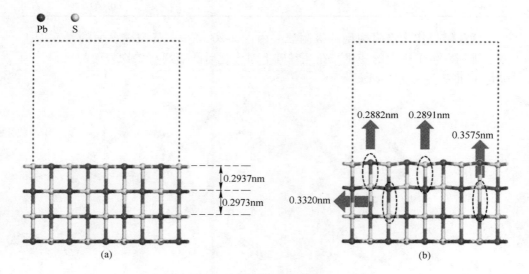

图 2-21　方铅矿（100）面晶体模型
（a）优化前；（b）优化后

C　方铅矿表面断裂键密度计算

方铅矿表面断裂键密度计算公式如下：

$$D_b = \frac{N_b}{A} \tag{2-5}$$

式中　D_b——在 $1nm^2$ 面积内所含有的未饱和键的数量；

　　　N_b——某一晶面的单位晶胞内所含有的未饱和键（断裂键）；

　　　A——在该晶面上单位晶胞所占的面积。

以方铅矿（100）面为例。利用 Surface Builder 模块，从方铅矿原始晶胞中切割出（100）面，如图 2-22 所示。沿着（100）面方向，在相邻层间有两个

Pb—S键。$A(100)$晶面上单位晶胞的面积可以通过公式计算：$A = U \times V \times \sin\theta(U、V、\theta)$（三个参数由MS软件自动生成）。$A(100)$晶面通过计算可得为$0.1762nm^2$。通过式（2-5），方铅矿（100）面断裂键密度为$11.35nm^{-2}$（2/0.1762）。方铅矿不同晶面断裂键密度计算结果见表2-6。文献所示，矿物会沿着最小的断裂键密度（D_b）和最大层间距离（d）的晶面解理或断裂。对于方铅矿，不同晶面断裂键密度大小顺序如下：（111）>（110）>（100），不同晶面的层间距离大小顺序如下：（100）>（110）>（111）。（100）晶面有最小的断裂键密度（D_b）和最大层间距离（d），因此，方铅矿在破碎和磨矿的过程中，（100）晶面是最主要的解理面。按照晶面断裂键密度和层间距离大小排列顺序，（110）面也可能产生。（111）面有最大的断裂键密度和最小的层间距离，所以（111）面是不可能产生的。

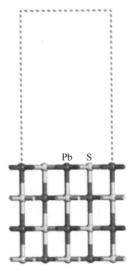

图2-22 方铅矿（100）面侧视图

表2-6 方铅矿不同晶面断裂键密度计算结果

矿物	晶面	单位晶胞面积（A）计算方法	A/nm^2	N_b	D_b/nm^{-2}	d/nm
方铅矿	（100）	$A = 0.4198 \times 0.4198 \times \sin90°$	0.1762	2	11.35	0.2968
	（110）	$A = 0.4198 \times 0.5936 \times \sin90°$	0.2492	4	16.05	0.2099
	（111）	$A = 0.4198 \times 0.4198 \times \sin120°$	0.1526	3	19.66	0.1714

2.4.5 黄铜矿（001）面与药剂作用计算结果

2.4.5.1 黄铜矿（001）面与丁基黄药相互作用模型

如图2-23所示，丁基黄药与矿物表面发生作用，黄药的黄原酸官能团作为一个二齿配体与表面金属铜离子发生螯合，形成环状螯合结构。从优化后的结果可以看出，黄原酸与表面金属离子都能发生一定的作用。可以说黄原酸捕收剂容易与表面金属离子发生作用。图2-23中铜原子向真空层发生偏移也说明铜原子在表面具有很高的活性，成为药剂吸附的活性位点。铜原子在真空层中与黄原酸形成了四配位的铜原子，与晶体相中的铜原子类似。

2.4.5.2 黄铜矿（001）面与Z-200相互作用模型

如图2-24所示，Z-200与铜表面发生作用，主要作用位点是S原子，这与前面的理论计算结果一致。铜原子发生朝向真空层的偏移，成为活性位点或者吸附位点。与黄原酸盐不同的是，这里Z-200只与一个S原子发生作用形成Cu—S键，

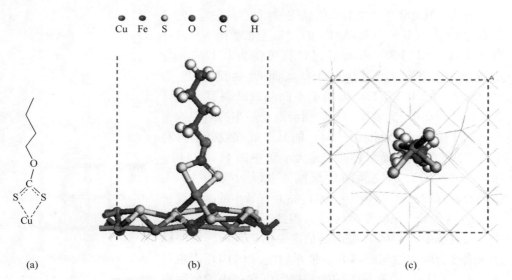

图 2-23　黄原酸盐在黄铜矿表面发生吸附的作用示意图

（a）螯合物示意图；（b）吸附模拟计算结果侧视图；（c）吸附结果从底部往上视图

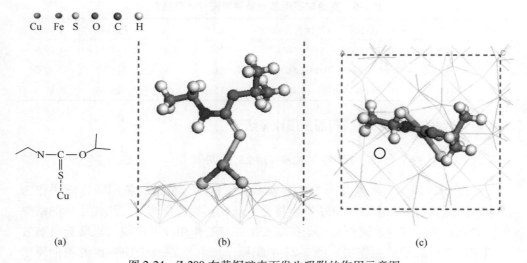

图 2-24　Z-200 在黄铜矿表面发生吸附的作用示意图

（a）捕收剂 Z-200 与铜作用示意图；（b）吸附模拟计算结果侧视图；（c）吸附结果俯视图

与铜生成的是一个铜与硫的三配位结构。相较黄原酸盐形成的螯合物来说不够稳定，这一点从吸附能的计算结果可以得到验证。

　　化学反应中，通过对比反应前后产生热力学量来表征反应的快慢、反应限度、反应发生条件。为了表征黄铜矿表面与吸附的药剂发生作用的强度，采用吸附能作为标志药剂吸附发生与否的评价方式。

如表 2-7 所示，其中 Z-200 在黄铜矿表面的吸附能是 $-39.62kJ/mol$，相比黄原酸盐的 $-78.88kJ/mol$ 要少，说明丁基黄药与黄铜矿表面的作用更强。从这一点可以解释，丁基黄药具有更好的捕收性能。从作用能的大小可以判断出捕收性能大小：丁基黄药>Z-200。

表 2-7 黄原酸盐与 Z-200 在黄铜矿 (001) 面吸附能计算结果

药剂	吸附能 $E_{ads}/kJ \cdot mol^{-1}$
Z-200	−39.62
丁基黄药	−78.88

考虑到在同时可以发生作用的情况下，Z-200 对杂质矿物或者黄铜矿类似矿物的捕收能力较弱，同时又对黄铜矿具有较好的捕收能力，所以选择性的大小顺序：Z-200>丁基黄药。

吸附反应前后捕收剂表面电荷变化见表 2-8。

表 2-8 捕收剂吸附前后密里根电荷对比

乙硫氨酯	吸附前/eV	吸附后/eV	丁基黄药	吸附前/eV	吸附后/eV
S	−0.27	−0.07	S	−0.05	−0.03
O	−0.44	−0.42	S	−0.10	−0.05
C	0.10	0.11	O	−0.30	−0.30
C	−0.23	−0.08	C	−0.47	−0.23
C	0.34	0.30	C	−0.47	−0.25
C	−0.59	−0.27	C	−0.25	0.00
C	−0.63	−0.28	C	−0.72	−0.34
C	−0.61	−0.32	C	−0.06	−0.05
H	0.18	0.12	H	0.25	0.14
H	0.20	0.13	H	0.25	0.13
H	0.20	0.13	H	0.24	0.13
H	0.22	0.13	H	0.23	0.12
H	0.20	0.12	H	0.25	0.15
H	0.20	0.11	H	0.25	0.14
H	0.20	0.12	H	0.25	0.13
H	0.21	0.12	H	0.23	0.12
H	0.19	0.11	H	0.22	0.13
H	0.21	0.12	Na	0.26	0.79
H	0.22	0.13			
H	0.21	0.12			
H	0.34	0.23			
N	−0.44	−0.25			
总电荷	0.00	0.40		0.00	0.71

从表 2-8 可以看出，吸附前后捕收剂分子发生了明显的电荷转移。Z-200 发

生了 0.40eV 的负电荷转移，而黄药发生了 0.71eV 的负电荷转移。考虑到加入体系后钠离子的影响，电荷转移不能作为判断发生吸附强度的标志，但是由此容易发现 Z-200 与表面作用也是很强的。电荷的转移源自原子之间的电子得失与电子共用，也是化学键的成因，由此可知，黄铜矿矿物表面金属离子与两种捕收剂都是容易形成化学键的，有利于捕收剂吸附到矿物表面形成疏水层，增强表面疏水性，增加黄铜矿的可浮性。

2.4.5.3　黄铜矿（001）面与亚硫酸钠相互作用模型

亚硫酸及其盐类作为方铅矿抑制剂，亚硫酸（盐）对黄铜矿没有抑制作用，相反却有活化作用。本书在亚硫酸钠与黄铜矿表面的作用过程研究中，模拟了黄铜矿与亚硫酸根的作用模型。如图 2-25 所示，在初始模型中，亚硫酸根垂直放置在黄铜矿（001）面上，氧与铜距离 0.2469nm。经过优化后发现，亚硫酸根与矿物表面铜原子发生作用，吸附作用主要来源于带负电的氧原子与解离面上暴露的铜原子的相互作用。硫酸根与黄铜矿表面铜由一个氧桥连接。其中的氧原子以单独配位的方式与铜原子相互作用，距离 0.1803nm，表明亚硫酸根与黄铜矿（001）面相互作用较强。而从亚硫酸根在黄铜矿表面的吸附能为 2299.64kJ/mol，符号为正，表明亚硫酸根在黄铜矿表面可能需要输入能量，否则该化学过程不自

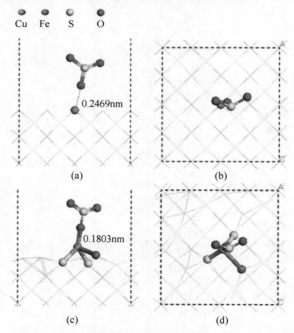

图 2-25　优化前后亚硫酸钠与黄铜矿（001）晶面作用构型

（a）优化前正视图；（b）优化前俯视图；（c）优化后正视图；（d）优化后俯视图

发进行，需要消耗能量，亚硫酸根与矿物表面的作用是一种热力学上有禁阻的反应。在浮选中，这一热力学禁阻意味着亚硫酸根的吸附反应不能发生，不会吸附在黄铜矿（001）晶面，即亚硫酸钠盐不会抑制黄铜矿表面与捕收剂作用。

2.4.5.4　黄铜矿（001）面与硅酸钠相互作用模型

水玻璃（硅酸钠）是铜铅分离中常用于抑制方铅矿的抑制剂。对水玻璃（硅酸钠）与黄铜矿之间的作用进行了研究，模拟了黄铜矿与硅酸根离子的作用模型。如图 2-26 所示，在初始模型中，硅酸根垂直放置在黄铜矿（001）面上，近矿物表面端的氧原子与铜原子的距离为 0.2496nm。而经过优化后发现，硅酸根离子吸附在矿物表面上，吸附作用主要来源于带负电的氧原子与解离面上暴露的铜原子的相互作用。其中的近表面的氧原子以单独配位的方式与铜原子相互作用，距离大约为 0.188nm，表明硅酸根与黄铜矿（001）面相互作用较强。而从硅酸根在黄铜矿（001）表面的吸附能为 2544.58kJ/mol，符号为正，表明亚硫酸根在黄铜矿表面的作用需要输入能量，否则该化学过程不自发进行，需要消耗能量，硅酸钠与矿物表面的作用是一种热力学上有禁阻的反应。在浮选中，这一热力学禁阻意味着硅酸钠的吸附反应不能发生，不会吸附在黄铜矿（001）晶面，即硅酸钠不会抑制黄铜矿表面与捕收剂作用。

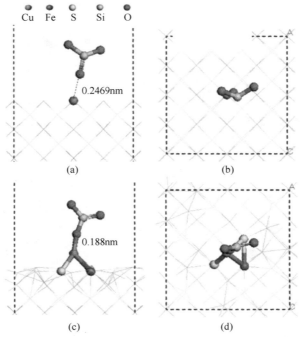

图 2-26　优化前后硅酸根离子与黄铜矿（001）晶面作用构型

（a）优化前正视图；（b）优化前俯视图；（c）优化后正视图；（d）优化后俯视图

2.4.6　方铅矿（100）面与药剂作用计算结果

2.4.6.1　方铅矿（100）面与亚硫酸钠相互作用模型

亚硫酸及其盐类是一种典型的方铅矿抑制剂，亚硫酸（盐）或 SO_2 气体作为方铅矿抑制剂最先是由 Mcquiston 在 1957 年的国际选矿会议上提出。亚硫酸（盐）对黄铜矿没有抑制作用，相反却有活化作用。但是亚硫酸（盐）能明显抑制方铅矿，此时方铅矿表面生成亲水性的亚硫酸铅。资料显示，国内外已有多个硫化矿选厂使用亚硫酸法分离铜、铅矿物。文献［37］显示，Na_2SO_3 对方铅矿的抑制是在方铅矿表面生成亲水性 $PbSO_3$ 薄膜，覆盖在方铅矿表面，增加了吸附部分的亲水性，阻碍了捕收剂在方铅矿表面的吸附，达到了抑制方铅矿的目的。本书在亚硫酸钠对方铅矿的抑制机理的研究中，模拟了方铅矿与亚硫酸根的作用模型。如图 2-27 所示，在初始模型中，亚硫酸根垂直放置在方铅矿（100）面上，两个氧原子分别距离方铅矿表面铅离子 0.3026nm 和 0.3004nm。而经过优化后发现，亚硫酸根成平卧式吸附在矿物表面上，主要来通过氧原子带负电与解离面上带正电的铅原子相互作用。其中的两个氧原子以单独配位的方式与铅原子相互作用，距离分别为 0.2705nm 和 0.2709nm。此距离与铅原子和氧原子的原子半

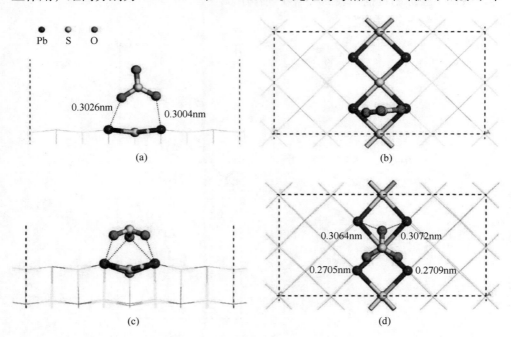

图 2-27　优化前后亚硫酸根与方铅矿（100）晶面作用构型

（a）优化前正视图；（b）优化前俯视图；（c）优化后正视图；（d）优化后俯视图

径（0.213nm）相近，表明亚硫酸根与方铅矿（100）面相互作用较强。而亚硫酸根离子另一个氧原子与方铅矿表面邻近的两个铅离子相互作用，Pb-O 距离分别为 0.3064nm 和 0.3072nm。亚硫酸根在方铅矿表面的吸附能为 -165.23kJ/mol，表明亚硫酸根在方铅矿表面明显发生了化学吸附。

2.4.6.2 方铅矿（100）面与硅酸钠相互作用模型

水玻璃（硅酸钠）常用来作为铜铅分离中方铅矿的抑制剂，水玻璃一方面对微细铜铅矿物分散，防止异相凝聚，为分离创造条件；另一方面水玻璃在方铅矿表面吸附量大于黄铜矿表面的吸附量，也就是说水玻璃与捕收剂在方铅矿表面竞争吸附，其竞争能力大于水玻璃与捕收剂在黄铜矿表面竞争能力。本书在水玻璃（硅酸钠）对方铅矿的抑制机理的研究中，模拟了方铅矿与硅酸根离子的作用模型。如图 2-28 所示，在初始模型中，硅酸根垂直放置在方铅矿（100）面上，两个氧原子分别距离方铅矿表面铅离子 0.3017nm 和 0.3018nm。而经过优化后发现，硅酸根离子成平卧式吸附在矿物表面上，通过带负电的氧原子与解离面上暴露的铅原子相互作用形成吸附。其中的两个氧原子以单独配位的方式与铅原子相互作用，距离大约为 0.243nm。此距离与铅原子和氧原子的原子半径（0.213nm）相近，表明硅酸根与方铅矿（100）面相互作用较强。而硅酸根离子

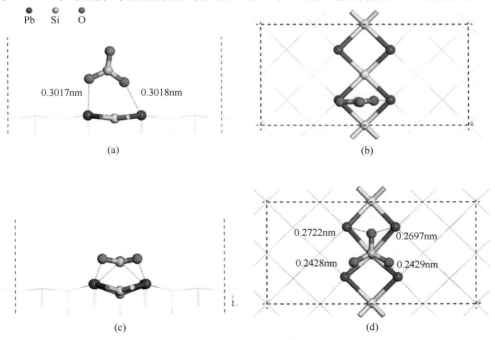

图 2-28 优化前后硅酸根离子与方铅矿（100）晶面作用构型

（a）优化前正视图；（b）优化前俯视图；（c）优化后正视图；（d）优化后俯视图

另一个氧原子与方铅矿表面邻近的两个铅离子存在相互作用，Pb—O 距离分别为 0.2722nm 和 0.2697nm。对比图 2-27 和图 2-28 可以发现，硅酸根离子氧原子与矿物表面铅原子的距离远小于亚硫酸根氧原子与铅原子的距离，这说明硅酸根与方铅矿作用更强，水玻璃（硅酸钠）对方铅矿抑制作用更强。水玻璃在方铅矿（100）表面的吸附能为 -366.87kJ/mol，远比亚硫酸在矿物表面吸附能大，也证明水玻璃在方铅矿表面吸附强度更强。

2.4.6.3　方铅矿（100）面与黄药相互作用模型

黄药是最常用的硫化矿浮选捕收剂，根据硫化矿浮选电化学理论，捕收剂在阳极氧化过程和氧气在阴极的还原过程组成了一对共轭反应，捕收剂在硫化矿表面生成疏水产物，对矿物起捕收作用。如用 MS 表示硫化矿物，X⁻ 表示硫氢类捕收剂离子，则硫化矿物与捕收剂的作用可用电化学反应表示：

氧化阴极还原：

$$O_2 + 2H_2O + 4e \rule[0.5ex]{1em}{0.4pt} 4OH^- \tag{2-6}$$

对于不同硫化矿，捕收剂阳极反应不同，包括下面两种：

捕收剂与硫化矿物反应生成捕收剂金属盐：

$$MS + 2X^- \rule[0.5ex]{1em}{0.4pt} MX_2 + S^0 + 2e \tag{2-7}$$

或

$$MS + 2X^- + 4H_2O \rule[0.5ex]{1em}{0.4pt} MX_2 + SO_4^{2-} + 8H^+ + 8e \tag{2-8}$$

硫氢捕收剂离子在硫化矿物表面氧化生成双黄药：

$$2X^- \rule[0.5ex]{1em}{0.4pt} X_2 + 2e \tag{2-9}$$

方铅矿和黄铁矿是满足浮选电化学机理的两种典型硫化矿物。捕收剂（黄药、乙硫氮）在方铅矿表面氧化后生成捕收剂铅盐，而在黄铁矿表面会生成双黄药。本书在丁基黄药对方铅矿的抑制机理的研究中，模拟了方铅矿与丁基黄药的作用模型。如图 2-29 所示，在初始模型中，黄原酸根离子垂直放置在方铅矿（100）面上，两个硫原子分别位于方铅矿表面两个铅原子正上方，其 Pb—S 距离都同样为 0.225nm 左右。而经过优化后发现，黄原酸根离子上的两个硫原子与矿物表面上的铅原子发生了螯合作用，其 Pb—S 距离分别为 0.3119nm 和 0.3152nm。黄原酸根离子在方铅矿（100）面的吸附能为 -252.5kJ/mol，证明黄原酸根离子在方铅矿表面发生吸附。

2.4.6.4　方铅矿（100）面与乙基黄药相互作用模型

如图 2-30 所示，在初始模型中，将乙基黄原酸根离子垂直放置于矿物表面上，黄原酸根离子的硫原子与表面铅原子的距离分别是 0.2394nm 和 0.2515nm。而经过优化后发现，乙基黄原酸根离子两个硫原子分别与方铅矿表面两个铅原子以单配位的方式发生作用，其 Pb—S 距离分别为 0.3519nm 和 0.3138nm。黄原酸

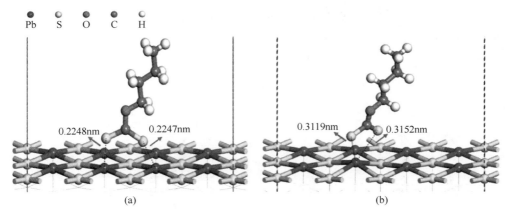

图 2-29 优化前后黄原酸离子与方铅矿（100）晶面作用构型
（a）优化前；（b）优化后

根离子在方铅矿（100）面的吸附能为 -129.4kJ/mol，证明黄原酸根在方铅矿表面发生了吸附。丁基和乙基黄药在方铅矿表面的吸附能的差异并不单单与药剂在矿物表面发生的吸附强弱有关，跟矿物表面弛豫和捕收剂结构重排也有关系，所以不能单单依靠吸附能的大小来推断出药剂在矿物表面吸附的强度。

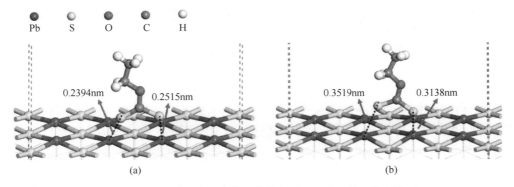

图 2-30 优化前后黄原酸离子与方铅矿（100）晶面作用构型
（a）优化前；（b）优化后

2.4.6.5 方铅矿（100）面与 Z-200 相互作用模型

根据文献［43］所知，Z-200 是以分子的形式吸附在矿物表面。又基于上述的 Z-200 计算结果可知，Z-200 中的硫原子具有较好的亲核能力，在浮选中扮演主要的亲矿物基团。如图 2-31 所示，在初始模型中，将 Z-200 的硫原子正对方铅矿表面铅原子垂直放置在矿物表面，Pb—S 距离为 0.3791nm。而经过优化，明显发现 Z-200 远离方铅矿表面，硫原子背离了方铅矿表面，说明 Z-200 对方铅矿不具备捕收能力。Z-200 在方铅矿（100）面的吸附能为 -28.7kJ/mol，吸附能显负号，这可能是由矿物表面弛豫和药剂结构重排导致的。综上所述，黄药对方铅矿的捕收性能明显高于 Z-200。

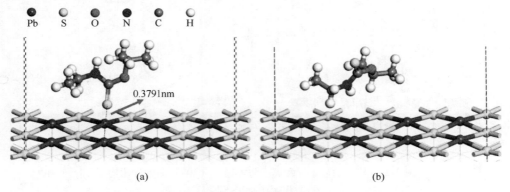

图 2-31　优化前后 Z-200 分子与方铅矿（100）晶面作用构型
（a）优化前；（b）优化后

分子药剂的原理计算表明，黄药和 Z-200 具有很好的亲核性质，作用位点分别是黄原酸官能团与碳硫双键中的硫原子。黄原酸盐和 Z-200 与黄铜矿表面金属离子结合分别形成二齿环状螯合物和单齿配合物，两者吸附在矿物表面形成疏水层，使得黄铜矿疏水上浮。吸附能计算结果表明，捕收性能：乙基黄药>Z-200；选择性能：Z-200>乙基黄药。从对无机盐抑制机理的计算结果可知，亚硫酸盐与水玻璃两者与黄铜矿表面作用的吸附能均为正值，证明两者不会吸附在黄铜矿（001）晶面上，不会抑制黄铜矿与捕收剂相互作用。在方铅矿表面的吸附能为 -165.23kJ/mol，表明亚硫酸根在方铅矿表面明显发生了化学吸附。水玻璃在方铅矿（100）表面的吸附能为 -366.87kJ/mol，远比亚硫酸在矿物表面吸附能大，也证明水玻璃在方铅矿表面吸附强度更强。黄原酸根离子在方铅矿（100）面的吸附能为 +175.62kJ/mol，也同样证明黄原酸根很难在没发生氧化的方铅矿表面发生吸附。解离后的羧甲基纤维素呈阴离子状态，与方铅矿相吸附，羧甲基纤维素吸附于矿物表面，而本身含有大量羟基—OH 的羧甲基纤维素可以在水分子间发生氢键作用，在矿物表面形成一层水化膜，极大地抑制方铅矿的可浮性。

2.5　铜铅矿浮选机理

在浮选溶液体系中，铜铅硫化矿颗粒的微观界面作用差异是导致其分离的主要原因，而药剂在调控界面差异化中发挥了重要作用，这些药剂与矿物表面的作用分为物理吸附作用和化学吸附作用。物理吸附作用不发生电子转换，吸附质易于从表面解析，是可逆的多层吸附，吸附的作用力主要是静电力无特性吸附和分子间力范德华力。化学吸附作用是发生电子转换，形成了化学键、离子键和共价键，形成了吸附牢固、不易解析、不可逆的单层分子。

2.5.1 抑制剂对铜铅浮选分离红外光谱分析的影响

实验测定了挂槽式浮选后的精矿和尾矿样品。在此浮选实验中，所用矿物为黄铜矿和方铅矿的混合矿，以质量按 1:1 的比例混合的+/-0.025mm 粒级的。所用药剂为 CMC 和乙基黄药。

图 2-32 和图 2-33 的红外光谱显示了捕收剂乙基黄药和抑制剂 CMC 与混合矿

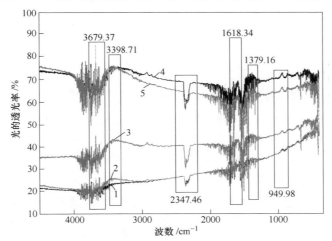

图 2-32 矿物和 CMC 浮选后的尾矿红外图谱

1—CMC 浓度 $0×10^{-5}$ mol/L；2—CMC 浓度 $2×10^{-5}$ mol/L；3—CMC 浓度 $6×10^{-5}$ mol/L；

4—CMC 浓度 $10×10^{-5}$ mol/L；5—CMC 浓度 $14×10^{-5}$ mol/L

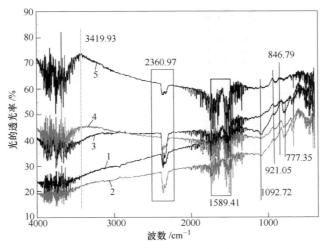

图 2-33 矿物和 CMC 浮选后的精矿红外图谱

1—CMC 浓度 $0×10^{-5}$ mol/L；2—CMC 浓度 $2×10^{-5}$ mol/L；3—CMC 浓度 $6×10^{-5}$ mol/L；

4—CMC 浓度 $10×10^{-5}$ mol/L；5—CMC 浓度 $14×10^{-5}$ mol/L

物表面吸附反应的基团变化，在不同浓度 CMC 的添加量体系中，精矿和尾矿的吸收峰有一定的差异，$1092cm^{-1}$ 为乙基黄药的特征峰，在精矿表面比较明显，说明捕收剂在矿物表面发生了吸附，其化学吸附产物为黄原酸铅。$1379cm^{-1}$ 为 $CH—(CH_2)_2$ 对应的基团，$900cm^{-1}$ 左右吸收峰对应 $C—O—C$ 的伸缩振动，$777cm^{-1}$ 归属于 $C—Si$ 的伸缩振动和 $—CH_3$ 的平面摇摆振动，这些有机基团吸收峰在添加抑制剂 CMC 后的尾矿中更为明显，说明 CMC 主要是与方铅矿表面发生了吸附作用，CMC 中的羧酸根与方铅矿表面的铅离子发生键合，在矿物表面生成羧基甲基纤维素铅黏着在矿物表面。

2.5.2　药剂与矿物表面作用的光电子能谱分析

表 2-9 是细粒级黄铜矿吸附亚硫酸钠前后 XPS 分析结合能变化结果。从表 2-9 中看出，整体上结合能变化幅度不大，由于 Cu2p、S2p 的结合能都没有发生明显的化学位移，图 2-34 是黄铜矿与亚硫酸钠吸附作用后的 Cu2p 轨道图谱，其峰值和面积变化不大，表明与黄铜矿表面的 Cu 原子和 S 原子没有发生相互作用[47]。黄铜矿与亚硫酸钠作用后的 S2p 谱图如图 2-35 所示。

表 2-9　亚硫酸钠与黄铜矿作用前后的原子轨道结合能及原子含量

样品	原子轨道	结合能/eV	峰高/CPS	半宽峰高/eV	峰面积/CPS. eV	原子含量/%
黄铜矿	C1s	284.8	3835.82	1.53	7323.04	19.11
	O1s	532.08	19243	1.9	42280.86	41.69
	S2p	161.92	3665.89	1.73	14933.35	20.03
	Cu2p	932.25	23976.67	1.57	94275.28	12.59
	Fe3p	56.63	963.22	3.36	4000	6.58
黄铜矿与亚硫酸钠反应后	C1s	284.8	3194.05	1.68	6927.4	18.37
	O1s	532.15	10970.97	2.22	28236.72	28.29
	S2p	161.93	5866.05	2.74	19491.44	26.56
	Cu2p	932.21	38476.22	1.42	139945.35	18.98
	Fe3p	56.1	854.01	5.42	4665.14	7.8

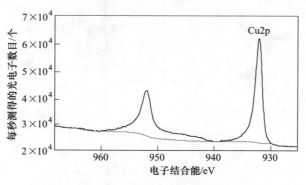

图 2-34　黄铜矿与亚硫酸钠作用后的 Cu2p 谱图

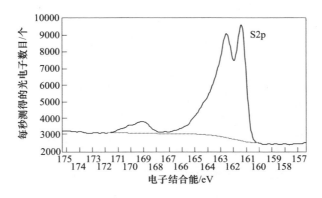

图 2-35　黄铜矿与亚硫酸钠作用后的 S2p 谱图

　　表 2-10 是细粒级方铅矿吸附亚硫酸钠前后 XPS 分析结合能变化结果。从表 2-10 中可以看出，方铅矿吸附亚硫酸钠作用后结合能变化比黄铜矿变化明显，O1s 发生了 0.04eV 正移，Pb4f 发生了 0.07eV 的正移，Fe2p 发生了 0.15eV 的负移。但有些原子含量发生了一定程度的改变，其中方铅矿与亚硫酸钠反应后的表面 O1s 下降了 5.09%，其余的原子变化幅度不大，在 1%~2% 内变动。这些说明亚硫酸钠与方铅矿表面发生了化学吸附行为。S2s 和 S2p 的共同存在显示方铅矿表面 S 元素的价态是处于多元化状态的，S2p 的结合能也有细微的化学位移，这说明亚硫酸钠与方铅矿在其表面发生了化学吸附，从图 2-36 的 S2p 轨道图谱来看，其峰面积也发生了明显的变化。

表 2-10　亚硫酸钠与方铅矿作用前后的原子轨道结合能及原子含量

样品	原子轨道	结合能/eV	峰高/CPS	半宽峰高/eV	峰面积/CPS.eV	原子含量/%
方铅矿	C1s	284.8	4722.32	1.43	8888.05	22.2
	O1s	532.03	21442.89	2.43	54828.83	51.74
	Pb4f	137.58	69001.84	0.98	168254.21	12.04
	Fe2p	711.16	499.79	3.83	5482.4	1.13
	S2s	225.13	2356.61	1.86	6791.92	12.89
方铅矿与亚硫酸钠反应后	C1s	284.8	4786.63	1.38	8718.69	24.11
	O1s	532.07	15908.94	2.63	44661.54	46.65
	Pb4f	137.65	75445.16	0.96	172659.66	13.68
	Fe2p	711.01	864.47	2.92	9315.58	2.12
	S2s	225.16	2473.97	1.85	6399.65	13.44

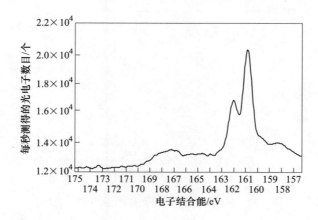

图 2-36　方铅矿与亚硫酸钠作用后的 S2p 谱图

　　从表 2-11 可以看出，添加 SCI 和 Z-200 后细粒级方铅矿表面 Pb4f、S2s 有一定程度的变化，Pb4f 发生了 0.09eV 的负移，S2s 发生了 0.09eV 的负移，S2s 的结合能的化学位移为负值，说明 S 原子的价电子壳层中的电子云密度增加，即 S 原子的空价键轨道获得电子或者与其他原子共用电子。S2s 和 S2p 的共同存在显示方铅矿表面 S 元素的价态处于多元化，而且 N1s 的出现表明捕收剂在方铅矿表面有吸附作用。结合图 2-37 的 S2p 轨道图谱来看，其峰面积相比发生了明显的变化，组合抑制剂和捕收剂的添加不但在方铅矿表面引入了新的元素 N，而且对已有 S 元素的价态有一定的影响。这三类原子发生的化学位移说明矿物表面的 S 原子和 Pb 原子可能了发生相互作用。

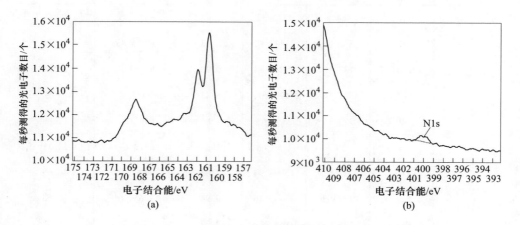

图 2-37　方铅矿与 SCI 和水玻璃作用后的 S2s 和 N1s 谱图

（a）S2s；（b）N1s

表 2-11　SCI+Z-200 与方铅矿作用前后的原子轨道结合能及原子含量

样品	原子轨道	结合能/eV	峰高/CPS	半宽峰高/eV	峰面积/CPS. eV	原子含量/%
方铅矿	C1s	284. 8	4722. 32	1. 43	8888. 05	22. 2
	O1s	532. 03	21442. 89	2. 43	54828. 83	51. 74
	Fe2p	711. 16	499. 79	3. 83	5482. 4	1. 13
	Pb4f	137. 58	69001. 84	0. 98	168254. 21	12. 04
	S2s	225. 13	2356. 61	1. 86	6791. 92	12. 89
方铅矿与 SCI+ Z-200 反应后	C1s	284. 81	5460. 01	1. 44	11154. 54	23. 5
	O1s	531. 88	28395. 89	2. 22	68662. 54	54. 64
	N1s	399. 98	232. 27	1. 15	271. 11	0. 35
	Fe2p	711. 28	989. 42	4. 84	10257. 81	1. 78
	Pb4f	137. 49	47565. 65	1. 11	157190. 4	9. 49
	S2s	225. 04	1519. 61	2. 1	6402. 94	10. 25

从表 2-12 可以看出，添加 SHI 和 Z-200 后结合能有一定程度的变化，Pb4f 发生了 0.11eV 的负移，S2s 发生了 0.1eV 的负移，O1s 有 0.16eV 的负移。这几种原子发生的化学位移说明矿物表面的 S 原子和 Pb 原子可能发生了化学作用。S2s 和 Pb4f 的结合能化学位移为负值，说明 S 原子和 Pb 原子的价电子壳层中的电子云密度增加，即 S 原子和 Pb 原子的空价键轨道获得电子或者与其他原子共用电子。和 SCI+Z-200 与方铅矿表面的作用类似，S2s 和 S2p 的共同存在显示方铅矿表面 S 元素的价态处于多元化，而且 N1s 的出现表明捕收剂在方铅矿表面有吸附作用。结合图 2-38 的 S2p 轨道图谱来看，其峰面积相比于图 2-37 发生了明显的变化，两种抑制剂相较而言，在捕收剂存在下 SHI 的 S2s 和 N1s 峰面积要大于 SCI，说明 SCI 的吸附效果可能要弱于 SHI。

红外光谱分析显示精矿有捕收剂的特征吸收峰，尾矿中有抑制剂的特征吸收峰，粗粒级方铅矿较细粒级有更明显的抑制剂的特征吸收峰，组合抑制 SCI/SHI 比单一抑制在细粒级显示更强的特征吸收峰。

表 2-12　SHI+Z-200 与方铅矿作用前后的原子轨道结合能及原子含量

样品	原子轨道	结合能/eV	峰高/CPS	半宽峰高/eV	峰面积/CPS. eV	原子含量/%
方铅矿	C1s	284. 8	4722. 32	1. 43	8888. 05	22. 2
	O1s	532. 03	21442. 89	2. 43	54828. 83	51. 74
	Pb4f	137. 58	69001. 84	0. 98	168254. 21	12. 04
	Fe2p	711. 16	499. 79	3. 83	5482. 4	1. 13
	S2s	225. 13	2356. 61	1. 86	6791. 92	12. 89

样品	原子轨道	结合能/eV	峰高/CPS	半宽峰高/eV	峰面积/CPS. eV	原子含量/%
方铅矿与 SHI+ Z-200 反应后	C1s	284. 8	5632. 45	1. 46	11344. 99	24. 59
	O1s	531. 87	27537. 63	2. 23	66461. 91	54. 41
	N1s	399. 91	215. 89	1. 9	493. 34	0. 66
	Fe2p	711. 26	1089. 03	3. 04	11498. 13	2. 05
	Pb4f	137. 47	43213. 88	1. 18	150289. 66	9. 33
	S2s	225. 03	1506. 31	1. 89	5440. 44	8. 96

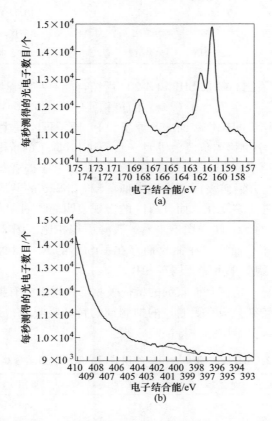

图 2-38　方铅矿与 SHI 和水玻璃作用后的 S2s 和 N1s 谱图

（a）S2s；（b）N1s

　　XPS 检测发现细粒级黄铜矿与抑制作用前后表面元素的结合能没有发生明显的化学位移，结合能没有发生改变。细粒级方铅矿表面 S 元素的价态是处于多元化状态的，Pb 元素结合能发生了明显改变，表面出现了 N1s 的结合能，捕收剂在细粒级方铅矿表面发生了化学吸附作用。组合抑制剂 SHI 的 S2s 和 N1s 峰面积要大于 SCI，说明 SHI 的吸附作用可能要强于 SCI。

2.6 硫化铜铅锌矿选矿实践

2.6.1 西藏中凯复杂铜铅锌多金属矿

西藏中凯典型复杂铜铅锌多金属矿的选矿工艺依据矿石特点，在大量前期试验研究基础上，选择了铜铅混合浮选然后铜铅再分离工艺，利用前期研究获得的 $CMC+Na_2SO_3+Na_2SiO_3$ 组合抑制剂，实现了铜铅高效分离，依据铜铅锌矿物不均性，部分中矿解离度低，进一步研究了中矿再磨，提高解离度等关键技术，并在工业上得到了较好的应用。

2.6.1.1 原矿的主要性质

A 原矿化学成分分析结果

原矿化学成分分析结果见表 2-13。

表 2-13 原矿化学成分分析结果

成　分	含量/%	成　分	含量/%
Cu	1.04	As	0.081
Pb	6.62	SiO_2	38.96
Zn	3.61	TFe	6.87
S	5.79	Ag	126.1g/t

从表 2-13 可以看出，原矿中主要可回收金属为铜、铅、锌，银可以考虑综合回收。

B 原矿的物质组成

原矿的物质组成：主要的金属矿物有方铅矿、黄铁矿、磁黄铁矿、闪锌矿、黄铜矿、磁铁矿、赤铁矿、白铁矿等，微量的毒砂、黑钨矿、白钨矿、辉钼矿、辉铋矿等；主要的脉石矿物有透辉石、石英、方解石、角闪石、磷灰石长石、绢云母、绿泥石、高岭石、玉髓以及电气石等。

C 铜铅锌矿物赋存状态

a 铅的赋存状态

铅主要赋存于方铅矿中，其次为白铅矿、铅矾；铅的物相分析结果见表 2-14。

表 2-14　原矿铅物相分析结果　　　　　　　　（%）

铅的相	含量	分布	备　注
硫化铅中的铅	6.35	95.62	方铅矿 PbS
氧化铅中的铅	0.26	3.85	白铅矿 $PbCO_3$、铅矾 $PbSO_4$
其他铅	0.03	0.53	铅铁矾等
总　铅	6.64	100.00	

b　锌的赋存状态

锌主要赋存于闪锌矿中，矿石有一定的氧化，部分锌以菱锌矿等氧化物的形式存在。锌的化学物相分析结果表 2-15。

表 2-15　原矿锌物相分析结果　　　　　　　　（%）

锌的物相	含量	分布率	备　注
硫化锌中的锌	3.28	96.45	闪锌矿等
氧化锌中的锌	0.088	2.60	菱锌矿、水锌矿
其他锌	0.032	0.95	锌铁尖晶石等
总　锌	3.40	100.00	

c　铜的赋存状态

铜主要赋存于原生硫化铜矿物黄铜矿中，其次为斑铜矿、铜蓝等次生硫化铜矿物，孔雀石、蓝铜矿等氧化铜矿物亦有微量。铜的化学物相分析结果见表 2-16。

表 2-16　原矿铜物相分析结果　　　　　　　　（%）

铜的物相	含量	分布率	备　注
原生硫化铜	0.944	89.86	黄铜矿等，主要的铜物相
次生硫化铜	0.088	8.42	斑铜矿、铜蓝等
自由氧化铜	0.005	0.51	孔雀石、蓝铜矿等
结合氧化铜	0.013	1.11	被紧密包裹无法机械解离的铜矿物
总铜	1.05	100.00	

D　矿石结构构造

矿石构造方面，主要呈浸染状构造和斑状构造，表现在硫化物等呈浸染状、斑点状、斑杂状分布于矿石中；偶见块状构造，硫化物呈致密的集合体，脉石含量较少。

矿石结构方面，主要表现在方铅矿、闪锌矿、黄铁矿、黄铜矿等硫化物呈他形晶粒状结构，少部分呈半自形晶状结构；局部见相互间呈浸蚀结构；可见黄铜矿在闪锌矿中呈乳浊状结构。具体如图 2-39~图 2-41 所示。

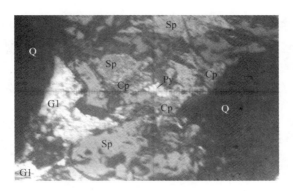

图 2-39　方铅矿（Gl）、闪锌矿（Sp）、黄铜矿（Cp）、黄铁矿（Py）接触嵌生
（光片，单偏光，10×10）

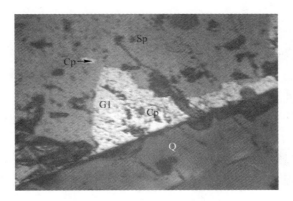

图 2-40　黄铜矿（Cp）呈细粒被包裹于方铅矿（Gl）、闪锌矿（Sp）中
（光片，单偏光，10×10）

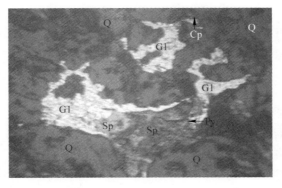

图 2-41　他形晶粒状结构的方铅矿（Gl）、闪锌矿（Sp）、黄铜矿（Cp）、黄铁矿（Py）
（光片，单偏光，10×10）

E　矿石性质特点

复杂铜铅锌多金属硫化矿矿石性质复杂，矿石种类多，性质多变。铜铅矿物紧密共生，相互包裹渗透，嵌布粒度具有很大的差异，单矿物颗粒粗粒在 1mm 以上，细粒单矿物在 $10\mu m$ 左右，甚至更小；矿物组成种类多且杂，往往一种金属多种矿物同时存在于同一矿石中；在多数情况下，铜矿物都发现有部分氧化矿物存在，所以此类矿石铜铅分离以及铜铅与锌分离难度很大。

2.6.1.2　混合浮选试验工艺流程

在大量的探索性试验和条件试验的基础上，着重进行了优浮试验方案和铜铅混浮试验方案的研究。对比试验表明，铜铅混合浮选试验方案，选矿指标更加优秀，指标更加稳定，更加适合矿石的性质。

2.6.1.3　铜铅混合浮选铜铅再分离工艺主要技术难题及解决方案

铜铅混合浮选铜铅再分离工艺主要技术难题：

（1）铜铅与锌分离，次生铜矿和氧化铜产生难免离子，会活化锌矿物，铜铅与锌的分离难度大；原矿铅锌比例，铅高锌低，影响锌的回收率；

（2）铜铅共生密切，铅矿物受到难免离子活化，铜铅分离难度大；

（3）部分铜铅锌矿物嵌布粒度非常细小，影响铜铅锌回收率和精矿质量。

较好的选矿流程工艺必须具有以下三个特点：

（1）既要对铜铅具有良好的捕收力；

（2）又要不影响铜铅分离，铜能上浮而铅又要能够有效地被抑制；

（3）必须具有良好的选择性，锌上浮量尽可能少。

2.6.1.4　解决技术难点的关键技术

铜铅混浮与锌分离技术：

（1）采用硫化钠+碳酸钠法消除难免离子对锌矿物的活化，将硫化钠+碳酸钠添加加入到球磨机中，最先与矿浆作用，使矿浆中的难免离子形成沉淀，硫化钠在铜铅混合浮选中既可以消除难免离子对锌矿物的活化，增强了对锌的抑制效果，又能对氧化铅矿物起到一定的活化作用，提高铅的回收率。

（2）采用硫酸锌+碳酸钠法抑制锌矿物，与亚硫酸钠+硫酸锌法相比，铅的回收率有了明显提高，采用上述创新有效地解决了铜铅与锌的分离。

（3）铜铅混浮采用高效的选矿药剂 BP、25 号黑药和乙丁黄药作为捕收剂。BP 是一种硫铵脂类混合药剂，对铜铅矿物具有显著选择性捕收性能，但捕收能力较弱，与黑药组合使用后，捕收能力得到加强。铜的回收率可提高 10% 以上；25 号黑药是铅矿物的良好捕收剂，25 号黑药浮选铅具有选择性好和回收率高的优点，配合使用乙丁黄药，使得铜铅浮选泡沫矿化好、夹杂少、精矿质量优。三种药剂混合用药起到发挥各种药剂的协同效应，达到提高铜铅回收率和精矿质量的目的。其次该捕收剂的组合提高银的回收率指标，铜铅精矿银的回收率达到了91%。

铜铅分离技术：

（1）采用活性炭进行脱药，高效铅矿物抑制剂组合抑制铅矿物。常规的铜铅分离浮选，在活性炭脱药后，一种方法是采用氰化物抑铜浮铅，另一种方法是采用重铬酸盐抑铅浮铜，此两种方法都采用的是有毒药剂，对环境造成严重污染。基于前面试验发现，亚硫酸钠、水玻璃、CMC的组合对铅矿物有很强的抑制作用，可以实现铜铅矿物的高效分离，亚硫酸钠+水玻璃+CMC的组合显著优于重铬酸钾；而且亚硫酸钠、水玻璃、CMC抑制铅时间搅拌时间短，只要5~8min，而重铬酸钾法抑制铅通常需要充气搅拌20~40min，抑制剂对比闭路试验结果见表2-17。

表2-17　抑制剂对比闭路试验结果　　　　　　　　（%）

试验条件	产品名称	产率	品位		回收率	
			Cu	Pb	Cu	Pb
$K_2Cr_2O_7$：1200g/t	铜精矿	36.55	22.68	7.88	88.60	13.39
	铅精矿	63.45	1.63	53.21	11.40	86.61
	给矿	100.00	9.356	36.64	100.00	100.00
CMC+Na_2SiO_3+Na_2SO_3：（110+180+360）g/t	铜精矿	32.54	27.33	4.22	93.21	3.37
	铅精矿	67.46	0.96	61.22	6.79	96.63
	给矿	100.00	9.54	42.67	100.00	100.00

（2）铜铅分离中矿采用集中返回，减少铅在铜精矿中的夹杂，将铅尽快返回进入铅精矿，大幅减少铅在铜浮选中的恶性循环，提高了铜精矿质量，增加了铅的回收率。铜铅分离中矿采用集中返回，避免了铅矿物在流程中的恶性循环，提高了铜铅分离效果。铜铅分离中矿集中返回闭路试验结果见表2-18。

表2-18　铜铅分离中矿集中返回闭路试验结果　　　　　（%）

试验条件	产品名称	产率	品位		回收率	
			Cu	Pb	Cu	Pb
中矿顺序返回	铜精矿	35.74	24.68	6.17	90.56	5.85
	铅精矿	64.26	1.06	55.21	9.44	94.15
	给矿	100.00	9.74	37.68	100.00	100.00
中矿集中返回	铜精矿	32.68	27.93	4.32	93.52	3.37
	铅精矿	67.32	0.94	60.19	6.48	96.63
	给矿	100.00	9.76	41.93	100.00	100.00

此外，部分铜铅锌矿物嵌布粒度非常细，采用中矿再磨提高铜铅锌矿物解离度，有利于铜铅分离，降低精矿互含和提高铜、铅、锌的回收率。

由于矿石中有用矿物嵌布粒度不均匀，一段磨矿后，部分铜铅锌矿物解离不完全，在精选过程中这部分矿物进入到中矿中，回收率上不去，加大捕收剂用量，铜铅混合精矿含锌增高；降低捕收剂用量，铜铅回收率也随之降低。对铜铅混合浮选的中矿进行镜下检测发现中矿里含有大量的连生体矿物。采用中矿再磨较好地解决了这一难题。再磨试验结果见表2-19。

表 2-19　铜铅混合浮选中矿再磨闭路试验结果　　　　　　（%）

试验条件	产品名称	产率	品位			回收率		
			Cu	Pb	Zn	Cu	Pb	Zn
中矿 不磨	铜铅精矿	11.19	28.16	29.85	5.51	88.67	89.31	34.99
	尾矿	88.81	0.13	0.45	1.29	11.33	10.69	65.01
	原矿	100.00	1.03	3.74	1.76	100.00	100.00	100.00
中矿 再磨	铜铅精矿	9.52	9.72	36.68	3.72	92.16	93.24	20.06
	尾矿	90.48	0.087	0.28	1.56	7.84	6.76	79.94
	原矿	100.00	1.004	3.745	1.766	100.00	100.00	100.00

中矿再磨比粗精矿再磨和两段磨矿具有明显的优势：（1）磨矿大幅度的减少，成本低；（2）可以避免目的矿物的过粉碎，增加铜铅锌的回收率。现场中矿再磨采用了旋流器分级，细粒级（溢流）进入浮选系统，而粗粒级（沉砂）进入磨矿，产生选择性磨矿效果。

采用上述关键技术及药剂制度，特别是采用适应矿石性质的高效捕收剂和抑制剂组合有效地解决铜铅分离中铜铅锌选矿指标大幅波动、精矿质量差和回收率低的技术难题。铜铅混合浮选试验指标见表2-20，铜铅混合浮选工艺流程如图2-42所示。工艺流程试验在原矿含铜铅锌比较低的条件下，获得非常理想的试验结果。

表 2-20　铜铅混合浮选工艺流程实验室选矿试验指标　　　　　　（%）

产品名称	产率	品　位				回收率			
		Cu	Pb	Zn	Ag	Cu	Pb	Zn	Ag
铜精矿	2.75	28.62	4.85	3.96	286.2g/t	80.72	3.39	5.60	8.61
铅精矿	5.95	1.06	60.1	3.85	1265.0g/t	6.47	90.78	11.78	82.33
锌精矿	3.33	1.11	1.88	43.2	56.0g/t	3.79	1.59	74.02	2.04
尾　矿	87.97	0.10	0.19	0.19	7.3g/t	9.02	4.25	8.60	7.02
原　矿	100.0	0.975	3.94	1.944	100.0g/t	100.0	100.0	100.0	100.0

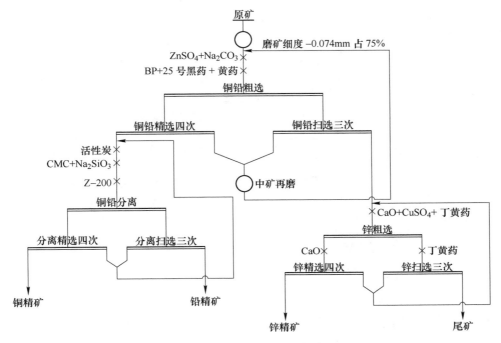

图 2-42 铜铅混合浮选工艺流程

2.6.1.5 工业试验研究

A 第一次工业试验

中凯墨竹工卡选矿厂为日处理原矿 1000t 的铜铅锌选矿厂，选厂有两个系统（即一期和二期），每个系统日处理能力为 500t。工业试验工艺流程如图 2-43 所示。第一次工业试验一举获得成功，工业试验 9 个班生产的平均选矿指标见表 2-21，铜铅锌的选矿指标优良。

表 2-21 工业调试选矿指标 （%）

产品名称	产率	品 位			回收率		
		Cu	Pb	Zn	Cu	Pb	Zn
铜精矿	3.672	27.862	5.60	4.12	79.205	3.343	5.680
铅精矿	8.756	0.98	63.5	3.83	6.643	90.385	12.591
锌精矿	4.660	0.72	2.23	43.51	2.598	1.689	76.126
尾 矿	82.912	0.18	0.34	0.18	11.554	4.582	5.603
原 矿	100.00	1.056	5.87	2.179	100.000	100.000	100.000

B 第二次工业试验

第二次工业试验是在第一次工业试验的基础上进行的，第二次工业试验同时

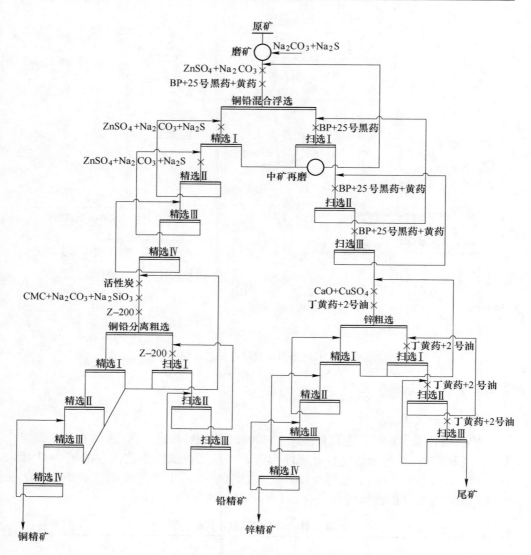

图 2-43　工业试验工艺流程

在一期和二期两个生产系统中进行，工业试验日生产规模是 1000t。第二次工业试验除了在药剂制度上进行了完善和调整，而且在设备配置也进行了调整，增加了中矿再磨措施，同时铜铅混浮粗选由三槽改为四槽。第二次工业试验选矿指标比第一次工业试验又有了显著提高。期间累计处理原矿选矿 10155.120t，累计选矿指标见表 2-22。铜精矿含铜 28.234%、铜的回收率为 84.872%，铅精矿含铅 68.122%、铅的回收率为 92.196%，锌精矿含锌 45.098%、锌的回收率为 81.450%。期间两个系统半个月累计生产指标比以前全年平均选矿指标铜精矿的品位提高 5.886%、回收率提高 19.133%，铅精矿品位提高了 7.436%、回收率提高 12.702%，锌精矿的品位提高了 2.812%、回收率提高了 16.246%。

表 2-22 第二次工业试验半个月累计生产指标 （%）

产品名称	产率	矿量/t	品位			回收率		
			Cu	Pb	Zn	Cu	Pb	Zn
铜精矿	3.516	352.718	28.23	4.122	4.521	84.872	1.897	4.089
铅精矿	10.338	1037.11	0.863	68.122	4.128	7.628	92.196	10.979
锌精矿	7.020	704.258	0.393	2.922	45.098	2.359	2.685	81.450
尾矿	79.127	7938.31	0.076	0.311	0.171	5.142	3.222	3.481
原矿	100.00	10032.4	1.02	7.321	3.325	100.00	100.0	100.00

2.6.2 青海浪力克铜矿

2.6.2.1 原矿的主要性质

A 原矿荧光分析和化学成分分析

原矿荧光分析和化学成分分析结果见表 2-23 和表 2-24。

表 2-23 原矿荧光分析结果

元素	Cu	Pb	Zn	S	Ti	Mn	Fe	Ba	Cd
含量/%	1.44	0.11	6.63	8.35	0.087	0.303	5.91	5.68	0.02
元素	O	Mg	Al	Si	Ca	P	Sb	K	As
含量/%	37.60	2.12	4.71	23.28	1.30	0.11	0.008	0.702	0.041

表 2-24 原矿成分分析

成分	含量/%	成分	含量/%
Cu	1.62	As	0.068
Pb	0.64	SiO_2	33.58
Zn	6.73	CaO	3.02
Fe	6.14	Al_2O_3	33.58
S	9.76	Ag	51.78g/t
MgO	3.23	Au	0.30g/t

由表 2-23 和表 2-24 可知，原矿主要可利用的金属为铜、铅、锌，含硫 9.76%，可考虑综合回收银。

B 主要矿物组成及相对含量

主要矿物组成及相对含量见表 2-25。

表 2-25　主要矿物组成及含量

物　相	含量/%
闪锌矿	10.13
黄铜矿、方黄铜矿	4.85
辉铜矿	0.2
方铅矿	0.11
黄铁矿、白铁矿、磁黄铁矿	5
异极矿	1
磁铁矿	3.7
菱锌矿	0.8
菱铁矿	1.5
赤铁矿、褐铁矿	<1
石英	20
硅锌石、锌铁尖晶石	0.5
绿泥石、绢云母	28
黏土矿物	≈1
方解石、白云石	5

C　主要矿物特征

a　黄铜矿与方黄铜矿

黄铜矿为矿石中最主要含铜矿物，方黄铜矿主要呈乳滴斑杂状和乳浊状黄铜矿嵌布在闪锌矿中，少数方黄铜矿与黄铜矿紧密相连共同产出。它们的产出和嵌布状态主要呈两种形式，一种是呈不规则状独立矿物嵌布在石英、破碎黄铁矿、解石等粒状矿物的晶间和破碎裂缝中；第二种是呈细小乳浊状或大小不等的不规斑杂状分散嵌布在闪锌矿中。

第一种为主要嵌布形式，第一种状态的黄铜矿粒径差异很大，一般嵌布在石英和破碎黄铁矿中的粒径较粗，多在 50~100μm，大者可达 1m 以上；嵌布在方解石等铁酸盐晶粒间的粒径较细且较分散，多在 20~70μm，细小者仅 2~5μm。

呈乳浊状和斑杂状嵌布闪锌矿中的黄铜矿和方铜矿粒径普遍细小，多在 2~5μm，少数小者可在 1μm 以下，个别较大的斑块也只有 20~30μm。极少数细分散黄铜矿呈显微碎屑不均匀散布在绿泥石灰、绢云母的解理鳞片中，无法解离回收。

黄铜矿与方铅矿在早期形成时成高温固熔体混熔，到晚期产出离熔形成从黄铜矿中离熔产出的方铅矿，二者紧密结合在一起很难分离。

b　辉铜矿

作为铜矿物的重要组成，它是交代原生黄铜矿形成的次生铜矿物，常附生在黄铜矿中，并与黄铜矿紧密相连，包裹黄铜矿或充填在黄铜矿裂隙中，有些辉铜矿已近乎完全交代溶蚀黄铜矿成黄铜矿假象嵌布矿石中。

集合体粒径成块状者达 0.6~0.7mm，细小粒者为 20~40μm 嵌布在黄铜矿中。在辉铜矿中还可包含 2~10μm 的细小闪锌矿微粒。

c 闪锌矿

构成本次选矿试样的闪锌矿有两种：一种为早期高-中温（400~500℃）热液形成的黑色高铁闪锌矿，根据锌精矿 Zn/Fe 的比值（47.53/12.61）换算成 ZnS/FeS 分子比应为 70.81/21.02，约为 77/23。据此推算，早期形成的黑色高铁闪锌矿中含铁应大于等于 0.1348。故知，黑色高铁闪锌矿中含铁应在 13.48% 以上，闪锌矿中的 FeS 含量与闪锌矿形成温度之间有一定关系，可作为地质温度计。我国对一些多金属矿床研究结果得知：高-中温热液矿床含 FeS 为 12.24%~15.90%，形成温度在 400~500℃，颜色为黑褐色；中温热液矿床的闪锌矿含 FeS 为 4.63%~7.74%，形成温度为 200~300℃，颜色为浅褐色。第二种为较晚期中温（200~300℃）热液形成的浅褐色淡黄色低铁闪锌矿。

第一种黑色铁闪锌矿常呈致密块状产出，晶粒粗大，可达 4~5mm，多数在 1mm 以上。晶粒中普遍沿解理裂隙嵌布低温离熔析出的细脉状、网格状磁黄铁矿（FeS），脉宽多数在 5~10μm，铁闪锌矿常与黄铁矿、石英连生，部分与细粒不规则状黄铜矿连生。

第二种淡黄色闪锌矿主要嵌布在致密块状黄铜矿矿石中方解石细脉两侧的方石与黄铜矿结合面上。在这种闪锌矿中普遍含有磨矿很难解离的低温离熔析出乳滴状或斑杂状黄铜矿细粒。因此，所选闪锌矿精矿中铜的品位必然很高，而精矿中铜的回收率必然降低。

d 方铅矿

矿石主要赋存在晚期形成的中温浅色闪锌矿与黄铜矿组合的矿石中，在中温热液成矿的初期，黄铜矿与方铅矿常混熔形成固熔体交代已经破碎溶蚀的黄铁矿充填嵌布在绿泥石岩的方解石脉中。常见方铅矿与黄铜矿不规则紧密连生，或呈大小不一的斑块、圆珠析出紧密嵌布在黄铜矿中。反之，在结晶粗大的方铅矿中也常见有离熔产出的黄铜矿斑块、球粒紧密嵌布在方铅矿中。在有方铅矿与黄铜矿共生组合的方铅矿周围的方解石等脉石矿物的晶间，普遍密密麻麻地散布着星点般极为细小的方铅矿，其粒度一般都在 1~2μm，有的还小于 1μm。方铅矿粒径差异甚大，大者可达 0.3mm 以上，细分散在方铅矿周边脉石的方铅矿碎屑粒径一般都在 1~5μm。同时，在中温热液成矿阶段，黄铜矿与浅色闪锌矿也常有方铅矿成固熔体共同混熔产出。闪锌矿中普遍含较多乳滴状或斑杂状黄铜矿包体。所以，在各类选矿产品中，普遍含有较多的方铅矿组分，导致方铅矿的单一精矿回收率降低。

e　异极矿

斜方晶系呈板状集合体，具放射状构造，主要沿闪锌矿，特别是铁闪锌矿周沿及其解理裂隙中嵌布。异极矿板状晶体常呈箭矢状插入闪锌矿中，为锌氧化带的主要次生锌矿物。一般晶粒为 0.2m×0.04m，大者达 0.4m×0.06m，可随闪锌矿一起进入锌的精矿产品中。

f　其他主要铁矿物

其他主要铁矿物有：磁铁矿 Fe_3O_4，黄铁矿 FeS_2，磁黄铁矿 $Fe_{1-x}S$，菱铁矿 $FeCO_3$，褐铁矿（含水针铁矿 $FeOOH$、纤铁矿 $FeO(OH)$ 及其他硅质、泥质混合体）等。

磁黄铁矿主要是呈粒状与早期结晶析出并已蚀变为放射性球粒状绿泥石、绢云母等硅酸盐矿物共结连生在一起，已普遍被交代溶蚀成残余筛状结构。

黄铁矿主要有两种：一种为岩浆期后较早形成的自形、半自形立方不等粒粒状。这种黄铁矿大多已被挤压、破碎或被交代溶蚀成不规则残余破碎晶粒、晶屑或残留晶骸、晶核，成为其后金属硫化物的主要嵌布、赋存载体；第二种热液后期和期后产出的胶黄铁矿多呈板状或片状嵌布在绿泥石等蚀变硅酸盐矿物中。

磁黄铁矿主要在温热液期与黑色铁闪锌矿同时结晶析出，常呈网格状、细脉状从铁闪锌矿离熔并嵌布在铁闪锌矿的解理和裂隙中，造成锌的精矿产品含铁很高。

菱铁矿为铁的最主要风化次生矿物，呈针状、毛发状、土状集中嵌布在粗粒粒状石英脉中。

g　主要脉石矿物

石英和绿泥石为矿石中最主要的脉石矿物，前者呈不规则脉状和不规则粒状、砂糖粒状与 Cu、Zn、Pb 矿物紧密相连；后者主要呈放射球粒集合成绿泥石、绢云母蚀变岩石；方解石及少量白云石呈不规则脉状及斑状、凸镜状嵌布在金属硫化物中，尤其是富含黄铜矿、闪锌矿、方铅矿的致密块状矿石中。碳酸盐往往作为 Zn、Cu 等金属离子在易溶配合物 $Zn(S_2O_3)_2^{2-}$、$Me(ZnF_4)$ 的沉淀剂中而使闪锌矿、黄铜矿、方铅矿在接触界面上和接触面附近的方解石晶粒间大量嵌布生长。

D　铜铅锌的物相分析

铜铅锌的物相分析见表 2-26～表 2-28。

表 2-26　铜的物相组成

铜物相	含量/%	分布率/%	备　　注
原生硫化铜	1.34	85.35	黄铜矿、方黄铜矿
次生硫化铜	0.15	9.55	辉铜矿
自由氧化铜	0.018	1.15	赤铜矿
结合氧化铜	0.062	3.95	孔雀石、蓝铜矿等
总　铜	1.57	100.00	

表 2-27 铅的物相结果

铅物相	含量/%	分布率/%	备 注
硫化铅	0.51	75	方铅矿
氧化铅	0.07	10	白铅矿
其他铅	0.10	15	铅钒、铅铁钒
总 铅	0.68	100	

表 2-28 锌的物相结果

锌物相	含量/%	分布率/%	备 注
硫化锌	5.43	90.15	闪锌矿、铁闪锌矿
氧化锌	0.34	5.57	异极矿、菱锌矿
其他锌	0.25	4.28	锌铁尖晶石等硅酸盐
总 锌	6.02	100.00	

铜主要是以黄铜矿和方黄铜矿以及辉铜矿形式存在。黄铜矿为矿石中最主要的含铜矿物，方黄铜矿主要呈乳滴斑杂状和乳浊状黄铜矿嵌布在闪锌矿中，少数方黄铜矿与黄铜矿紧密相连共同产出。它们的产出和嵌布状态主要呈两种形式，一种是呈不规则状独立矿物嵌布在石英、破碎黄铁矿、方解石等粒状矿物的晶间和破碎裂缝中；第二种呈细小乳浊状或大小不等的不规则斑杂状分散嵌布在闪锌矿中。

铅主要以硫化铅的形式存在，含量为75%，氧化铅的含量也较多，影响回收率。

锌主要以硫化矿的形式存在，占90.15%，对浮选有利。

2.6.2.2 选矿工艺

复杂铜铅锌多金属硫化矿的选别是选矿界的难题，目前常见的两种典型工艺为铜铅混浮再分离工艺流程和优先浮选工艺。

结合原矿性质及以往经验，进行了铜铅混浮工艺的探索试验，结果发现铜铅混合精矿中含铅低、含锌高。经过分析，其原因是矿石中部分被次生铜矿物活化的锌可浮性较好，难以有效抑制。因此最终试验选用了优先浮选流程。

铜浮选采用高效捕收剂 BP，铅锌矿物的抑制剂为硫酸锌、DS 和硫化钠，铜浮选采用一粗两扫三精；铅浮选使用硫酸锌作为锌矿物的抑制剂，25 号黑药作为捕收剂，采用一粗一扫两精；锌硫混合浮选采用硫酸铜作为活化剂，丁黄药作为捕收剂，2 号油为起泡剂，采用一粗二扫一精；锌硫分离采用石灰作为黄铁矿的抑制剂，乙硫氮作为锌矿物的捕收剂，进行抑硫浮锌作业，采用一粗二扫三精。闭路试验流程图如图 2-44 所示，试验结果见表 2-29。

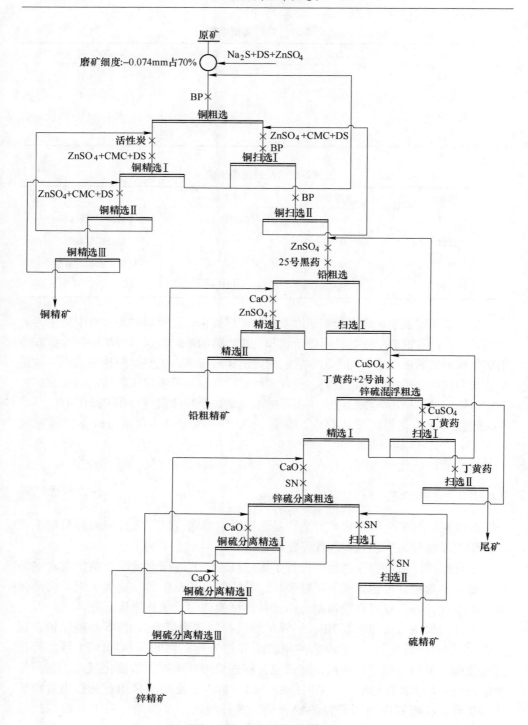

图 2-44　闭路试验流程

表 2-29 闭路实验结果 （%）

产品名称	产率	品位				回收率			
		Cu	Pb	Zn	S	Cu	Pb	Zn	S
铜精矿	6.51	22.50	4.20	6.49	32.17	91.52	39.94	7.01	21.45
铅粗精矿	0.55	3.20	17.37	11.20	20.44	1.10	13.96	1.02	1.15
锌精矿	11.20	0.55	2.01	46.2	30.02	3.85	32.89	85.89	34.44
硫精矿	8.45	0.27	0.35	2.45	33.5	1.42	4.32	3.44	29.00
尾矿	73.29	0.05	0.08	0.22	1.86	2.11	8.89	2.64	13.96
原矿	100.00	1.60	0.68	6.02	9.76	100.00	100.00	100.00	100.00

2.6.2.3 工艺特点

浮铜阶段，采用高效捕收剂 BP，将硫酸锌、DS 和硫化钠组合抑制剂加入球磨机，消除难免离子对铅锌矿物的活化和强化对铅锌矿物的抑制效果，解决了铜精矿中含锌高的难题，成功地实现了铜铅锌分离。

2.6.3 青海祁连博凯铜铅锌矿

2.6.3.1 原矿性质

A 原矿成分分析

由表 2-30 可知，铜、铅、锌、金、银和硫均具有开发价值；脉石矿物主要有 Al_2O_3 和 SiO_2。

表 2-30 原矿成分分析结果

成分	含量/%	成分	含量/%
Na	0.25	Cu	0.97
K	3.24	Zn	3.71
MgO	1.63	Pb	2.66
CaO	2.247	Ag	24.89g/t
Al_2O_3	12.55	Au	1.75g/t
SiO_2	17.89	S	12.10
Fe	2.65	As	0.14
Mn	0.026	Sb	0.02

B 矿物组成及相对含量

矿物组成及相对含量见表 2-31。

表 2-31　矿物组成及相对含量

矿物	含量/%	矿物	含量/%	矿物	含量/%
黄铜矿	1.45	黄铁矿	13.38	黏土矿物	11.63
砷黝铜矿	0.69	磁黄铁矿	6.38	长石	0.36
斑铜矿	0.13	褐铁矿	2.76	尖晶石	0.25
方铅矿	2.79	赤铁矿	0.22	方解石	2.08
铅钒	0.17	软锰矿	0.12	白云石	3.15
闪锌矿	3.89	石英	17.54	天青石	0.11
锌尖晶石	2.48	绢云母	21.31	重晶石	8.28

C　主要矿物的嵌布特征

重要矿物是指对选矿回收指标有影响的矿物,包括黄铜矿、砷黝铜矿、斑铜矿、闪锌矿、方铅矿和锌尖晶石。

在原矿中,黄铜矿化与碳酸盐化有关,或分布于石英缝隙中。其生成的时间明显地晚于早期生成的自形晶黄铁矿。在黄铁矿与黄铜矿的接触界面上常见次生的辉铜矿。共生的矿物主要是黄铁矿,其次为锑黝铜矿、砷黝铜矿。砷黝铜矿与黄铜矿关系较为密切,常被黄铁矿包裹,而锑黝铜矿则与铅、锌、银矿化更紧密。

原矿中的斑铜矿是最先形成的次生硫化铜矿,大多是硫酸铜溶液渗透交代黄铜矿、闪锌矿、黄铁矿、磁黄铁矿等铁的硫化矿而成。斑铜矿也很容易变化成铜蓝、辉铜矿等次生铜矿物,同时伴有褐铁矿。

原矿中的闪锌矿矿化伴随有大量黄铁矿、磁黄铁矿的形成。有以微细脉状嵌布于石英缝隙中的闪锌矿,有包裹黄铜矿、砷黝铜矿的闪锌矿,有与方铅矿连生者。总体而言,闪锌矿粒度细微,包裹物多而杂。很难发现不含包裹物的闪锌矿。

原矿中的锌尖晶石毫无例外地产于贫硅富铝的绢云母蚀变带中而且锌尖晶石的集合体中往往有磁铁矿或钛铁矿包裹物。

在原矿中,方铅矿属热液充填型成矿,即含铅的配阴离子随热液灌入围岩的破碎带,冷凝、分解而成方铅矿。方铅矿呈半自形晶、他形晶。三角孔构造极为发育,且三角孔排列呈波纹状,似与应力作用有关。方铅矿在成因上与铜、锌、硫的矿化不很密切,在空间上却与闪锌矿、黄铜矿、锑黝铜矿等有着密切的联系。

D　选矿难点

选矿难点包括:

(1) 选矿回收的矿物粒度超细。$10\mu m$ 以下宽度的黄铜矿矿脉,约占黄铁矿总量的 20%。这部分黄铜矿主要分布于石英裂缝和黄铁矿裂隙中。砷黝铜矿和闪锌矿也有 15% 左右的颗粒分散于绢云母集合体中。

(2) 嵌镶关系复杂,以闪锌矿为最。很难找到一颗大于 0.1mm 的闪锌矿颗粒中没有包裹黄铜矿、黄铁矿或磁黄铁矿。锌精矿中含 Cu、Fe、As、S 都高。

（3）根据化学物相分析，以硫化锌形式存在的锌占原矿总锌的70.35%，硫化锌产品对锌的回收率极限是70%。

（4）原矿中有23.72%的锌是以锌尖晶石形式存在。锌尖晶石属复杂氧化$ZnAl_2O_4$，属难选的等轴晶系，需用皂化脂肪酸捕收。但这只是理论上的推测。

（5）方铅矿的成因有别于原生硫化铜、硫化锌，是热液充填型，磨矿中易过粉碎。

2.6.3.2 选矿工艺

A 试验原则流程的确定

根据工艺矿物学研究发现，青海祁连博凯铜铅锌矿石性质十分复杂，属难选复杂铜铅锌多金属硫化矿。铜铅锌矿物之间共生关系密切，尤以闪锌矿为最。铜、锌硫化物呈微细脉状，或稀疏浸染状分布于石英缝隙中的现象十分普遍。原矿中云母含量大、可浮性好，严重干扰铜铅锌矿物的浮选，并且对铜铅锌精矿的质量影响较大。

结合多年来在铜铅锌多金属矿选矿方面的实践经验以及前期试验探索，最终确定了优先浮铜—再浮铅—再浮锌的原则工艺流程。该工艺可在优先浮铜阶段将云母快速除去，除掉云母对铜铅锌浮选的影响。

B 选矿工艺及特点

根据矿石性质，确定相应的药剂制度如下：

（1）采用对黄铜矿选择性较好的捕收剂BP，确保了铜的回收率和铜精矿质量。

（2）高效抑制剂DM和GJ，对云母的抑制效果良好，降低了浮选过程中云母对铜精矿质量的影响，实现了云母和铜矿物的高效分离。

（3）组合抑制剂硫化钠+硫酸锌+亚硫酸钠对铅锌具有较强的抑制效果，确保了铜精矿中含铅锌低，实现了铜与铅锌的有效分离。

设计了创新性的浮选流程如下：

（1）采用优先浮铜—快速浮铅—铅锌混浮的先进流程，获得合格的铜精矿、铅精矿、铅锌精矿。

（2）通过优先浮铜技术，进行两段铜粗选作业成功实现铜、云母与铅锌的分离；在优先浮铜阶段，引进铜精扫选作业，将大量的云母快速除去，大大降低了浮选过程中云母对浮选的影响。

（3）在铅锌混浮之前创新性地增加快速浮铅作业，不仅获得质量较好的铅精矿而且又不影响后续铅锌精矿的质量，为企业增加经济效益。

试验进行了三种方案的对比试验：

方案一：获得铜精矿、铅精矿、锌精矿的单一产品方案工艺流程如图2-45所示，试验结果见表2-32。

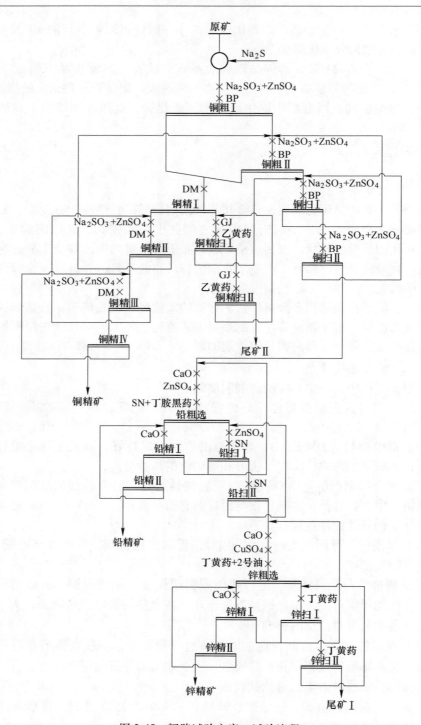

图 2-45　闭路试验方案一试验流程

表 2-32 闭路方案一试验结果 （%）

产品名称	产率	品位			回收率		
		Cu	Pb	Zn	Cu	Pb	Zn
铜精矿	2.23	21.53	8.06	4.79	76.11	7.36	3.62
铅精矿	2.31	0.314	66.08	8.61	1.15	62.45	6.74
锌精矿	4.91	0.683	8.41	46.06	5.32	16.92	76.77
尾矿Ⅱ	6.17	0.14	1.15	2.18	1.37	2.91	4.57
尾矿Ⅰ	84.37	0.12	0.30	0.29	16.05	10.36	8.30
原矿	100.00	0.63	2.44	2.95	100.00	100.00	100.00

方案二：获得铜精矿、铅锌混合精矿的产品方案的工艺流程如图 2-46 所示，试验结果见表 2-33。

表 2-33 闭路方案二试验结果 （%）

产品名称	产率	品位			回收率		
		Cu	Pb	Zn	Cu	Pb	Zn
铜精矿	2.35	21.93	6.71	4.08	76.15	4.55	2.66
铅锌精矿	11.39	0.54	26.03	28.16	9.07	85.39	88.88
硫精矿	12.87	0.46	0.51	0.41	8.73	1.89	1.46
尾矿Ⅱ	4.87	0.28	1.32	2.23	2.01	1.85	3.01
尾矿Ⅰ	68.51	0.04	0.32	0.21	4.04	6.31	3.99
原矿	100.00	0.68	3.47	3.61	100.00	100.00	100.00

方案三：获得铜精矿、铅精矿、铅锌精矿的产品方案的工艺流程如图 2-47 所示，试验结果见表 2-34。

表 2-34 闭路方案三试验结果 （%）

产品名称	产率	品位			回收率		
		Cu	Pb	Zn	Cu	Pb	Zn
铜精矿	2.86	23.28	7.13	4.25	76.22	6.79	3.54
铅精矿	1.29	0.71	74.53	5.65	1.05	32.03	2.12
铅锌精矿	8.17	0.63	17.59	33.74	5.89	47.87	80.20
硫精矿	8.55	0.82	1.52	1.13	8.03	4.33	2.81
尾矿Ⅱ	10.62	0.17	1.12	2.12	2.07	3.96	6.55
尾矿Ⅰ	68.51	0.086	0.22	0.24	6.74	5.02	4.78
原矿	100.00	0.87	3.00	3.44	100.00	100.00	100.00

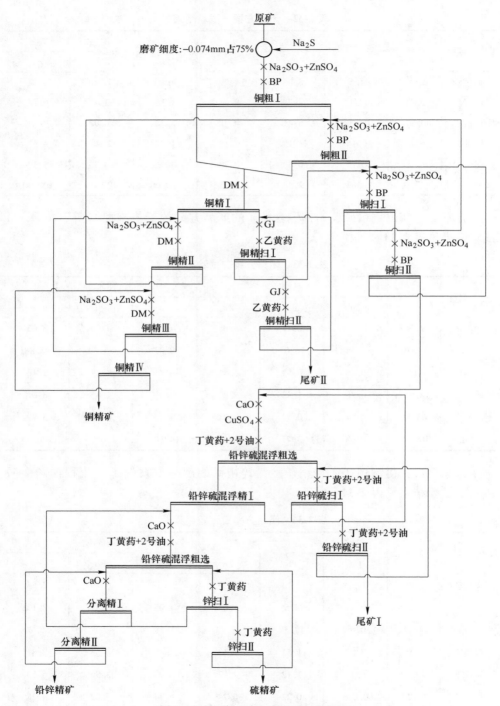

图 2-46　闭路试验方案二试验流程

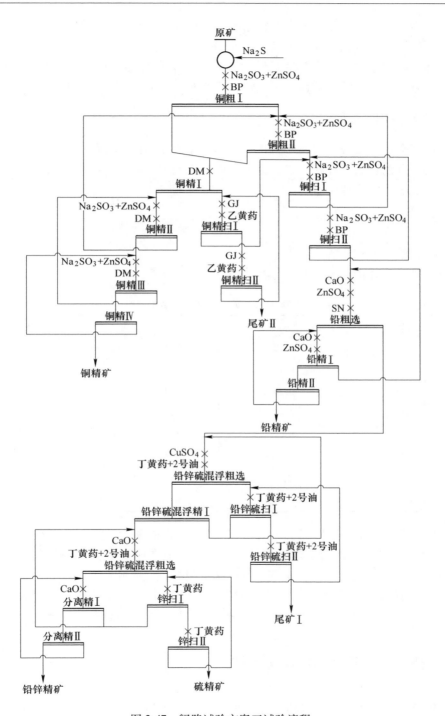

图 2-47 闭路试验方案三试验流程

由于方案一单产品方案中的锌精矿含铅偏高，很难得到合格的锌精矿，方案二中铜精矿、铅锌精矿都得到合格的产品，但铅锌精矿产品带来的经济效益不高，最后确定为方案三的试验流程。该工艺不仅能获得三种质量好的精矿产品，而且工艺具有较好的适应性和重现性，可给企业带来更高的经济效益。

2.6.4　小铁山多金属矿

白银有色集团公司所属小铁山多金属矿石是我国大型铜、铅、锌矿床之一，矿石中含有铜、铅、锌硫、金、银等多种有价元素，品位高，储量大。但矿石性质十分复杂，属难选矿石。

2.6.4.1　原矿性质

A　原矿成分分析

原矿成分分析见表2-35。

表 2-35　原矿成分分析结果

成分	含量/%	成分	含量/%
Na	0.08	Cu	0.66
K	0.14	Zn	4.12
MgO	2.56	Pb	3.10
CaO	2.45	Ag	68.65g/t
Al_2O_3	9.07	Au	1.3g/t
SiO_2	40.69	S	10.225
Fe	12.68	As	0.097
Cd	0.01	Sb	0.31

由表2-35看出：（1）铜、铅、锌、银、金和镉都达到了工业品位，是个富矿；（2）如果做深入的工艺矿物学研究，很可能在原矿中会发现一些稀散、贵金属；（3）造岩元素中的SO_2和Al_2O_3含量很高，说明脉石矿物主要是铝硅酸盐类；（4）锑和砷含量虽然低，若以铜的复硫盐类形式存在，则是选矿的一道难题；（5）硫和铁的含量较高，对铜硫分离、铅硫分离、锌硫分离不利。

B　矿物相对含量

原矿主要矿物组成及含量见表2-36。

C　主要矿物嵌布特征

结合成分分析和物相分析结果可知，主要的矿物有黄铜矿、锑黝铜矿、砷黝铜矿、车轮矿、斑铜矿、方铅矿、闪锌矿和异极矿。

表 2-36　原矿主要矿物组成及含量

矿物	含量/%	矿物	含量/%	矿物	含量/%
黄铜矿	0.47	黄铁矿	8.30	叶蜡石	17.66
砷黝铜矿	0.19	磁黄铁矿	2.25	长石	0.91
斑铜矿	0.07	磁铁矿	7.11	高岭石	4.12
方铅矿	3.09	毒砂	0.12	石英	20.55
铅钒	0.21	绿泥石	9.16	云母	1.83
闪锌矿	5.46	异极矿	0.67	火山玻璃	16.35

在原矿中，黄铜矿矿化伴随着碳酸盐化，常以脉状分布于碳酸盐与石英接触的缝隙中，或呈滴状分布于碳酸盐中。伴生矿物有黄铁矿、石英、方解石、白云石、银矿物等。

原矿中的斑铜矿是最先形成的次生硫化铜矿。大多是硫酸铜溶液渗透交代锑黝铜矿、黄铜矿和车轮矿形成，也有交代黄铁矿、磁黄铁矿而成者。多数情况分布于石英裂缝中。并与铜蓝、辉铜矿等其他次生铜矿物共生。

原矿中的方铅矿是最晚的内生热液矿化，包裹、穿切其他硫化矿的现象普遍。主要分布于绿泥石蚀变带，共生的主要是银矿物。伴生的都是较早形成的铜、锌、铁硫化矿。

原矿中闪锌矿的最大特点是内部包裹有大量 $1\sim20\mu m$ 的黄铁矿，用机械磨矿的方法不可能将其与黄铁矿、磁黄铁矿充分解离。

异极矿是石英溶胶作用闪锌矿次生氧化的产物。伴生的多是硅酸盐类矿物，比如石英、云母、叶蜡石等。在稠密浸染状或致密块状的硫化矿石中没有发现异极矿。

2.6.4.2　实验室选矿工艺

小铁山多金属矿现有选别流程如图 2-48 所示，采用的是铜铅锌硫混合浮选—铜铅锌与硫分离—铜与铅锌分离。选矿的难点在铜与铅锌分离。铜精矿与铅锌精矿互含高，其中铜精矿中含铅在 10% 左右，含锌 9% 左右，铅锌混合精矿含铜为 1.5% 左右。为此继续进行了降铅试验，具体方案在小型试验报告中给出。

湖南有色金属研究院结合多年来在铜铅锌多金属矿选矿方面取得的成果和经验，以及在大量探索试验的基础上，确定了试验最终流程采用优先浮选铜—铅锌硫混浮—铅锌与硫分离的原则工艺流程。

铜优先浮选采用 BP 作为铜的捕收剂，硫化钠、亚硫酸钠、硫酸锌作为组合抑制剂；铅锌硫混浮采用丁黄药作为捕收剂，硫酸铜为活化剂；铅锌与硫分离采用乙硫氮作捕收剂，石灰为抑制剂。优先浮选铜进行了中矿再磨和集中返回的技术创新，在确保提高铜回收率的前提下，降低铜精矿含铅量，提高铜铅分离效果。最终选工艺流程如图 2-49 所示，试验结果见表 2-37。

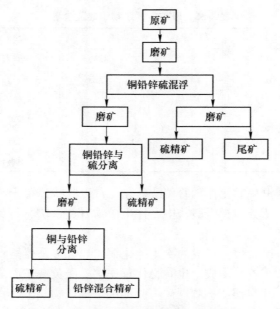

图 2-48　小铁山多金属矿现场选矿原则流程

表 2-37　小型试验闭路试验结果　　　　　　　（%）

产品名称	产率	品　位						回　收　率					
		Cu	Pb	Zn	S	Ag	Au	Cu	Pb	Zn	S	Ag	Au
铜精矿	1.56	22.69	5.36	4.72	36.48	16.35	924.86	83.48	676	3.03	5.62	36.64	30.06
铅锌精矿	7.22	0.63	14.35	31.25	35.65	4.58	363.73	10.73	83.74	92.77	25.42	47.51	54.71
硫精矿	14.25	0.075	0.36	0.35	42.25	0.45	26.56	2.52	4.15	2.05	59.46	9.21	7.89
尾矿	76.97	0.018	0.086	0.068	1.25	0.06	4.58	3.27	5.35	2.15	9.50	6.63	7.34
原矿	100.0	0.424	1.237	2.43	10.126	0.70	48.00	100.00	100.0	100.0	100.00	100.00	100.00

注：表中 Au、Ag 单位为 g/t。

2.6.4.3　扩大连续试验结果

扩大连续试验工艺流程参照图 2-49。扩大试验平均选矿指标见表 2-38。

表 2-38　扩大试验平均选矿指标　　　　　　　（%）

产品名称	产率	品　位						回　收　率					
		Cu	Pb	Zn	S	Ag	Au	Cu	Pb	Zn	S	Ag	Au
铜精矿	2.11	23.65	10.93	4.45	28.98	13.9	988.32	78.44	8.70	2.17	5.80	31.48	30.73
铅锌精矿	11.35	0.74	18.69	32.35	24.2	4.3	326.19	13.20	80.03	90.12	26.04	52.39	54.56
硫精矿	12.59	0.17	0.67	1.16	34.5	0.9	25.01	3.36	3.18	3.64	41.18	12.16	4.64
尾矿	73.95	0.043	0.29	0.22	3.85	0.05	9.23	5.00	8.09	4.07	26.99	3.97	10.06
原矿	100.0	0.64	2.65	4.07	10.55	0.93	67.95	100.00	100.00	100.0	100.00	100.00	100.00

注：表中 Au、Ag 单位为 g/t。

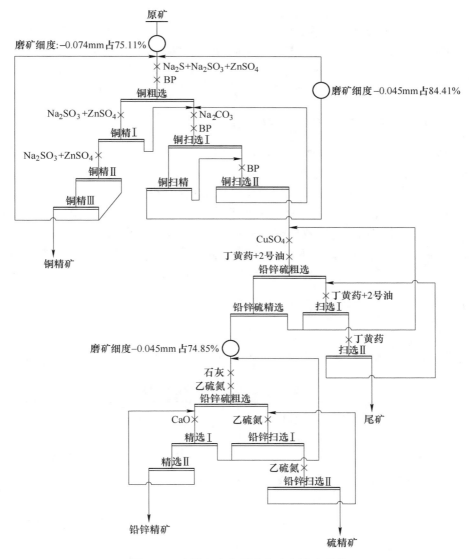

图 2-49 小铁山多金属矿实验室试验流程

2.6.4.4 技术优点

试验通过采用以下一些技术措施和创新成功地解决了浮选技术难题：
（1）采用环保高效的抑制剂和捕收剂的组合，在一段磨矿的情况下，采用铜优
先浮选，实现了铜与铅锌的有效分离。（2）铜优先浮选着重进行不同流程结构
的试验研究，通过不同流程结构的闭路试验，铜精矿中的铅含量大幅降低。这种
优先浮选工艺避免了多次磨矿与多次铜铅锌分离对铜可浮性的"伤害"，提高了

铜的回收率。

扩大试验的重点为提高铜精矿的回收率，所以连续九个班的扩大试验都以提高铜精矿的回收率为目的。其中两班处理量为689kg/d，铜精矿质量12.362kg，铅锌精矿质量79.364kg，铜精矿铜的实际回收率为74.21%，铅锌精矿中铅锌的实际回收率分别为78.23%、88.92%。为后续生产提供了一定的依据。

2.6.5　江西七宝山铅锌矿伴生铜资源回收

江西省七宝山铅锌矿属于中低温热液裂隙充填交代、伴生铜的多金属复杂硫化矿，矿山企业一直十分重视伴生铜资源的回收工作。

在工艺矿物学研究的基础上，选矿试验选用高效捕收剂BP进行优先浮铜，采用无毒抑制剂组合，取代重铬酸钾抑制铅矿物组合抑制铅，中矿分级再磨技术，以及中矿集中返回，有效地解决了铜铅矿物单体解离和脱药的问题，避免了铅在浮选作业过程中的恶性循环，提高了铜铅分离的技术指标，成功解决了原矿铜、铅、锌嵌布粒度细，铜铅分离难度大的技术难题。

2.6.5.1　原矿的主要性质特点

A　原矿成分分析

原矿化学成分分析结果见表2-39。

表 2-39　原矿化学成分分析结果

成分	含量/%	成分	含量/%
Cu	0.25	Al_2O_3	0.98
Pb	1.95	SiO_2	14.58
Zn	1.98	CaO	17.02
Fe	13.35	MgO	9.23
As	0.11	Au	0.30g/t
S	10.96	Ag	8.35g/t

B　原矿矿物组成

主要矿物组成及相对含量见表2-40。

主要金属矿为方铅矿、闪锌矿、黄铜矿、黄铁矿、磁黄铁矿和磁铁矿、针铁矿等金属矿，有石英、白云石、方解石、绿泥石、绢云母等脉石矿物。

C　铜、铅、锌的赋存状态

a　铜的主要赋存状态

铜的化学物相分析结果见表2-41。

表 2-40 主要矿物组成及相对含量

矿物	含量/%	矿物	含量/%	矿物	含量/%
黄铜矿	0.4	黄铁矿、磁黄铁矿	18.5	赤铁矿、褐铁矿	2.5
方铅矿	2.5	方解石、白云石	45.0	黏土矿物	3.5
闪锌矿	2.4	白铁矿、菱铁矿	0.8	绿泥石、绢云母	4.4
银砷黝铜矿	0.1	氧化锌矿物	0.3	磁铁矿	0.2
氧化铅矿物	0.5	石英	18.5	其他	0.4

表 2-41 铜的物相分析结果 （%）

铜物相	含量	分布率	备 注
原生硫化铜	0.194	77.75	黄铜矿、方黄铜矿
次生硫化铜	0.024	9.55	辉铜矿
自由氧化铜	0.021	8.50	赤铜矿
结合氧化铜	0.011	4.20	孔雀石、蓝铜矿等
总铜	0.25	100.00	

铜主要赋存在黄铜矿-次生铜矿物中，两者达铜矿物总量的 87% 以上。氧化铜矿物赤铜矿、孔雀石、蓝铜矿等可见。

b 锌的物相分析结果（见表 2-42）

表 2-42 锌的物相分析结果 （%）

锌物相	含量	分布率	备 注
硫化锌	1.81	89.95	闪锌矿、铁闪锌矿
氧化锌	0.17	8.68	异极矿、菱锌矿
其他锌	0.03	1.37	锌铁尖晶石等硅酸盐
总锌	2.01	100.00	

锌主要赋存在闪锌矿和浅色低铁闪锌矿中，占锌矿物的 90% 左右。

c 铅的赋存状态

铅的物相分析结果见表 2-43。

表 2-43 铅的物相分析结果 （%）

铅物相	含量	分布率	备 注
硫化铅	1.69	85.4	方铅矿
氧化铅	0.20	10.35	白铅矿
其他铅	0.08	4.25	铅矾、铅铁矾
总铅	1.98	100.00	

铅主要赋存在方铅矿中，部分呈白铅矿、铅矾、铅铁矾的形态。

D　主要目的矿物特征

a　黄铜矿

黄铜矿一般呈半自形、他形粒状结构，常以细粒集合体与闪锌矿、方铅矿紧密共生。嵌布粒度细小，一般在 0.1~0.01mm，部分小于 10μm，甚至更小。

b　方铅矿

方铅矿一般呈自形、他形粒状和不规则状，呈集合体与闪锌矿、黄铜矿紧密共生，嵌布于脉石颗粒间。嵌布粒度不均匀，一般为 0.2~0.01mm，部分小于 10μm。

c　闪锌矿

闪锌矿为他形粒状、自形粒状集合体，常与方铅矿、黄铜矿紧密共生，或呈浸染状嵌布于脉石矿物中。嵌布粒度粗细不均，一般为 0.3~0.02mm。

江西七宝山铅锌矿属于中低温热液裂隙充填交代多金属硫化矿床，矿石性质复杂多变，为复杂多金属硫化矿。铜、铅、锌矿物共生关系非常紧密，且嵌布粒度非常细小，表现为铜铅分离难度大。

2.6.5.2　选矿工艺

2004~2006 年，湖南有色金属研究院作者课题组承担"江西省七宝山铅锌矿综合回收伴生铜资源试验研究"，在工艺矿物学研究的基础上，采用高效捕收剂 BP 进行优先浮铜，采用无毒抑制剂组合，取代重铬酸钾抑制铅矿物组合抑制铅，中矿分级再磨技术，以及中矿集中返回，有效地解决了铜铅矿物单体解离和脱药的问题，避免了铅在浮选作业过程中的恶性循环，提高了铜铅分离的技术指标，成功解决了原矿铜、铅、锌嵌布粒度细、铜铅分离难度大的技术难题。

选矿试验进行了部分优先浮选后铜铅再分离试验和优先浮选试验两套方案。通过现场验证发现，部分优先浮选铜铅再分离试验方案流程比较复杂，对七宝山复杂多金属流程矿矿石性质多变的适应能力较差，工艺条件难以控制。而优先浮选方案工艺流程相对简单，对不同性质的原矿表现出较好的适应性。因此，试验选择优先浮选试验方案。

A　优先浮铜粗选捕收剂种类条件试验

铜粗选捕收剂种类对比条件选用几种常见的浮选硫化铜的捕收剂进行对比，具体的试验流程如图 2-50 所示，试验结果见表 2-44。根据试验结果可以得知，铜粗选选用捕收剂 BP 的效果最佳。

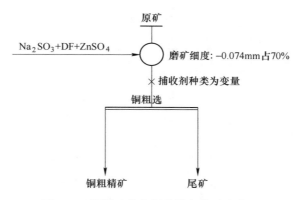

图 2-50　铜粗选捕收剂种类条件试验流程

表 2-44　铜浮选捕收剂种类对比条件试验结果

产品名称	产率/%	品位/%			回收率/%			试验条件捕收剂种类
		Cu	Pb	Zn	Cu	Pb	Zn	
铜粗精矿	2.27	7.66	10.32	9.68	64.02	11.99	11.05	乙黄药
尾矿	97.73	0.1	1.76	1.81	35.98	88.01	88.95	
原矿	100.00	0.27	1.95	1.99	100.00	100.00	100.00	
铜粗精矿	2.65	6.29	16.20	2.65	64.07	21.93	8.76	25 号黑药
尾矿	97.35	0.095	1.57	97.35	35.93	78.07	91.24	
原矿	100.00	0.26	1.96	2.01	100.00	100.00	100.00	
铜粗精矿	1.67	8.88	7.14	5.69	60.61	5.97	4.77	脂 105
尾矿	98.33	0.098	1.91	1.93	39.39	94.03	95.23	
原矿	100.00	0.24	2.00	1.98	100.00	100.00	100.00	
铜粗精矿	1.32	11.98	4.38	1.32	62.78	2.93	2.91	BP
尾矿	98.68	0.095	1.94	2.02	37.22	97.07	97.09	
原矿	100.00	0.25	1.97	2.01	100.00	100.00	100.00	

B　抑制剂种类条件试验

抑制剂种类条件试验采用了亚硫酸钠/DF/硫酸锌、亚硫酸钠/硫酸锌、碳酸钠/ DF/硫酸锌、碳酸钠/硫酸锌等抑制剂组合，进行抑制铅锌，优先浮铜。试验工艺流程如图 2-51 所示，试验结果见表 2-45。根据试验结果可以得知，铜粗选抑制剂选用亚硫酸钠/DF/硫酸锌的组合效果最佳。

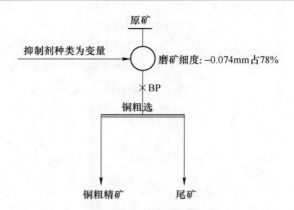

图 2-51　铜粗选抑制剂种类条件试验流程

表 2-45　铜优浮抑制剂组合种类条件试验结果　　　　　　　（％）

产品名称	产率	品位			回收率			抑制剂
		Cu	Pb	Zn	Cu	Pb	Zn	
铜粗精矿	1.32	11.98	4.38	1.32	62.78	2.93	2.91	亚硫酸钠
尾矿	98.68	0.095	1.94	98.68	37.22	97.07	97.09	DF
原矿	100.00	0.25	1.97	2.01	100.00	100.00	100.00	CMC
铜粗精矿	1.94	8.25	7.65	6.32	62.59	7.31	5.97	碳酸钠
尾矿	98.06	0.096	1.92	1.97	37.41	92.69	94.03	DF
原矿	100.00	0.26	2.02	2.04	100.00	100.00	100.00	硫酸锌
铜粗精矿	1.96	8.45	8.11	5.88	64.25	8.06	5.63	亚硫酸钠
尾矿	98.04	0.094	1.85	1.97	35.75	91.94	94.37	硫酸锌
原矿	100.00	0.26	1.97	2.05	100.00	100.00	100.00	
铜粗精矿	2.21	6.41	12.21	7.66	56.84	13.76	8.43	碳酸钠
尾矿	97.79	0.11	1.73	1.88	43.16	86.24	91.57	硫酸锌
原矿	100.00	0.26	1.97	2.05	100.00	100.00	100.00	

C　铜浮选闭路试验

铜浮选工艺流程如图 2-52 所示，试验结果见表 2-46。

工业实施后最终确定的选矿工艺流程如图 2-53 所示，获得选矿指标见表 2-47。江西省七宝山铅锌矿工业试验现场如图 2-54 所示。

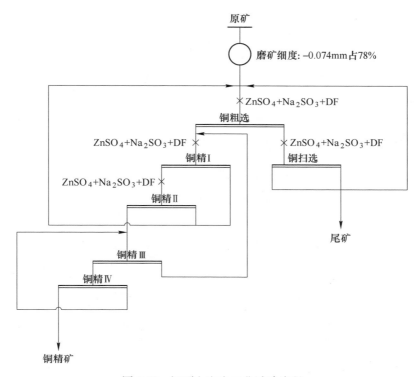

图 2-52 江西七宝山工业试验流程

表 2-46 江西七宝山铜浮选闭路试验结果 （%）

产品名称	产率	品 位			回 收 率		
		Cu	Pb	Zn	Cu	Pb	Zn
铜精矿	0.82	19.15	5.57	4.51	61.29	2.32	1.85
尾 矿	99.18	0.10	1.94	1.98	38.71	97.68	98.15
原 矿	100.00	0.25	1.97	2.00	100.00	100.00	100.00

2.6.5.3 小结

江西七宝山铅锌矿系复杂多金属硫化矿，属于难选多金属矿。项目研究依据矿石性质的特点，浮选工艺采用适合矿石性质的优先浮选工艺流程，通过浮选药剂的创新、中矿集中返回等浮选工艺上的创新，成功地解决了江西七宝山铅锌硫化矿伴生铜元素的选矿回收技术难题。优先浮选工艺流程简单，选矿指标稳定，适应性强，对复杂铜铅锌矿选矿有着良好的处理效果。工业试验选矿指标优良，铜精矿含铜 18.58%、铜的回收率为 57.72%；铅精矿含铅 60.21%、铅的回收率为 77.79%；锌精矿含锌 48.76%、锌的回收率为 79.75%。

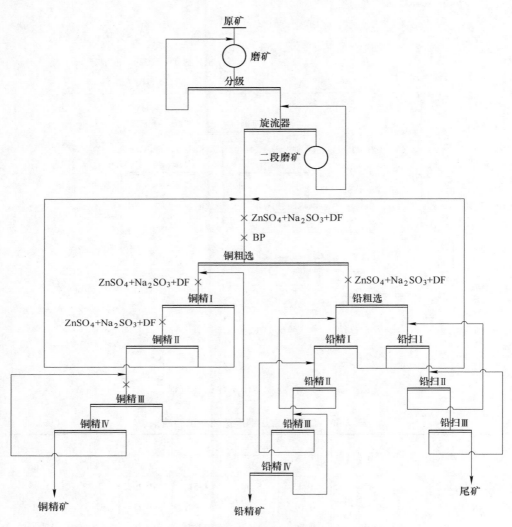

图 2-53　江西七宝山工业试验流程

表 2-47　江西七宝山铅锌矿工业试验指标　　　　　　（%）

产品名称	产率	品　位			回　收　率		
		Cu	Pb	Zn	Cu	Pb	Zn
铜精矿	0.75	18.58	6.62	4.89	57.72	2.51	1.88
铅精矿	2.56	1.48	60.21	2.67	15.69	77.79	3.50
锌精矿	3.19	0.84	1.69	48.76	11.10	2.72	79.75
尾　矿	93.5	0.04	0.36	0.31	15.49	16.99	14.86
原　矿	100.00	0.241	1.982	1.950	100.00	100.00	100.00

图 2-54　江西省七宝山铅锌矿工业试验现场

参 考 文 献

[1] 中国有色金属工业协会，中国有色金属工业年鉴编辑委员会 . 中国有色金属工业年鉴·
　　　2013［M］. 北京，2013.

[2] 中国有色金属工业协会，中国有色金属工业年鉴编辑委员会 . 中国有色金属工业年鉴·
　　　2012［M］. 北京，2012.

[3] 中国有色金属工业协会，中国有色金属工业年鉴编辑委员会 . 中国有色金属工业年鉴·
　　　2014［M］. 北京，2014.

[4] 中国有色金属工业协会，中国有色金属工业协会信息统计部 . 有色金属工业统计资料汇
　　　编，2013［M］. 北京，2014.

[5] 中国有色金属工业协会，中国有色金属工业年鉴编辑委员会 . 中国有色金属工业年鉴·
　　　2011［M］. 北京，2011.

[6] 雷力，周兴龙，文书明 . 我国铅锌矿资源特点及开发利用现状［J］. 矿业快报，2007，9：
　　　1-4.

[7] 国土资源部信息中心 . 世界矿产资源年评（2014）［M］. 北京：地质出版社，2014.

[8] 邓久帅 . 黄铜矿流体包裹体组分释放及其与弛豫表面的相互作用［D］. 昆明：昆明理工
　　　大学，2013.

[9] 张长青，吴越，王登红，等 . 中国铅锌矿床成矿规律概要［J］. 地质学报，2014，88
　　　（12）：2252-2268.

[10] 罗小林 . 某复杂铜铅锌硫化矿浮选分离工艺研究［J］. 湖南有色金属，2011，27（4）：
　　　　14-16.

[11] 李文辉，王奉水，高伟，等 . 新疆某低品位铜铅锌矿优先浮选试验研究［J］. 有色金属
　　　　（选矿部分），2011（1）：14-18.

[12] 罗仙平，高莉，马鹏飞，等 . 安徽某铜铅锌多金属硫化矿选矿工艺研究［J］. 有色金属

（选矿部分），2014（5）：11-16.

[13] 陈代雄，杨建文，李晓东. 高硫复杂难选铜铅锌选矿工艺流程试验研究 [J]. 有色金属（选矿部分），2011（1）：1-5.

[14] 李荣改，宋翔宇，张雨田，等. 复杂铜铅锌多金属矿的选矿工艺试验研究 [J]. 矿冶工程，2012，32（1）：42-45.

[15] 赵玉卿，孙晓华，周蔚，等. 青海某铜铅锌多金属硫化矿选矿试验研究 [J]. 青海大学学报（自然科学版），2010，28（6）：53-57.

[16] 闫明涛，官长平，刘柏壮，等. 四川某高硫铜铅锌硫化矿选矿试验研究 [J]. 四川有色金属，2012（2）：22-26.

[17] 邓冰，张渊，杨永涛，等. 嘎依穷低品位铜铅锌多金属矿选矿工艺试验研究 [J]. 有色金属（选矿部分），2015（4）：8-13.

[18] 唐志中，李志伟，宋翔宇. 复杂难选铜铅锌多金属矿石的选矿工艺技术改造与生产实践 [J]. 矿冶工程，2013，33（2）：74-77.

[19] 乔吉波，郭宇，王少东. 某复杂难选铜铅锌多金属矿选矿工艺研究 [J]. 有色金属（选矿部分），2012（3）：4-6.

[20] 陈代雄，祁忠旭，杨建文，等. 含易浮云母的复杂铜铅锌矿分离试验研究 [J]. 有色金属（选矿部分），2013（5）：1-5.

[21] 郭玉武，陈昌才，魏党生，等. 四川某伴生铜铅锌硫铁矿综合回收选矿试验研究 [J]. 矿冶工程，2015，35（3）：58-62.

[22] 王李鹏，胡保栓，孙运礼，等. 西藏某复杂铜铅锌多金属硫化矿分选工艺研究 [J]. 矿业研究与开发，2013，33（2）：53-56.

[23] 陈代雄. 复杂多金属硫化矿中铜铅浮选分离工艺研究 [J]. 有色金属（选矿部分），1997（2）：8-11.

[24] 胡保栓，柏亚林，李国栋. 小铁山多金属矿铜与铅锌分离工艺试验研究 [J]. 有色金属（选矿部分），2014（3）：10-13.

[25] 赵开乐，王昌良，邓伟，等. 某铜铅锌多金属矿综合回收试验研究 [J]. 有色金属（选矿部分），2012（6）：25-29.

[26] 陈建华，梁梅莲，蓝丽红. 偶氮类有机抑制剂对硫化矿的抑制性能 [J]. 中国有色金属学报，2010，20（11）：2239-2247.

[27] 黎乐民，刘俊婉，金碧辉. 密度泛函理论 [J]. 中国基础科学，2005（3）：27-28.

[28] 李晓波，彭文贵，解志锋. 新疆某铜铅锌矿浮选新工艺试验研究 [J]. 矿冶，2015，24（5）：13-17.

[29] 姜毅，梁军，郭建斌，等. 甘肃某铜铅锌多金属矿选矿试验研究 [J]. 矿产保护与利用，2012（3）：15-19.

[30] 周兵仔，王荣生，王福良，等. 小茅山铜铅锌多金属硫化矿混选分离选矿试验研究及工业实践 [J]. 矿冶，2011，20（2）：26-29.

[31] 徐彪，王鹏程，谢建宏. 新疆某低品位铜铅锌多金属硫化矿选矿试验研究 [J]. 矿业研究与开发，2011，31（5）：54-57.

[32] 黄海露. 甘肃省天水某银铅锌多金属硫化矿选矿试验研究 [D]. 西安：西安建筑科技大

学，2015.

[33] 罗仙平，邱廷省，胡玖林，等. 某复杂铅锌硫化矿选矿工艺试验研究 [J]. 有色金属 (选矿部分)，2003(4)：1-3.

[34] 邱廷省，罗仙平，陈卫华，等. 提高会东铅锌矿铅锌选矿指标的试验研究 [J]. 金属矿 山，2004(9)：34-36.

[35] 卢琳，刘沛军，吴福初. 提高广西某铅锌矿选厂选铅指标研究 [J]. 金属矿山，2014 (12)：90-94.

[36] 刘润清，孙伟，胡岳华，等. 巯基类小分子有机抑制剂对复杂硫化矿物浮选行为的抑制 机理 [J]. 中国有色金属学报，2006(4)：746-751.

[37] 龙秋容，陈建华，李玉琼，等. 铅锌浮选分离有机抑制剂的研究 [J]. 金属矿山，2009 (3)：54-58.

[38] 周德炎. 单宁类有机抑制剂对长坡选矿厂全浮硫化矿铅锌分离试验研究 [J]. 大众科技，2012(1)：111-113.

[39] Peng H，Cao M，Qi L. Selective depression of sphalerite by chitosan in differential Pb Zn flota-tion [J]. International Journal of Mineral Processing，2013，122(13)：29-35.

[40] 周涛，师伟红，余江鸿. 内蒙某难处理铜铅锌多金属矿石选矿技术优化 [J]. 金属矿山，2013(5)：82-87.

[41] Delley B. Time dependent density functional theory with DMol3. [J]. Journal of Physics Con-densed Matter An Institute of Physics Journal，2010，22(38)：384208.

[42] Becke A D. Density-functional thermochemistry. Ⅲ. The role of exact exchange [J]. Journal of Chemical Physics，1993，98(7)：5648-5652.

[43] Lan L H，Chen J H，Yu-qiong L I，et al. Microthermokinetic study of xanthate adsorption on impurity-doped galena [J]. Transactions of Nonferrous Metals Society of China，2016，26(1)：272-281.

[44] 黄红军，胡志凯，孙伟，等. 新型抑制剂对黄铜矿与方铅矿浮选分离的影响及其机理研究 [J]. 矿产综合利用，2011(6)：44-48.

[45] 艾光华，朱易春，魏宗武. 组合抑制剂在铜铅分离浮选中应用的试验研究 [J]. 南方金属，2005(6)：31-33.

[46] 李玉芬，李民健. CCE 组合抑制剂用于铜锌分离生产实践 [J]. 云南冶金，2002(1)：12-14.

[47] 焦芬. 复杂铜锌硫化矿浮选分离的基础研究 [D]. 长沙：中南大学，2013.

3 氧化铜矿选矿

全球铜矿资源分布广泛，估计陆地铜资源量超过 30 亿吨，广阔的海域中还蕴藏着含铜结核 7 亿吨。遍布六大洲，有 150 多个国家都有铜矿资源，部分国家可采年限达 100 年以上。其中智利铜储量居世界第一位，其次为秘鲁、澳大利亚、墨西哥、美国、中国、俄罗斯、印度尼西亚、波兰、赞比亚、刚果（金）和加拿大，上述国家铜储量合计占世界总储量的近 90%。我国铜资源严重短缺，人均占有率不到世界平均 1/3，60% 以上需要依赖进口。

铜矿资源分为硫化铜矿和氧化铜矿两大类。硫化铜矿疏水性强，是易浮矿物，现有技术已得到了较好的解决。氧化铜是重要的铜矿资源，占总储量中总铜的 1/3 左右，氧化铜选矿是选矿界最热门的研究领域之一。随着硫化铜矿资源的日趋枯竭和世界各国对铜金属需求量的不断增加，氧化铜矿的利用倍受重视。氧化铜矿亲水性强、含泥量高、嵌布粒度粗细不均、可浮性差，矿石性质极为复杂多变，选矿技术难度极大，回收率普遍很低。对于矿石性质比较简单的氧化铜矿物孔雀石、蓝铜矿等可采用常规的硫化浮选法回收，但回收率普遍较低（回收率只有 40%~60%）；对于难处理的氧化铜矿，现仍未能实现有效的选矿回收，选矿指标差，大量的氧化铜资源无法回收，成为"呆矿"，导致资源浪费和重金属污染非常严重。

3.1 氧化铜矿矿床类型和矿石特性

3.1.1 氧化铜矿矿床类型

在铜矿资源中，氧化铜矿约占 1/3。大多数铜矿床上部有氧化带，甚至有的已形成独立的大中型铜矿床。氧化铜矿一般位于矿床上部的氧化带，组成比较复杂，结构松散易碎，在氧化铜矿的矿物表面以及节理面具有较大的表面张力，可以与水分子发生强烈的作用。氧化铜矿床按地质形态可以分为两大类，一类是在硫化矿床次生氧化富集带中产生，形成风化壳型或铁帽型矿床；另一类是在硫化矿床被剥蚀后产生的残坡积物中产生，形成残坡积型矿床[1]。在氧化带中其复杂的物理化学环境和不断变化的外部条件会导致矿床的物质组成复杂多变。

（1）风化壳型。这一类型矿床，其原生矿体属于细脉型或者是网状脉型，物质组成中含有黄铁矿以及雌黄铁矿。围岩组成为硅酸盐类、砂页岩以及花岗岩类等。经过风化后部分形成蚀变岩，部分黏土化，比如石英岩、绢云母等与其相伴的氧化矿物通常保留在原有的细脉中，出现在原生矿床的上部，形成类似于网状氧化矿体，称作淋滤带或淋滤帽。

（2）铁帽型。铁帽型矿床的形成是由于原生矿体中含硫化物较多，特别是组成矿物中有较富的块状磁黄铁矿、黄铁矿等，经氧化之后产生的。

（3）残坡积型。这一类型矿床其矿石一般由围岩角砾、泥土和铁屑等组成。其中含铜氧化物作为单矿物和砂砾混在一起。其脉石矿物呈角砾状、土状以及疏松状态结构等。

3.1.2 氧化铜矿资源及其矿石特点

铜矿石按照氧化率（氧化率＝氧化铜含量÷总铜含量×100%）的不同，可分为硫化矿石（氧化率小于10%）、氧化矿石（氧化率大于30%）和混合矿石（氧化率介于10%～30%）。氧化铜矿即氧化率大于30%的铜矿。

就世界铜矿资源而言，全部铜矿床中氧化铜矿和混合铜矿占10%～15%，铜金属量约占总储量的25%。我国氧化铜矿资源丰富，估计全国有超过1000万吨的金属储量。根据对几个主要产铜省份的不完全统计，氧化铜矿中的铜占总储量的5%～20%，个别省份高达40%左右。在这些氧化铜矿中，具有工业意义的氧化铜矿物以孔雀石居多，有相当大的部分是处理的氧化铜矿，主要分布在西藏、云南、湖北、新疆、广东、内蒙古、四川和黑龙江等省区，我国比较大型的氧化铜矿主要包括云南东川汤丹氧化铜矿、西藏玉龙铜矿、新疆滴水铜矿、湖北大冶铜绿山氧化铜矿、广东石菉氧化铜矿和云南迪庆羊拉氧化铜矿等。

氧化铜矿是硫化铜矿床露出地表之后，长期受富含氧和二氧化碳的自然水体及生物有机质的强烈作用而形成的。因此，氧化带位于矿床的地表部分，来自地下水面以上至地表露头，一般厚几米至几十米，少数氧化带可达900m以上。

在氧化带中，硫化矿物氧化需要经过硫酸盐化时期，即硫化铜矿物中的硫先氧化为硫酸使矿物转化为硫酸盐，铜以硫酸铜或硫酸亚铜的形式溶入地下水中，当气候条件及地质环境适宜时，从硫酸铜溶液中结晶出硫酸盐矿物，如胆矾（$CuSO_4 \cdot 5H_2O$）、水胆矾（$CuSO_4 \cdot 3Cu(OH)_2$），并在碱性条件中被置换，形成铜的氧化物，如黑铜矿（CuO）、赤铜矿（Cu_2O）及赤铜铁矿（$CuFeO_2$）。当水溶液中含有足够的 CO_2 或周围存在大量的碳酸盐矿物时，$CuSO_4$ 与之反应形成孔雀石（$CuCO_3 \cdot Cu(OH)_2$）、蓝铜矿（$2CuCO_3 \cdot Cu(OH)_2$）。在有游离 SiO_2 的条件下，$CuSO_4$ 与之反应形成硅孔雀石类矿物（$mCuO \cdot nSiO_2$）、蓝铜矿（$2CuCO_3 \cdot Cu(OH)_2$）。在有游离 SiO_2 的条件下，$CuSO_4$ 与之反应形成硅孔雀石类矿物 $mCuO \cdot nSiO_2 \cdot nH_2O$，在其他的条件下，还可产生含自然铜的矿物组合。

3.1.3　氧化铜矿物种类

氧化铜矿可以分为以下几类[2]：

（1）孔雀石。孔雀石是一种碳酸盐矿物，俗称碱式碳酸铜，常与其他铜矿物伴生共存。化学式 $CuCO_3 \cdot Cu(OH)_2$，其中 CuO 占 71.95%，CO_2 占 19.9%，H_2O 占 8.15%，属于单斜晶体，其集合体通常呈晶体钟乳状、皮壳状、纤维状、块状和结核状，结构有同心层状以及纤维放射状等（见图 3-1）。

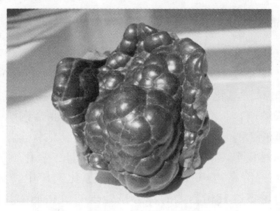

图 3-1　钟乳状、皮壳状孔雀石

（2）蓝铜矿。蓝铜矿俗称石青，是一种铜的碳酸盐矿物，显碱性。其化学式为 $2CuCO_3 \cdot Cu(OH)_2$，CuO 占 69%，CO_2 占 25.53%，H_2O 占 5.23%，成分很稳定，常与孔雀石共同产生于铜矿床的氧化带中，属于单斜晶系（见图 3-2）。

图 3-2　孔雀石与蓝铜矿伴生

（3）硅孔雀石。硅孔雀石的化学式为 $CuSiO_3$，其中 CuO 占 45.2%、SiO_2 占 34.3%、H_2O 占 20.5%，硅孔雀石的结构呈钟乳状或土状，被认为是一种晶体态硅酸铜相被分散在非晶质的二氧化硅水泥胶中的混合产物，没有固定的化学组分矿物，在氧化铜矿中属于亲水性最强的一种（见图3-3）。

图 3-3　钟乳状硅孔雀石

（4）赤铜矿。赤铜矿是一种质地较软的红色氧化物矿物，一般是由铜的硫化物经风化后而形成的，称之为次生矿物。化学式为 Cu_2O，其含铜量高达 88.8%，属于等轴晶系（见图3-4）。

图 3-4　朱砂红赤铜矿

（5）氯铜矿。氯铜矿属于碱式卤化物矿物，是其他铜矿物氧化形成的次生铜矿物，化学式为 $Cu_2Cl(OH)_3$，属于斜方晶体。集合体呈条板状、纤维状、放射状和块状等，通常伴生于孔雀石和蓝铜矿中（见图3-5）。

（6）胆矾。胆矾是一种天然含有结晶水的硫酸铜，分布很广。熟称五水硫酸铜，亦称其蓝矾或铜矾，其化学式为 $CuSO_4 \cdot 5H_2O$，Cu 占 25.4%，属于三斜晶系。胆矾是可溶性矿物，因此在浮选的过程中溶于矿浆体系中（见图3-6）。

图 3-5　柱状氯铜矿

图 3-6　胆矾

（7）水胆矾。水胆矾也称为水硫酸铜，属于硫酸盐矿物，是一种不含水的次生矿物，常与硫酸盐类的块铜矾和碳酸盐类的孔雀石共生存在。其化学式为 $Cu_4SO_4(OH)_4$，Cu 占 52.6%，H 占 1.34%，S 占 1.09%，剩余为氧的占有量，属于单斜晶系，其矿物的集合体呈短柱状或成晶簇（见图 3-7）。

图 3-7　水胆矾

（8）结合氧化铜。结合氧化铜不是一种矿物，而是一类矿物的总称，氧化铜矿物中通常会含有一定量的结合氧化铜矿物存在，只是结合率（结合率=结合氧化铜含量÷总铜含量×100%）有所不同。

3.1.4 氧化铜矿石特性

氧化铜矿由于氧化程度以及成矿条件的差异导致矿物结构和化学成分差异较大，但也具备一些共性。

（1）氧化铜矿物种类有很多，在通常情况下都含有多于五种及以上的铜矿物，常含有的包括孔雀石、赤铜矿、蓝铜矿、硅孔雀石等，还有很多氧化铜矿石与原生硫化铜矿石以及次生硫化铜矿石伴生存在。

（2）即使是同一种氧化铜矿石，其形态构造类型也非常丰富。例如胶状、薄膜状、细粒状、浸染状、面网脉状等，极大地增加了选矿工艺的难度。

（3）氧化铜矿石中不含有其他金属共生的情况是很少见的，通常都伴生较多有价金属元素（铁、钴、镍、金等），这是大多数氧化铜矿石的共性。

（4）氧化铜矿石具有较强的亲水性，属于亲水性矿物，而矿物的亲水性的强弱会直接影响矿物的可浮性，因此氧化铜矿属于难选的矿物种类。

（5）氧化铜矿石通常情况下含大量的矿泥，包括脉石风化产生的原生矿泥，也有在磨矿流程中由于过磨而产生的次生矿泥。这两种矿泥的存在都会对氧化铜矿的浮选过程造成不利影响。

总之，氧化铜矿性质复杂，可选性与硫化矿石有很大差别，难以分选，无论是矿物组成或矿石结构、构造的特点都给分选增加了难度。但各种矿石的选矿难度不同，所以根据其可浮性的差异可分为易选矿石、中等可选矿石和难处理矿石三类。易选矿石一般是指容易进行硫化浮选的矿石，如孔雀石、蓝铜矿等；难处理矿石是不易被硫化、难以直接用硫化浮选法回收的矿石，如硅孔雀石、水胆矾、赤铜矿等。

从选矿加工工艺的角度看，氧化铜矿石具有如下主要特点：

（1）有用元素种类多。最常见的元素是钴、金、银、硫、铂、钯等，因此，必要时必须考虑综合利用。

（2）矿石中含铜矿种类多。各种类型的铜矿石中，大多数情况下都可见到5种以上含铜氧化物，有些氧化矿中还含有硫化物、次生硫化物等，这些矿物可浮性差异大。另外，脉石组成也极为复杂，有硅质、钙质及铁质脉石，对浮选影响大。

（3）同一种矿石中可出现多种类型的结构构造，同一种含铜氧化物也可以不同的结构形态产出，如多孔状、胶状、放射状等，从而增加选矿难度。

（4）具有较强的亲水性。含铜氧化物属亲水性强的矿物，可与水分子产生强烈的作用，其水化性比硫化矿差。另外，有些矿物具有较好的可适应性，矿浆中铜离子浓度较高，使其他一些矿物活化，消耗大量的选矿药剂，致使选矿分离困难。

（5）氧化铜矿石结构松散易碎，含水较多，尤其是多含泥质脉石，磨矿过程泥化严重，浮选困难。因此，在选矿过程中要充分考虑矿泥的处理及影响。

（6）有用矿物嵌布粒度细。一般呈凝胶状或土状，有的呈渗入脉石或围岩的状态，难以回收。

（7）碳酸盐类型的氧化铜矿，含有大量的白云石、碳酸钙镁，磨矿过程中易于泥化，碳酸盐可浮性好，大量上浮，消耗药剂，降低精矿品位。

（8）含有易浮脉石云母、滑石氧化铜矿，可浮性优于氧化铜矿，影响氧化铜浮选，降低回收率和精矿质量。

（9）高铁类型氧化铜矿，含有大量的褐铁矿和赤铁矿，部分铜与铁结合，泥质类矿物含量也很高，西藏玉龙氧化铜矿含铁高达40%以上，18%的铜与铁结合。

3.2　氧化铜矿物浮选行为

氧化铜矿物由于水化性比硫化矿物强，亲水性强，可浮性远差于硫化铜矿物，通常矿物本身常含大量矿泥，所以，矿物中铜的天然存在形态、脉石组成、含泥量等因素都会影响氧化铜矿物的浮选行为。

（1）孔雀石。不经过预先硫化时，用大量的丁基黄药浮选，回收率很低，说明黄药不能直接与孔雀石作用；经过预先硫化的孔雀石则可以直接采用选别硫化矿的捕收剂进行浮选，回收率可达70%。脂肪酸及皂类也可用于孔雀石的浮选，但浮选过程中选择性较差，精矿品位很低。孔雀石还可经过硫化后用长碳链的伯胺浮选，对于碳酸盐矿物效果较好。

陈代雄、朱建裕、胡波等人对孔雀石进行了系统深入研究，孔雀石纯矿物试验表明：1）单用丁基黄药浮选铜的回收率不到27%，硫化钠硫化后用丁基黄药浮选，铜的回收率达到60%，硫酸铵活化后，用丁基黄药浮选铜的回收率达到78%，硫酸铵活化，硫化钠硫化，然后添加黄药+羟肟酸浮选，孔雀石的回收率达到90%。2）华刚公司SICONMINES铜矿长期系统研究开发"先硫后氧—深度活化—协同捕收—氧化铜矿异步浮选新工艺"深度活化技术，硫化速度提高五倍，硫化区域有效扩大。黄药和改性羟肟酸协同捕收，能使氧化铜矿物在硫化区和没有硫化区吸附，大幅提高铜的回收率，总铜回收率达85.7%，其中解离的孔雀石的回收率达96%以上。

（2）硅孔雀石。硅孔雀石属于结合氧化铜矿。在 KCN 溶液及饱和溴水中，仅少量溶解。按常规的化学分相方法，硅孔雀石分类为"结合氧化铜"物相。用硫化—黄药浮选时，硅孔雀石是一种极难浮选的氧化铜矿，其浮选困难的原因主要在于它是一大类组成和产状极不稳定的胶体矿物，表面亲水性极强，捕收剂的吸附膜只能存在于矿物表面的缝隙中，且附着不牢固，极易脱落。硅孔雀石的浮选行为受 pH 值的影响很大，并且可浮选的 pH 值范围很窄，而在工业生产中很难满足如此严格的 pH 值要求。尽管很难，但硅孔雀石也是可浮的，关键在于控制 pH 值和充分活化。研究表明，介质 pH 值为 5 左右时硅孔雀石的可浮性最好，只加丁基黄药就能达到浮游 70% 硅孔雀石的效果。若再添加 D2 活化剂，可以得到 90% 的浮游率。在相同的条件下，若添加硫化钠，反而会抑制孔雀石的浮选。在实践中，硫化-黄药浮选的方法中，矿浆的 pH 值一般在 8~9，在这样一个弱碱性环境下，硅孔雀石可浮性极差，添加相同量的丁基黄药，浮游率低于13%，即使添加活化剂，也收效甚微。但有研究表明，使用辛基氧肟酸钠浮选硅孔雀石，当 pH 值为 6 时，硅孔雀石的浮选回收率可达 100%。若要使用黄原酸盐直接浮选硅孔雀石，则需要对试样进行 400℃ 的蒸汽预热，或者采用中性油和乳化之后的黄原酸盐进行浮选。

（3）赤铜矿。由于不同产地不同条件下产出的赤铜矿可浮性存在差异，所以有资料指出处理赤铜矿时，脂肪酸由于对脉石的选择性差，其效果不如硫化法。也有资料表明，赤铜矿不预先硫化也能用黄药或者脂肪酸浮选。也有认为赤铜矿难以硫化，实际不可浮。湖南有色金属研究院陈代雄、薛伟等人采用 MLA 对华刚矿业 SICONMNES 铜检测表明，铜的回收率达到 78%，先进的浮选工艺是可浮的赤铜矿。

（4）蓝铜矿。蓝铜矿浮选条件与孔雀石基本类似，不同的地方在于脂肪酸以及皂类浮选蓝铜矿时，其浮选性优于孔雀石。使用硫化浮选时，与药剂的作用时间较长。用硫化钠或者二硫酚硫代二唑（D2）活化剂活化、黄药浮选时，浮选效果受 pH 值的影响较小，即使在强酸强碱的环境下，依然具备很好的浮游率，并且 D2 活化剂的活化效果优于硫化钠。用硫化钠活化，采用先进的浮选工艺，也可以有较好的浮选效果，采用 MLA 对华刚矿业 SICONMNES 铜检测发现，铜的回收率达到 95%~97%。

（5）氯铜矿。氯铜矿类的氧化铜矿可以采用常规的硫化浮选法即可回收，采用硫化钠硫化，黄药浮选氯铜矿，铜的回收率可达 70%。

（6）胆矾。胆矾属于可溶解性矿物，可浮性很差，在浮选过程中溶解在矿浆中，极大地增加了矿浆中铜离子的浓度，降低了药剂的选择性，并且增大了药剂的消耗。

（7）水胆矾。水胆矾微溶于水，但其浮选行为说法不一。赵援、杨温琪等人[3]研究表明，只加丁基黄药（50mg/L），在自然 pH 值条件下，就能达到 70% 的水胆矾浮游，其可浮性极好。并且其浮选行为与孔雀石相似，在强酸、强碱环境下，其浮选行为会受到明显抑制。但也有资料指出水胆矾类似于胆矾，难以浮选，损失在尾矿中。

（8）水钴铜矿。可浮性较差，刚果（金）铜钴矿含有水钴铜矿，常规硫化浮选回收率很低，只有 20%～40%。

（9）结合氧化铜矿。这一类矿物在之前被认为不可选，但在近年研究中，通过对结合氧化铜矿的类型、结构、形态的了解，发现结合氧化铜矿在精矿浮选中最高有 40% 的回收率。

在过去的很多年中，一直都认为结合氧化铜是不可浮选的，但通过近年对结合氧化铜的深入系统研究，在观念上有了很大的突破和转变，提出了"结合氧化铜可选（浮）"的科学论断，并经实践证明。现对其概念及其可浮性做较为详细的论述。结合氧化铜的概念最初是苏联的多伏利一多布洛沃尔斯基及克利门科提出来的。他们指出："几乎在所有矿石中，铜的氧化物均有一部分以某种形态与脉石相结合；或以机械方式成为脉石中极细分散的铜矿物之包裹体，或以化学方式成为类质同象的或成吸附型的杂质。这部分铜和脉石结合在一起，因为这样细分散的氧化铜矿物的颗粒表面不能在磨矿时得到破碎，所以无论是用机械方法把矿石磨碎到技术上可能达到的最细磨矿细度，还是用化学方法（但不使脉石有部分破坏），都不能使这部分铜分离出来"。并且认为"这种结合铜的定量测定对评价机械选矿的矿石具有很大的意义，因为这部分铜在选矿时要残留在脉石中"。所以，依据他们的概念和分类，认为"结合氧化铜"是不可选的，在选矿中也是全部进入尾矿，所以在计算回收率时，并不考虑"结合氧化铜"部分的回收率。

上述结合氧化铜的概念清楚地表明：它指出的是氧化铜矿物在矿石中所处的状态，并不是指矿物种类。国内外测定矿石中结合氧化铜的含量时，一直以氰化物浸出法为标准。该法的依据是氰化物的扩散能力较其他离子（如铵离子或氢离子）弱，不能沿脉石缝隙向内部渗透，因而不能溶解被脉石包裹的结合铜，只能溶解具有自由表面的"游离铜"。所以，在氰化钾分析中，氧化铜矿物中能溶解于氰化钾的部分就成为"游离氧化铜"，不被溶解的部分称为"结合氧化铜"。

但是，实践证明，氰化物浸出作为物相分析手段：有其合理的一面，即能区别出矿物在脉石中的"状态"，但同时也有其不足的一面，即有些铜矿物，如硅孔雀石，即使成单体状态，也或多或少地不溶解于氰化物。这样一来，在以氰化物为溶剂的物相分析结果中，"结合氧化铜"物相中，将包括一部分并不真正与脉石处于"结合"状态的硅孔雀石单体。所以，在物相中所得出的"结合氧化铜"，并不完全符合多伏利-多布洛沃尔斯基等人提出的结合氧化铜的概念。不过，由于硅孔雀石单体在一般情况下也是极难浮选的，把它与真正的"结合铜"归入一类，从工艺角度来说，还是可以接受的。

尽管苏联专家提出了结合氧化铜不可选的观点，昆明理工大学刘殿文等研究表明但通过对氧化铜矿原矿及产品工艺矿物学、工业试验及生产上浮选精矿和尾矿中"结合氧化铜"的深入系统研究，全面查明了矿石中"结合氧化铜"的类型、结构和形态。总结得出"结合氧化铜"有三种类型、三种结构、九种形态。同时发现"结合氧化铜"可选，浮选精矿中最高有40%的回收率。进一步试验单用黄药浮选闭路试验中，结合氧化铜有27.50%的回收率；羟肟酸钠和黄药混用浮选闭路试验中，结合氧化铜有40.15%的回收率；在云南东川汤丹选矿厂生产上使用磷酸乙二胺作为活化剂的浮选精矿中，结合氧化铜的回收率高达40.79%。上述数据鲜明地揭示："结合氧化铜"是可浮或是可选的。华刚公司SICOMINES铜矿，结合率18.77%，湖南有色金属研究院陈代雄、薛伟等研究开发"先硫后氧-深度活化-协同捕收-氧化铜矿异步浮选新工艺"，深度活化技术，添加 LA，黄药和改性羟肟酸协同捕收，工业应用铜的回收率达到85.7%，结合铜的回收率达到45%。

3.3 氧化铜矿选矿工艺

氧化铜矿矿石性质复杂多变，为难选矿物。氧化铜矿选矿工艺复杂，主要包括浮选工艺和化学选矿工艺，化学选矿工艺包括酸浸法、氨浸法、离析-浮选法以及细菌浸出等。浮选法主要包括直接浮选法、硫化浮选法、预处理-浮选法、磁选-浮选联合法和选冶联合法。目前工业上最常用、最广泛的浮选氧化铜的方法为硫化浮选法。

3.3.1 直接浮选工艺

20世纪50年代就开始研究氧化铜直接浮选。直接浮选法是最早应用的不用硫化钠活化，直接利用捕收剂浮选的方法。该工艺适用于矿物组成简单、性质不复杂的氧化铜矿石，复杂氧化铜矿石的直接浮选至今仍无突破性进展[4]。高效选择性捕收剂对直接浮选法尤为重要。在氧化铜矿浮选的早期，多采用脂肪酸盐作捕收剂直接浮选，但该法只适用于孔雀石为主、脉石简单、原矿品位高的矿石。由于方解石和白云石等脉石矿物在该药剂制度下具有可浮性，因而此法的选择性差；同时，矿泥也会使脂肪酸的捕收效果大大下降，故该法在生产应用上受到一定的限制[5]。

目前，国内外研究了许多改善脂肪酸性能的方法，生产了一系列相关的捕收剂，改善了其性能，提高了选择性的报道。韦华祖等人[6]研究了磺酸盐、硫酸酯类捕收剂对孔雀石的浮选，结果表明，十二烷基硫酸钠、十二烷基磺酸钠对孔雀石具有较强的捕收能力（回收率可达 96% ~ 98%）和较宽的浮选 pH 值范围（pH 值为 4 ~ 11），具有与油酸相似的捕收性能，同时它们对钙质矿物的捕收能力较油酸弱，因而其选择性好，在硬水中使用比油酸钠效果更好。

直接浮选法应用较早，但它缺乏选择性，迄今为止，在工业上得到应用的还只有脂肪酸浮选法。近些年国内外学者研究了许多改善其性能的方法，如添加脂肪酸增效剂，但效果并不理想。直接浮选工艺研究的焦点集中在寻求高效的选择性捕收剂上。

羟肟酸作为捕收剂直接浮选孔雀石，优点是对含钙碳酸盐效果比脂肪酸好，选择性好，但捕收力弱，回收率比较低。

胺类捕收剂也可以直接浮选孔雀石氧化铜矿，优点是对含钙碳酸盐效果比脂肪酸好，选择性好，但还是有大量石英、硅酸盐上浮，选择性不尽如人意。

3.3.2　硫化浮选工艺

难选氧化铜矿物加工利用最主要的方法是硫化浮选，其基本原理是通过加入硫化剂破坏矿物表面的水化层，形成疏水的硫化膜，再通过黄药捕收。如何增强表面硫化是目前硫化浮选研究的热点和难点[7,8]。在氧化铜矿物表面形成硫化铜膜，然后添加捕收剂进行浮选的工艺，称为硫化浮选工艺。硫化浮选氧化铜矿是应用最广、研究最多的浮选工艺，在国内外广泛应用，是氧化铜矿浮选的重点。硫化浮选效果好坏由硫化过程进行得好坏决定，硫化过程起关键作用。其问题的关键是必须严格控制硫化剂（如硫化钠）用量，因为硫化剂既是氧化铜矿物的有效活化剂又是硫化铜矿物或被硫化好的氧化铜矿物的抑制剂。也就是说，硫化剂适量时是有效的活化剂，过量时则成为强烈的抑制剂。为了防止或减轻这种抑制作用，生产过程严格控制硫化钠用量。氧化铜矿物表面具有离子键，通过静电吸引将水分子极化形成比较牢固的呈定向排列的水化膜，而呈亲水状态，捕收剂很难透过这层水化膜作用于氧化铜矿物表面。加入硫化钠后，氧化铜矿物表面迅速吸附 HS^- 或 S^{2-}，呈现为金属硫化物膜。由于 S^{2-} 是重金属矿物表面的定位离子，并使水偶极子向外层扩散或消失，结果使水化膜遭到压缩或破坏，而巯基类捕收剂分子官能团的 $=C=S$ 键为标准的共价键，属非极性结构，而金属硫化物的极性则与 $C=S$ 键的极性相近，因而这类通过硫化作用形成的 MeS 晶包就构成了捕收剂向氧化矿物表面吸附的媒介和桥梁，即活化中心或位点。由于硫化钠是强碱弱酸盐，在水溶液中首先水解。根据溶液平衡计算表明，在 pH 值小于 7 时，溶液中 H_2S 占主导，有少量 HS^-；在 pH 值为 7 ~ 12 时，溶液中 HS^- 占主导，

有少量的 S^{2-}，只有在 pH 值等于 11~13 时，才有少量 S^{2-}，HS^- 仍占主导，而捕收剂在硫化了的矿物表面吸附时，以 pH 值为 7~10 时吸附量最大，回收率最高。其抑制机理是过量的硫化钠与捕收剂在浮选目的矿物表面竞争吸附，排挤表面上的捕收剂，过量的硫化钠会产生抑制作用，Na_2S 的经济添加量大约相当于浮选该矿物的临界 HS^- 浓度（每种矿物的临界 HS^- 浓度不同）。

智利学者 H. Soto 和波兰学者 J. Laskowski 等人认为，除了溶液中过剩硫离子本身起抑制作用外，被吸附在矿物表面的氧化物，如亚硫酸盐、硫代硫酸盐等也有强烈抑制作用。Castro 也认为吸附在矿物表面的硫化物易氧化成亚硫酸盐、硫代硫酸盐。这是因为硫化氢分子中硫的电价为 −2 价，在硫元素 8 种价态中最低而具有还原性。也就是说，硫氢离子和硫离子易被氧化，这些氧化物与溶液中的过剩硫离子一起构成氧化铜矿浮选的抑制剂。

若矿浆中的 HS^- 浓度低于临界 HS^- 浓度，该矿物表现为活化；反之，则表现为抑制。因此氧化铜矿浮选控制好硫化钠的用量是非常重要的。

硫化浮选工艺条件设置复杂、严格，浮选难度大，浮选速度慢，受到泥质干扰严重。不同的氧化铜矿硫化浮选采取的工艺条件都是不同的。硫化浮选关键技术为：

（1）磨矿控制。氧化铜矿物性质脆，磨矿过程中易过粉碎，且嵌布粒度不均匀，粗细不一，磨矿分级控制是非常重要的。常采用多段磨矿多段选别，防止磨矿过粉碎和泥化，通常采用磨矿强化分级，分级让解离的铜矿进入浮选，没有解离的铜矿返回磨矿，进一步解离，控制分级实现磨矿解离防止氧化铜矿物过磨过粉碎。磨矿方式上采用中矿再磨，精矿再磨，多种磨矿方式相结合，解离铜矿物，为浮选创造有利条件。

（2）浮选工艺流程控制也很复杂。氧化铜矿分为易浮氧化铜矿和难浮氧化铜矿，氧化铜矿物含有硫化铜，硫化铜浮选速度快，氧化铜浮选速度慢。硫化浮选工艺需要添加硫化剂，通常的硫化剂是硫化钠、硫化氢钠、硫化钙等，硫化剂添加量很重要，硫化剂用量过小，硫化不完全，回收率低；硫化剂过高会与捕收剂黄药竞争，捕收剂被硫化剂"挤跑"，回收率也下降。

（3）硫化搅拌时间控制。硫化时间由硫化动力学速度决定，硫化时间控制很重要。时间过短硫化不完全，影响浮选，时间过长硫化剂易氧化，形成亚硫酸盐对氧化铜产生抑制，回收率下降。

（4）浮选流程的选择。氧化铜矿可浮性是有差异的，易浮铜浮选速度快，先浮选得到高品位氧化铜精矿。难浮氧化铜浮选速度慢，继续添加药剂浮选，分段浮选，进一步回收难选氧化铜矿物。氧化铜矿物通常含有硫化铜，硫化铜矿物浮选深度快于氧化铜矿物，硫化浮选通过采用"先硫后氧工艺"，即先浮选硫化铜矿物，可以防止过量硫化剂对硫化铜矿的抑制，后浮选氧化铜矿物，氧化铜矿物浮选添加硫化剂对氧化铜矿物表面硫化，然后添加捕收剂浮选氧化铜矿物。

　　单一氧化铜矿物，浮选流程相对来说较为简单，不存在多金属分离回收的问题。主要药剂都是捕收剂、活化剂、起泡剂，通常采取分段添加的方式。由于矿石性质的差异，也会有添加调整剂的情况。

　　氧化铜矿通常主要金属为铜（也会有铁矿伴生的氧化铜矿），也会伴生少量有用金属，一般都在铜精矿中附带回收，比较难选的氧化铜矿会采用联合流程来处理。单一氧化铜矿相对于难选氧化铜矿，其磨矿浮选流程比较简单。在确定磨矿段数，浮选次数以及中矿返回等流程时，只需要根据原矿品位、矿石可浮性、含泥量以及共生关系来处理。

　　云南普洱某氧化铜矿石中铜矿物主要有辉铜矿、孔雀石、硅孔雀石等，脉石矿物主要有石英、方解石、长石等，其中以硫化铜（辉铜矿）形式存在铜占总铜的 52.54%，以氧化铜（孔雀石）形式存在铜占总铜的 46.98%。铜品位为 3.346%，其余元素品位低，不具有工业回收价值，矿石铜氧化率 46.98%，铜主要存在于辉铜矿和孔雀石中，属于相对难选的氧化铜矿石。李有辉等人[9]对其进行了浮选试验研究，研究结果表明，在磨矿细度为 -0.074mm 占 65.1% 的条件下，经过硫化铜优先浮选，硫化铜浮选尾矿以硫化钠为硫化剂、BK366 为捕收剂，经过氧化铜一粗三精二扫浮选，可以获得铜品位为 32.56%、回收率为 61.56% 的氧化铜精矿。BK366 内部巯基基团与羧基基团的正协同作用增强了其捕收能力。

　　缅甸某氧化铜矿，矿石中铜矿物主要有孔雀石、蓝铜矿、辉铜矿、铜蓝及少量黄铜矿、硅孔雀石等，矿石中铜主要以氧化物形式存在，氧化物中铜占总铜的 89.44%，同时也存在于少量硫化物中，硫化物中铜占总铜的 10.56%。矿石中主要可回收有价金属为 Cu 和 Ag。乔吉波等人[10]对其进行了浮选试验，研究表明，在磨矿细度为 -0.074mm 占 70% 的条件下，采用硫化物与氧化物同步混合浮选的原则工艺流程，添加硫化钠作为硫化剂，黄药作为捕收剂浮选硫化铜和氧化铜，浮选流程为一粗两扫两精的小型闭路试验，可以获得铜品位 23.55%、银含量 1919.20g/t、铜回收率 91.16%、银回收率 93.08% 的铜精矿，银主要富集于铜精矿中，有价元素铜和银得到了很好的回收。

3.3.3　离析法工艺

　　离析法是处理难选氧化铜矿石的一种有效方法。它的实质是将矿石破碎到一定粒度，加入一定量的碳质还原剂和氯化剂，在中性或弱还原性气氛中加热，使有价金属铜从矿石中氯化挥发，并被还原为金属颗粒附着在炭粒表面；随后可用常规的浮选方法富集，产出铜碳精矿[11]。当矿石中含大量的硅孔雀石和赤铜矿以及被氢氧化铁、铝硅酸锰浸染过的铜矿物或结合铜时，或者是含有大量矿泥时，这一类矿石采用离析法是非常有效的处理方法。除此之外，离析法还能处理氧化-硫化铜混合矿石，并且能综合回收金、银、铁等有价金属。

离析法按其工艺特点分为两种类型：一种是一段离析，即矿石加热与离析反应在同一设备中进行；另一种是两段离析，即先将矿石在预热炉（常用沸腾炉）于氧化气氛中加热，然后加入氯化剂（如氯化钠）、还原剂（煤）混合在反应器（常用竖炉）中离析。

离析过程比较复杂，离析反应为反复进行的气相与固相反应。关于离析过程的机理和动力学，虽然做了大量研究工作，但对于一些问题尚且存在不同见解。多数人认为氧化铜矿的离析过程分成三个阶段：首先在高温下食盐与矿石中的结晶水作用生成氯化氢，随后氯化氢与氧化铜矿物作用，产生可挥发的氯化亚铜，最后氯化亚铜蒸汽被吸附在炭粒表面的氢还原成金属海绵铜，并再生氯化氢气体。在这个过程中，氯化氢与矿石中氧化铜的氯化反应，是整个离析过程中决定速度的阶段，有两种措施可以提高氯化反应的速度：

（1）适当增加离析气氛的还原性强度，使得高价铜的氧化物预还原为更活泼的低价氧化物，从而促进氯化反应加速进行。

（2）适当提高食盐和蒸汽量，增加氯化氢的分压，从而提高氯化反应速度。蒸汽不会使氯化亚铜发生有害的水解反应，而且能抑制矿石组分中的铁、钙和镁的氯化。当然，铜的离析不可能完全，也就是说存在于矿石中的铜不可能都从矿石迁移出来，有的铜在矿石内部被还原成金属铜细粒，回收这一部分铜，必须细磨加以解离，使得其适合浮选作业。

氧化铜矿离析工艺过程影响因素主要有矿石性质、温度、停留时间、还原剂、氯化剂和水蒸气等。离析后的产品铜为了防止氧化，将离析产品直接水淬冷却，然后磨至适当的粒度，用浮选进行富集即可。浮选时矿浆浓度为 25%～40%，用石灰使矿浆 pH 值调至 9～10。一般采用异丁基黄药作为捕收剂，5-6 碳直链醇作起泡剂，经浮选后，精矿铜品位为 60% 左右，铜回收率在 90% 左右。离析-浮选法优点在于：回收率高且对伴生金银等贵金属也可以有效回收[12]。

某地泥质氧化铜矿石，含结合铜矿高，风化严重，属难选矿石。矿石中主要金属矿物为硅孔雀石、褐铁矿、褐锰矿、赤铁矿、黄铜矿、锆石、铁锌矿、钛磁铁矿等，脉石矿物主要是石英、碳酸盐矿物、褐帘石、电气石、云母等。矿石为土状结构，含大量泥质，原矿 0～3mm，-0.074mm 占 38.30%，金属占有率 53.11%，-0.013mm 占 19.65%，金属占有率 35.98%。硅孔雀石呈鲕状及不规则粒状，与石英连生，粒度一般小于 0.64mm，最小为 0.05mm，微化分析含锰、钴。黄铜矿含量少，为不规则粒状，粒度一般不小于 0.21mm。褐锰矿及褐铁矿均以不规则粒状产出。石英呈不规则碎屑状，一般粒度在 0.25mm 左右。铜除了以硅孔雀石和黄铜矿的形式出现外，大部分与脉石和褐铁矿成为结合氧化铜。铜物相分析结果为硅孔雀石含铜量 0.17%，铜分布率 23.38%；与脉石结合铜含铜 0.25%，铜分布率 33.51%；与褐铁矿结合铜含铜 0.32%，铜分布率 43.11%。吕世海[13] 采用离析-浮选的方法对泥质结合氧化铜矿进行研究，发现在温度 750~550℃、时间 25~40min、食盐与煤比例 0.5∶1 的条件下，离析的铜金属分布率由细粒级向粗粒级转移。磨矿粒度和硫化钠用量是浮选过程的关键因素，需选择适当。在磨矿细度 -0.074mm 占 58.53%，硫化钠用量 500~1000g/t 条件下，按给定的浮选药剂制度浮选，获得铜精矿含铜 24.10%，回收率 90.04%，铜精矿品位提高到 32.04%，回收率仍有 85.46%。离析法能较好地从矿石中回收铜、银等有价金属，但成本高，还未能大规模投入工业生产，我国目前只有广东石莱铜矿曾使用离析-浮选工艺进行生产。

3.3.4　化学选矿工艺

当一些氧化铜矿石结构较为复杂或是组成类型较复杂时，在对这样的氧化铜矿石进行浮选处理时，实现铜的回收利用具有较大的难度。所以针对这种情况，通常会选择化学选矿方法来进行处理。利用氨性硫来代替硫酸盐，对氧化银矿进行深度试验，利用矿石中的铜离子，将其作为催化剂，从而确保亚硫酸钠溶剂的稳定性得以增强[14]。在常温条件下，可以利用硫来代替硫酸盐，以便于实现对铜矿和氧化银混合物更好的处理。利用这种方法，不仅反应速度较快，而且该方法浸出铜能够达到较高的水平，能够有效地达到标准的需求，确保生产效益的提升。近年来，化学选矿成为氧化铜矿选矿的研究热点，并在实践中得到了广泛应用，取得了良好的效果。赵华伦等人[7] 对某氧化率高、成分复杂的氧化铜矿石进行了分选试验研究。结果表明，采用浸出-沉淀-载体浮选法对该矿石进行分选，分选所得的精矿品位为 21.25%，回收率为 94.26%，此指标明显优于采用直接浮选所取得的分选技术指标。袁盛朝等人[8] 采用搅拌浸出—置换—浮选和搅拌浸出—萃取—电积两个工艺流程方案对氧化率和结合率都很高的某难选氧化铜矿进行了试验研究。结果表明，采用搅拌浸出-置换-浮选方案效果更佳，可获得铜精矿品位为 35.80%，回收率为 92.92%。

3.3.5　混合捕收协同浮选

两种或两种以上捕收剂组成混合捕收剂，对氧化铜矿物进行浮选的方法称为混合捕收协同浮选。螯合剂是具有环状结构的配合试剂，由于其结构的特殊性而具有选择性和稳定性好、分选指标高、消耗低、适于处理难选氧化铜矿石的优点，而且很多螯合剂都是氧化铜矿的高效活化剂。因而，有机螯合剂浮选是近年来受到广泛关注的一种方法。据报道，作为捕收剂应用于氧化铜矿浮选研究和实践中的螯合剂就有 30 多种。但目前在氧化铜矿浮选中得到推广应用的仅有少数几种，如氧肟酸类、咪唑、噻唑苯乙烯膦酸类等。使用受到限制的主要原因除浮选效果外，主要是使用有机螯合剂的成本较高。湖南有色金属研究院陈代雄、薛伟、李晓东、胡波等人研究了协同捕收，即改性羟肟酸＋黄药浮选法，取得良好的选矿效果，在新疆滴水铜矿、黑龙江松江铜矿浮选，实际应用铜的回收率分别达到82％和83％，比传统硫化黄药浮选法回收率提高15％以上，使企业扭亏为盈。

经过多元素分析，刚果某氧化铜矿是以氧化矿为主的混合矿，氧化矿物主要是孔雀石，硫化矿物主要为铜蓝；脉石矿物主要为石英，其次为云母、绿泥石和高岭石。该矿石中铜矿物嵌布粒度细，含泥量大，采用硫化钠加丁黄药法难以获得理想指标，所以通过组合用药来提高铜的回收率。张雨田等人[15]对其选矿工艺进行研究，试验结果表明，在磨矿细度为-0.074mm占80％的条件下，使用组合用药，在一粗二精三扫的浮选流程下，得到精矿铜品位20.03％、铜回收率80.79％的浮选指标。

3.3.6　胺类浮选法

胺类浮选法又称为阳离子捕收剂浮选法，是有色金属矿常用的浮选法。胺类药剂是氧化铜矿的有效捕收剂，对氧化铜矿物捕收力较强，但受矿泥影响大，选择性差，故未得到工业应用。该法特别适用于处理含孔雀石和蓝铜矿等矿物的氧化铜矿石，具有浮选速度快和回收率高的优点，但由于其价格相对较高，限制了其推广使用。而且该类药剂对许多脉石也同样有捕收作用，例如使用胺类药剂浮选氧化铜矿时，石英的浮选行为与硅孔雀石基本一致。所以使用该法的关键是要选择和使用有高选择性的脉石抑制剂。当前脉石的有效抑制剂有海藻粉、木素磺酸盐或纤维素磺酸盐聚丙烯等。胺类捕收剂的浮选原理主要是氧化矿物在水中由于水化作用使表面被氢氧根覆盖，并吸附或解离氢离子，其溶液的化学反应式为：

$$MOH + (a) \longrightarrow MOH(s) + H + (a)$$
$$MOH(s) \longrightarrow MO^-(s) + H + (a)$$

当pH>pHo（pHo为零电点的pH值）时，矿物表面电荷为负，而胺类捕收剂在溶液中的化学式为：

$$RNH_2 + H_2O \longrightarrow RNH_3^+ + OH^-$$

由于捕收剂带正电，因此捕收剂与矿物能够靠静电引力吸附在一起。

3.3.7　选冶联合法

选冶联合工艺是难处理氧化铜的重要研究方向，也是研究热点。选冶联合法是指将选矿方法和冶金方法相结合并充分发挥两种方法各自的优势来处理氧化铜矿的一种方法。该法是对难处理氧化铜矿的回收非常有效的方法。如前所述，氧化铜矿石是指氧化率大于 30% 的铜矿，所以通常的氧化铜矿石中，既含有氧化铜矿物，又含有硫化铜矿物，但两种矿物的物理和化学性差异很大，氧化铜矿物难浮选易浸出，而硫化铜矿物则易浮选难浸出，所以采用单一的常规浮选法或者单一的湿法冶金常常无法获得满意的效果和指标。而根据矿石中不同矿物的不同物理化学性质，采用浮选先回收易浮硫化铜，化学浸出回收浮选难回收的氧化铜，优势互补，取长去短。氧化铜精矿含有硫化铜，化学浸出很难把硫化铜浸出，浸出渣采用浮选回收硫化铜。选冶紧密结合可以得到良好的效果，华刚矿业 SICONMINES 原采用硫酸浸出工艺处理浮选精矿中的硫化铜，该工艺成本较高，作者课题组采用浮选工艺对浮选精矿中的硫化铜矿物进行回收，小型实验室铜回收率达到 98%，工业生产回收率达 85% 以上。

3.3.8　磁浮联合工艺

磁浮联合工艺是指磁选回收难浮氧化铜和铁锰结合铜，浮选回收易浮氧化铜，磁选和浮选相结合的工艺称为磁浮联合工艺。氧化铜矿和铁锰结合铜是顺磁性矿物，采用高梯度高场强磁性回收，易浮孔雀石等铜矿物采用浮选回收。湖南有色金属研究院研究了浮选回收不了的铜，采用磁选回收难浮氧化铜矿物在华刚矿业、玉龙铜矿氧化铜、紫金 KOLWEZI 铜矿应用，铜的回收率可以提高 5%~15%。

3.3.9　微波辐照浮选法

微波辐照浮选法是在不改变现有工艺流程和现有设备的基础上，将微波这一新技术应用于选矿领域，对进入浮选机的难选氧化铜矿预先进行微波辐照硫化，再进行常规铜矿浮选。结果表明，用硫化钠作为硫化剂，在微波辐照硫化时间较短时，对铜精矿的品位和回收率都有一定的提高。

3.3.10　超声处理浮选法

超声处理法为在浮选前或浮选过程中施加高声波强度的超声波，促进矿浆中团聚的固体颗粒的分散，并结合搅拌过程强化调浆作用。如滴水铜矿氧化铜特点是含泥高，嵌布粒度细，原矿品位低。试验研究了超声处理，原矿采用超声处理后，采用硫化-黄药浮选比常规搅拌调浆铜的回收率和精矿品位都明显提高。

3.4　氧化铜矿浮选药剂

浮选药剂的研究与开发可以说是浮选法的核心。近年来，大量新药剂的研究应用直接影响到氧化铜矿资源的开发利用。浮选流程的好坏在于药剂制度是否合理，所以从另一个方面看，浮选技术的发展与进步，很大程度上依赖于药剂的应用与发展，浮选工艺的新突破通常伴随着高效优良的新浮选药剂的出现与应用。所以，慎重选择制定药剂制度是浮选中至关重要的环节。氧化铜矿石性质较为复杂，采用单一的传统黄药类捕收剂往往不能获得理想的选矿指标。所以目前研究方向在于一方面开发高效的新型捕收剂，另一方面根据矿石的具体特点，探索组合用药方案，通过药剂与药剂之间、药剂与矿物之间的交互作用，发挥协同效应，获取理想指标[16]。

3.4.1　硫化剂

氧化铜矿亲水性强，黄药直接浮选回收率很低，因此氧化铜矿采用硫化剂硫化。在硫化浮选流程中，硫化作用的基本要求是在氧化铜矿表面形成一层稳定的硫化膜，同时要避免硫化物对硫化铜矿以及被硫化后的氧化铜矿产生抑制作用。所以通过采取一系列措施来强化硫化过程十分必要。

硫化剂的种类是影响硫化作用的重要因素，常用的硫化剂有硫化钠、硫氢化钠、硫化钙、硫化氢和硫化钾等，工业生产中最主要的是硫化钠，它具有来源广、成本低的优点。硫化钠属于强碱弱酸盐，在溶液中水解会导致溶液 pH 值上升，从而发生 OH^- 与 HS^-、S^{2-} 在矿物表面发生竞争吸附，对硫化作用产生不利影响。研究证明，矿浆的 pH 值越高，形成的硫化膜越不稳定，矿浆搅拌时容易脱落，形成胶体硫化铜，胶体硫化铜的形成不仅会降低硫化物在矿物表面的吸附量，降低矿物可浮性，还会增加捕收剂的消耗，导致脉石活化。使用硫氢化钠作为硫化剂，可以获得更稳定的硫化膜，在国外选矿厂也有使用硫氢化钠作为硫化剂的，但是成本较高。张文彬等人[17]研究发现铵盐在硫化过程具有稳定的硫化膜，促进硫化过程的作用，改善浮现效果。但是，在使用硫酸铵时，硫化铜矿的浮游会受到抑制，例如黄铜矿。所以根据矿石性质，在矿石氧化率高的时候，可以多加硫酸铵，氧化率低的时候少加硫酸铵，避免对硫化铜的浮选造成影响。除此之外，张覃等人[18]研究了氯化铵、硫酸铁铵对孔雀石的作用，表明其在浮选前后铵离子量始终不变，具备催化剂的特征。温度对硫化过程的影响也非常明显，即提高温度也是强化硫化过程的手段之一。

在目前生产中所采用的硫化浮选法中，为了保证具有较好的硫化效果，硫化钠采用分段多点添加，并且会适当地添加硫酸铵，稳定和坚固硫化膜。

3.4.2　捕收剂

碳酸盐类氧化铜矿物，如孔雀石、蓝铜矿等，在经过硫化后使用黄药浮选。但是，在实际氧化铜矿物中，遇到矿石组成复杂、含泥量多、嵌布粒度细的难选矿石的时候，采用单一黄药作捕收剂无法达到好的捕收效果，所以得选用两种或以上的混合药剂浮选。在近几年的氧化铜矿浮选中，混合捕收剂的使用是主要研究方向。

　　氧化铜矿的常用捕收剂包括：（1）黄药、黑药及其衍生物，主要有丁黄药、异丁黄药、戊黄药等，此类药剂为传统浮选药剂；（2）非离子型捕收剂，主要有酯105、Z-200等；（3）螯合剂类，主要为咪唑、羟肟酸（盐）等；（4）烷基含氧酸盐类，主要为烷基硫酸盐/磺酸盐；（5）膦酸类，主要有二烃基膦酸、烷基磷酸酯、苯乙烯膦酸等。其中，黄药类是氧化铜矿的典型捕收剂，常用作主捕收剂，同时与新型捕收剂配合取得较好的浮选效果。陈代雄等人[19]研究了苯甲羟肟酸和丁基黄药协同浮选氧化铜矿石，试验结果表明，苯甲羟肟酸的双配位基可与铜离子形成稳定的五元环的羟肟酸铜螯合物，对氧化铜矿物尤其是孔雀石具有良好的捕收能力和选择性；苯甲羟肟酸与丁基黄药在最佳配合比 1∶3 的情况下产生的协同捕收作用最强，得到氧化铜精矿铜品位为 32.12%、回收率为 88.02%，孔雀石的回收率为 96%。螯合类捕收剂是氧化铜浮选过程中广泛应用的一类药剂，也是药剂研发的重点方向。B130 亲铜螯合捕收[20]可溶于水，与黄药相比毒性较小，B130 单独使用效果不佳，使用时加入中性油可以提高选矿指标、降低成本，同时与丁基黄药配合使用，具有正协同效应。将此药剂用于工业试验，铜精矿品位相同时，铜回收率较硫化黄药法提高约10%，金回收率提高约11%，可见 B130 具有较好的捕收力和选择性。

3.4.3　调整剂

　　氧化铜矿的组成成分和结构构造比较复杂，矿浆的离子组成也复杂多变，所以调整剂的应用在氧化铜矿的浮选中占有重要地位。pH 值的调整、脉石的抑制、矿浆中有害离子的消除、铜矿物的活化都离不开调整剂的作用，在某些情况下，一种新型调整剂的发现，其影响甚至超过新型捕收剂的发现。所以，在重视捕收剂和硫化剂的发展的同时，调整剂的应用也不可忽略。通常调整剂有无机类碳酸钠、硅酸钠、硫酸、六偏磷酸钠等，有机类有 CMC、淀粉、甘油、乙二醇等。

3.4.3.1　浮选活化剂

　　A　乙二胺磷酸盐

　　乙二胺磷酸盐是由东川矿务局在 1974 年研制的一种新型有机活化剂[21]，对于氧化铜矿硫化浮选具有显著的活化作用。乙二胺磷酸盐可以有效活化氧化铜矿已经在实践中得到证实。在氧化铜矿的浮选过程中添加乙二胺磷酸盐的作用特点有以下几方面：

　　（1）胡绍彬等人[22]研究发现乙二胺磷酸盐有助于消除矿泥对浮选的不利影响。在氧化铜矿石中含泥量大时，添加乙二胺磷酸盐时的效果相对显著。

（2）添加乙二胺磷酸盐，浮选各作业的回收率均有提高，说明其对氧化铜矿具有很好的活化作用。文娅等人[23]研究了乙二胺磷酸盐对四川会东难处理氧化铜矿的活化作用，其试验结果表明：乙二胺磷酸盐对该氧化铜矿有较好的活化作用，但过量时也会对其产生抑制作用。王普蓉等人[24]对云南某难选氧化铜矿进行活化剂优化研究，实验结果表明乙二胺磷酸盐与硫化钠组合使用浮选指标最好，具有促进硫化的作用。

（3）各个粒级的浮选回收率均有改善，但粗粒级较明显。

（4）根据矿石性质的不同，乙二胺磷酸盐的作用特点也是有差别的，例如：对于单一铜矿石，基本不提高硫化铜的回收率，而对于含铁的铜矿石，硫化铜回收率的提高相当明显。

（5）在所有情况下都不同程度地降低了其他药剂的用量。胡绍彬等人[25]通过研究深度活化浮选汤丹氧化铜矿，证实增加乙二胺磷酸盐与氧化铜矿的作用时间，不仅可以进一步提高浮选指标，而且还减少了药剂的用量。

（6）乙二胺磷酸盐的添加，增强了氧化铜矿物表面的硫化薄膜的稳定性，增强了铜矿物表面的疏水性，能显著增加有用矿物对硫化钠和黄药的吸附量和吸附速率[26]。

B D2 活化剂（简称 BTA）

活化剂 D2（即 2，5-二硫酚-1，3-硫代二唑）是一种红色透明液体，溶于水，可直接加入矿浆中使用。在硫化浮选法的基础上加入 D2，在工业试验中，精矿品位提高了 2.41%，回收率提高 10.12%[27]。在活化黄药浮选蓝铜矿时，即使在强酸介质中，也只受到较小程度的抑制，pH 值为 3 左右，仍然有接近 50%的浮游率，活化效果很好。

C 乙二胺活化剂

陈代雄用乙二胺活化剂在硫化浮选法的基础上加入乙二胺，实验室铜的回收率提高 10%以上，在工业试验中，精矿品位提高 2%，回收率提高 7%[27]。而且无须脱泥，直接浮选。实验室浮选玉龙铜矿时回收率提高 8%。

D 二硫酚硫代二唑（简称 DMTDA）

二硫酚硫代二唑全称为 2，5-二硫酚-1，3，4-硫代二唑，是著名的铋试剂，用于锑、铋、铜、铅的测定，与铜盐反应生成棕色沉淀。二硫酚硫代二唑也是氧化铜矿的优良活化剂，特别适合孔雀石类氧化铜矿的浮选活化。纯品 DMTDA 为黄色针状结晶，熔点为 168℃；不溶于水及稀酸，能溶于乙醇及碱的水溶液；其二钾盐熔点为 285℃，易溶于水。昆明冶金研究院根据 DMTDA 的这种特性，以该药剂为活性组分研制成了氧化铜矿的矿用活化剂 D2，外观为橘红到暗紫色透明液体，密度为 $3.5g/cm^3$ 左右，pH 值大于 13，可与水混溶，已进行批量生产。作为氧化铜矿浮选的活化剂，通过对不同类型的氧化铜矿石进行大量的试验研究及生产实践，D2 活化剂表现出四大特点：（1）可以直接滴加，操作方便，易于控制；（2）用量小，仅为硫化钠的 1/5~1/3；（3）浮选速度明显加快；（4）能明显加快精矿、尾矿的脱水。使用时，可以单独使用，也可以配以其他调整剂，例如硫化钠、乙二胺磷酸盐、石灰等，而且配合使用还可强化其对氧化铜矿的活性。当黄药为捕收剂时，适当配以诸如 25 号黑药、柴油及高级黄药等使用，均可提高浮选指标。例如，四川某选厂氧化率大于 85%、结合率大于 20% 的氧化铜矿，浮选工业试验中添加 D2 活化剂，虽然试验期间矿石性质变化较大，但是精矿品位仍提高了 2.41%，回收率提高了 10.12%。此外，D2 还具有另一优点：浮选可灵活控制矿浆的 pH 值，有利于综合回收金、银等伴生贵金属。

　　E　8-羟基喹啉（简称 8-HQ）

　　8-羟基喹啉的英文名 8-Hydroxyquinoline，结构式：C_8H_7NO，白色或淡黄色晶体或结晶性粉末，露光变黑，有碳酸气味。熔点 75~76℃，沸点 267℃。该药剂是两性的，能溶于强酸、强碱，在碱中电离成负离子，在酸中能结合氢离子，在 pH 值等于 7 时溶解性最小。易溶于乙醇、丙酮、氯仿、苯和硫酸，几乎不溶于水。8-羟基喹啉由邻氨基苯酚、邻硝基苯酚、甘油和浓硫酸经 Skraup 反应而得。用 8-羟基喹啉对孔雀石和硅孔雀石的活化研究表明：8-羟基喹啉与黄药发生共吸附和协同活化的作用，可提高孔雀石和硅孔雀石的浮选法指标。

3.4.3.2　浮选抑制剂/分散剂

　　氧化铜矿的特点是含泥高，氧化铜矿种类繁多，泥分为原生矿泥及次生矿泥，对选矿的影响都比较大。对细粒矿泥的处理，一般采用细粒选择性的分散，常用的分散剂有：硅酸钠、氟硅酸钠、磷酸盐、聚磷酸盐、碳酸盐、磺化木质素等。

　　魏党生等人[28]研究国外某氧化铜矿，在原矿嵌布粒度细、原矿含泥量大的情况下，采用水玻璃来分散矿泥，有效地消除了矿泥对浮选的影响，改善了操作，提高了浮选指标。朱雅卓等人[29]对原矿氧化率高、铜矿物种类多、可浮性差异大、黏土矿物含量高、回收难度大的某氧化铜矿进行试验，采用碳酸钠作为调整剂，通过两粗三精一扫获得氧化铜精矿含铜 35.06%，铜的回收率 54.25%，铜总回收率达到 85.41%。陈代雄、薛伟利用六偏磷酸钠分散矿泥，浮选氧化铜矿；刚果（金）华刚矿业 SICONMINES 铜进行了浮选试验表面，六偏磷酸钠既有分散作用，又对云母和滑石有较强的抑制作用，精矿品位大幅提高。

3.5　氧化铜硫化浮选机理

　　本章所介绍的氧化铜硫化浮选机理包括氧化铜的硫化机理、LA（有机和无机胺）的促硫化及助捕收机理，以及湖南有金属研究院研发的 COC 改性羟肟酸与氧化铜作用及组合捕收剂协同作用机理研究。

3.5.1　氧化铜硫化机理

硫化浮选法是氧化铜矿和混合铜矿的主要浮选方法。一般情况下，氧化铜矿石大都具有氧化率高、结合率高、含泥量大等特点，决定了氧化铜矿石浮选的难度。因此硫化过程进行得好坏，直接决定选矿指标，因为硫化钠既是氧化矿的活化剂又是硫化矿或者已被硫化的氧化铜的抑制剂，取决硫化钠的用量。在一定用量范围内对氧化铜起活化作用，超过一定用量就起抑制作用。其抑制机理是过量的硫化钠与捕收剂在浮选目的矿物表面竞争吸附，排挤已经吸附在矿物表面的捕收剂，产生抑制作用，因此氧化铜矿浮选控制好硫化钠的用量是非常重要的。硫化钠活化氧化铜机理是硫化钠在水中电离产生 HS^- 和 S^{2-}，与氧化铜矿物表面的铜离子形成化学吸附，在表面产生硫化铜，使氧化铜疏水性与硫化铜疏水性接近，从而使其活化。为了防止过度硫化（对铜产生抑制作用），在生产实践中通常采用分段硫化添加的方式来达到控制硫化钠用量的目的。

3.5.1.1　硫化过程及本质

氧化铜表面具有离子键，通过静电吸引水分子极化形成比较牢固的呈定向排列的水化膜，而呈亲水状态，捕收剂很难透过这层水化膜作用于氧化铜矿物的表面。加入硫化钠以后，氧化铜矿物表面迅速吸附 HS^- 或 S^{2-}，呈现为金属硫化膜。硫化钠是强碱弱酸盐，在水溶液中首先水解，然后分两步电离：

$$Na_2S + 2H_2O \longrightarrow H_2S + 2NaOH$$

$$H_2S \longrightarrow HS^- + H^+$$

$$HS^- \longrightarrow H^+ + S^{2-}$$

溶液平衡计算表明，在 pH 值小于 7 时，溶液中 H_2S 占主导，有少量的 HS^-。在 pH 值为 7~12 时，溶液中 HS^- 占主导，有少量的 H_2S。只有在 pH 值为 11~13 时，才有少量的 S^{2-}，HS^- 仍占主导，而捕收剂在硫化了的矿物表面吸附时，以 pH 值为 7~10 时吸附量最大，回收率最高，这表明 Na_2S 对孔雀石硫化主要是 HS^- 的作用，表面反应为：

$$CuCO_3(表面) + HS^- \longrightarrow CuS(表面) + HCO_3^-$$

$$Cu(OH)_2(表面) + HS^- \longrightarrow CuS(表面) + H_2O + OH^-$$

由此可以看出，掌握好浮选的 pH 值和控制好 Na_2S 的用量是相互联系和相互制约的重要因素。胡岳华等人通过对孔雀石的动电位和单矿物浮选动力学研究发现：硫化钠在孔雀石、硅孔雀石表面发生硫化作用的主要组分为 HS^-，同时 HS^- 与孔雀石矿物表面作用的作用能变化的 pH 值、硫化最优 pH 值以及吸附量最大值范围基本一致。同时，通过溶液化学计算结果表明，足量的 S^{2-} 也在一定程度上起到了对孔雀石的硫化活化作用，其在孔雀石表面也能生成类似于硫化铜的硫化膜，具有类似的可浮性，然而在硫化钠水溶液的电离体系中，矿浆中的 S^{2-} 浓度过低，不足以生成足量的硫化产物，进而形成稳定的硫化薄膜。

氧化铜矿物由于其分子结构的原因，一般亲水性强，在矿浆中与水的偶极相互吸引形成定向排列的亲水水化膜。通过加入硫化钠、硫氢化钠等硫化剂处理后，氧化铜矿物表面发生了根本性的变化。这种变化为：当硫化剂用量适当时，硫化处理后的矿物表面接触角增大，可浮性增强，如硫化剂过量时，表现为硫化铜或硫化后的氧化铜矿物表面接触角减小，则表现为抑制作用，所以，硫化的作用即是活化难浮的亲水性氧化铜矿物，强化捕收剂的吸附和捕收作用，提高可浮性，从而实现氧化铜的高效浮选。

3.5.1.2　过度硫化的抑制作用

如前所述，硫化钠在用量适当时是氧化铜矿的活化剂，但过量时却是强烈的抑制剂。因此，在研究硫化钠的活化过程及机理的同时，更多地注意到了为什么过剩硫离子会抑制被硫化过的氧化铜矿物的问题。到目前为止，对于造成抑制的原因提出了四个比较有代表性的观点：

（1）过量的硫离子本身造成抑制。有研究证明，较少量过量的硫离子也会抑制孔雀石的浮选；对硫化的硅孔雀石而言，过量硫离子的影响更复杂。只有在一定的硫化钠用量时，硅孔雀石才能浮选；硫化钠过量时，硅孔雀石会受到不可逆转的抑制，即当过量的硫化钠被新鲜水冲洗后可浮性不会恢复。

（2）过量硫离子氧化后生成的产物造成抑制。除了溶液中过剩硫离子本身起抑制作用外，被吸附在矿物表面的氧化物，如亚硫酸盐、硫代硫酸盐等也有强烈的抑制作用。这是因为硫化氢分子中硫的电价为 -2 价，在硫元素 8 种价态中最低而具有还原性。也就是说，硫氢离子和硫离子易被氧化。它们一旦被氧化，也就失去了固有的活化能力。不仅如此，这些氧化产物与溶液中的过剩硫离子，一起构成了氧化铜矿浮选受抑制作用的原因。

（3）硫化钠过量导致捕收剂的吸附量减少造成抑制。研究发现，硫化钠过量会使捕收剂的吸附量减少，因而矿物的浮选受到抑制。氧化铜矿物硫化后，在其表面生成了硫化铜膜，性质与硫化铜矿物是相似的，致使在硫化钠过量时，矿浆中过剩的 HS^- 和 S^{2-} 被氧化消耗了溶液中的游离氧，由于浮选矿浆中没有游离氧存在，造成捕收剂不在硫化矿物上吸附，形成抑制。

（4）硫化钠过量致使生成的硫化铜膜疏松不稳定，易脱落造成抑制。也有人认为是由于硫化钠过量，使矿浆 pH 值升高，致使硫化铜膜疏松不稳定，脱落成胶体硫化铜，黄药本身被其消耗，造成捕收剂不足而无法实现有效浮选。利用 X 射线衍射仪、电化学、电子显微镜等设备分析了孔雀石在硫化过程中形成的硫化膜，得出硫化后矿物表面形成的硫化膜的组成和结构与硫化铜相近，硫化产品是一层具有不规则晶格的疏松沉淀，在矿浆搅拌过程中容易脱落，脱落后造成已经吸附黄药的损失，造成捕收剂用量不足形成抑制。

3.5.1.3 硫化反应的影响因素

氧化铜硫化反应的速率、反应程度与溶液中的硫化钠浓度、矿浆 pH 值、反应温度和搅拌强度有关。孔雀石和硅孔雀石表面对硫化剂的吸附量随溶液中的硫化钠初始浓度的增大和接触时间的延长而增加，硫化钠在孔雀石和硅孔雀石表面的吸附量与溶液中硫化钠的初始浓度（c_0）的关系可表达为：

$$\tau = \alpha \, c_0^{\frac{1}{n}}$$

对于不同的矿物，硫化膜的硫化稳定时间不同，对于常数 $\dfrac{1}{n}$，孔雀石为 0.95，而硅孔雀石为 0.83；而稳定初始速率 α，孔雀石取 0.0356，硅孔雀石取 0.01。同时，孔雀石和硅孔雀石硫化时，硫化速率随着 pH 值的增高而降低，硅孔雀石降低幅度更为明显，温度对硫化的影响为正相关关系。当温度从 10℃ 升高至 65℃ 时，孔雀石对硫化钠的表面吸附量增大了 3.5 倍，硅孔雀石对硫化钠的表面吸附量增大了 2 倍。同时在氧化铜表面形成的硫化膜是不稳定的，当矿浆搅拌时，部分硫化膜容易脱落在矿浆中形成胶体硫化铜，矿浆 pH 值越高，硫化膜越不稳定，所以应该尽量避免胶体硫化铜的形成。

3.5.1.4 硫化作用的调控

Holman 发明了通过控制矿浆电位来控制硫化钠的添加量和添加方式，进而实现控制矿浆溶液中硫离子浓度和氧化反应的作用程度，一般可通过硫化银离子选择性薄膜电积来控制电位，用 $100 \sim 200 A/m^2$ 阳极电流密度的交流电处理矿浆控制硫化，可有效改善矿物表面的反应速度，提高硫化剂在孔雀石、硅孔雀石表面的吸附量，实现氧化铜矿物的有效上浮。

3.5.2 LA 的促进硫化及辅助捕收机理

在浮选中发现，添加 LA 可以大大加快硫化反应的速度，如试验中添加 LA 可使硫化时间从 8min 缩短至 2min，并且避免了过剩硫离子对被硫化过的孔雀石的抑制作用，它可以使孔雀石表面生成的硫化膜更加坚实、稳定，有利于捕收剂的吸附。LA 浮选试验研究表明：添加 LA 可以缩短硫化时间、提高精矿品位、提高氧化矿的回收率。LA 的真正作用表现为以下三个效应。

（1）催化效应。加快孔雀石和硅孔雀石硫化反应速度，促进反应的彻底性，从而避免了残余的硫离子对被硫化过的孔雀石的抑制作用。相关试验表明，在有

LA 存在的条件下，孔雀石几乎不受过量硫化钠的影响。进一步研究发现，在相同初始浓度、相同的反应时间条件下，添加 LA 后，溶液中硫离子的浓度下降要快得多。如果不添加硫化钠，直接用黄药浮选孔雀石，则没有任何效果，说明 LA 本身并不是孔雀石和硅孔雀石的活化剂，它的作用只在硫化钠存在时才显现出来。

（2）稳定效应。由于孔雀石中 CO_3^{2-} 的离子半径比 S^{2-} 和 HS^- 半径大得多，在硫化反应中，本来 S^{2-} 和 HS^- 要取代 CO_3^{2-} 就很困难，即使取代也不够稳定，也就是说，硫化反应生成的硫化膜是疏松而不稳定的，搅拌时容易脱落形成散状胶体硫化铜。在没有添加 LA 时，溶液中胶体硫化铜浓度很高，而添加之后，几乎没有胶体硫化铜生成，即使搅拌时间很长，也未发现硫化膜脱落。

（3）疏水效应。LA 的作用是孔雀石表面覆盖了一层稳定的硫化膜，因而孔雀石对捕收剂的吸附比不添加 LA 时高得多，且稳定性很高。正因为如此，才使孔雀石的浮选有了很大的改善，对硅孔雀石也是如此，表面吸附是浮选的必要条件，捕收剂在矿物表面吸附有足够强度才是浮选的充分条件。

以上三种效应充分说明了 LA 在硫化过程起到的促进作用，通过扫描电子显微镜（SEM）研究了孔雀石纯矿物在不同试验条件下的表面形貌，进一步证实了这一点，加入 LA 前后的表面形貌如图 3-8 所示。

由图 3-8 可以看出，未加任何药剂的孔雀石表面形貌（见图 3-8（a））是干净的，而加入适量的硫化钠时孔雀石表面形貌（见图 3-8（b））是稳定和均匀的，加入过量的硫化钠时孔雀石表面形貌（见图 3-8（c））是疏松同时凌乱的，而加入过量的硫化钠，同时加入等量的 LA 时，孔雀石表面又为致密和稳定的。由此可见，即使硫化钠过量，LA 对氧化铜表面可起到良好的抗抑制剂的效果。

（4）硫化钠过量的抑制作用的消除。

研究发现，LA 的添加可从溶液中除去过量的硫离子，硫离子与固体硫化铜之间发生了多相反应，在添加 LA 的体系中，硫离子可迅速吸附并形成有利于活化的硫化铜层，硫离子在固体表面的氧化有利于去除起到抑制作用的过量的硫化钠，LA 的添加可使孔雀石表面生成的硫化膜更加稳定，有利于黄药、羟肟酸等捕收剂的吸附。

3.5.3 COC 羟肟酸的作用机理

通过浮选试验结果表明，氧化矿捕收剂 COC 对铜有较好的捕收作用，在精矿产率适当增加的情况下，铜的回收率同比提高了 20% ~ 50%。相对于长链或短链黄药对钴的回收而言，其回收率有较大的提高。矿物的金属原子和捕收剂键合原子的软硬碱性影响捕收剂吸附层的稳定性，捕收剂分子和矿物表面原子轨道的能量、相互组合也影响吸附层的稳定性。硫化铜矿物易于用黄药浮选捕收，是因

图 3-8　孔雀石硫化促进活化的 SEM 表面形貌

（a）未加任何药剂的孔雀石表面形貌；（b）加入适量硫化钠时的孔雀石表面形貌；
（c）加入过量硫化钠时孔雀石表面形貌；（d）加入过量硫化钠，同时又加入等物
质量的 LA 时孔雀石表面形貌

为黄药能在其表面形成稳定性高的捕收剂吸附层；而氧化铜和氧化钴则难以用黄药浮选，是因为黄药在这类矿物表面的吸附层不够稳定，其次氧化铜矿物表面有亲水性的水化膜，常规的黄药类捕收剂是难以直接在有水化膜氧化铜矿表面进行吸附。而 COC 羟肟酸利用可以和铜、钴金属发生螯合作用，形成稳定的螯合物。

下面就 COC 羟肟酸的作用机理进行探讨：

COC 羟肟酸是一种新型异构体羟肟酸，其对金属离子有配位能力的基团为羟基（—OH）及肟基（＝NOH），其中羟基多以未解离的形式与金属离子配对。但在一定条件下，也可以用失去质子后（—O—）的形式与金属离子配位；肟基的配位形式更为繁多：它可以以酸性基团的形式在失去质子后通过带负电荷的氧（＝NO—）与金属离子配位，也可能以未解离的形式通过其中的三价氮与金属离子配位，还可以以异构体＝N 的形式作用，如酸性基团，在失去质子后带负电荷的氮与金属离子配位。它可以在水溶液中和 Cu、Co、Ni、Mo、Fe 等多种金属

离子以不同方式形成配位化合物，其中很多是通过两个配位基团形成的螯合物，羟肟酸与铜的螯合形成如下的螯合羟肟酸铜：

$$
\begin{array}{ccc}
R\!-\!C & \!-\!N \\
\ \ |\ \ \ \ \ | \\
\ \ O\ \ \ \ O \\
\ \ \ \diagdown\ \diagup \\
\ \ \ \ Cu
\end{array}
$$

（1）螯合捕收机理。

在氧化铜矿物-溶液的浮选体系中，可在铜矿物表面形成铜的螯合物，并在矿物界面上沉淀，或在水溶液中形成沉淀。具体形成什么取决于整个浮选体系的溶液化学。沉淀的形成还受到铜螯合物在溶液中的溶解度限制，但是不溶的铜螯合物不一定是疏水的。而作为铜钴矿物浮选捕收剂，在矿物表面上或界面上所形成的铜钴螯合物应该有足够的疏水性，以便矿物固着在气泡上。理论研究表明，铜钴矿物表面和 COC 羟肟酸反应主要有以下几个机理：化学吸附、表面反应和溶液中形成沉淀。

1）化学吸附。在化学吸附中，当与吸附在矿物表面上的捕收剂官能团中供电的原子结合时，它们与不离开晶格中的表面金属阳离子共价键或配位键结合。因为每个表面质点与一个螯合剂分子结合，吸附仅限于单层。

2）表面化学反应。与螯合捕收剂结合使金属阳离子离开晶格原来位置而到靠近矿物表面位置的反应。这个过程包括金属阳离子在矿物表面水化。该水化反应可能引起金属离子离开晶格位置，参与同添加的捕收剂进行螯合作用。

3）溶液中形成沉淀。如果矿物浮选体系中的溶液化学适于矿物表面溶解，而这种矿物又能与捕收剂发生化学反应，生成金属螯合物或沉淀而进入溶液中，那么就可能发生溶液中的沉淀反应。当然，捕收剂与矿物之间的这种反应会将参与表面反应的捕收剂消耗尽。如果金属离子溶解速度和通过界面层的扩散速度高于捕收剂向矿物表面扩散的速度，那么，在溶液中就会产生金属螯合物沉淀。

实际上，在使用 COC 羟肟酸的浮选体系中，最希望发生化学吸附。螯合的吸附只限于单层，捕收剂的消耗量最少。试验表明，捕收剂的用量并不大，主要原因是由于药剂的碳链足够长，可以直接在界面上发生表面反应而形成疏水。

（2）组合捕收剂共吸附机理。

由于矿物表面的不均匀性，加上硫化过程中矿石表面硫化不均匀及不完全，存在完全硫化、不完全硫化、完全不硫化的不同区域。这就需要选用组合捕收剂，利用不同电负性的捕收剂捕捉各自的活性点和发挥各自的作用，提高整体的疏水性，从而提高选矿金属回收率。这就是组合捕收剂产生的协同效应。具体过程如下。

根据价键理论，硫化铜中由于硫的电负性小，共价半径较大。又根据软硬酸碱理论可知，硫因其电负性低，极化性高，应当是容易被氧化的，它们对共价电子的约束也是松弛的，所以属于较软的碱，于是它对其连接原子产生影响。增加了连接原子的软度，即硫化铜中的铜离子是较软的酸。而氧化铜中由于氧的电负性高，可极化低，并且难以被氧化，它对其价电子的约束是紧密的。这样氧离子较硬的碱通过其吸电子诱导效应，使得与其键中的铜离子硬度变大，即氧化铜矿中铜离子是硬度较大的酸。硫化好了的区域或质点，因其是软酸，便可与较软的黄药类软碱紧密结合在一起。而没有硫化好的区域或质点，因此硬度较大，易与硬碱水作用，亲水性较强，这部分就必须要捕收剂的烃基足够长，以克服其水化能的影响，因此就必须选用捕收能力强的螯合捕收剂，如 COC 羟肟酸。

　　一般氧化矿捕收剂用量较大，选择性较低。对于具有螯合作用的捕收剂来说，价格较高。况且有的氧化矿捕收剂因其太硬的原因，对硫化区域也不能有效捕收。因此，选用组合捕收剂发挥协同作用，才能收到更好的捕收效果。

　　有机螯合剂作为活化剂的目的是增加矿物表面的捕收剂吸附的活性点和增强矿物表面的疏水性，促进捕收剂的吸附。按活化作用分类，有机螯合剂与金属离子作用后形成了疏水性的不溶螯合物而吸附于矿物表面，其对矿物既有一定的捕收作用，也对气相泡沫有合并作用，同时有机螯合剂与金属离子作用可形成可溶性的化合物螯合剂，对矿物表面起到了微溶作用，这两种螯合剂对氧化铜的活化具有不同的适用性和作用机理，前者是由于有机螯合剂在矿物表面形成了初步的疏水作用，后者是由于有机螯合剂的作用产物对氧化铜发生了微溶作用，形成了适量的活性金属离子，改善了捕收剂在矿物表面的吸附条件。

3.6　氧化铜矿选矿实践

　　氧化铜矿浮选难度很大，通常含有泥和褐铁矿泥质矿物对氧化铜矿物浮选产生严重干扰，氧化铜矿物性质脆，易破易磨，氧化铜矿嵌布粒度粗细不均，微细氧化铜矿解离难，浮选回收率低。因此在确定工艺流程时，有几个方面需要注意：

　　（1）根据矿石性质，选择对应的矿石粒度和碎矿以及磨矿段数，强化分级，防止过磨产生过粉碎和次生泥产生。

　　（2）在氧化铜矿中通常会有少量硫化铜矿的存在，且与氧化铜矿相比，硫化铜矿更易浮选，所以在设计流程时，在考虑优先浮选时，也要给氧化铜矿物留出充分的选别空间（充足的浮选时间和合理的选别次数），因为氧化铜矿较为难选，并且浮选速度较慢。

　　（3）氧化铜矿是指氧化率超过 30% 的铜矿。所以，通常情况下，氧化铜矿会含有部分原生或次生硫化铜矿，比如铜蓝、辉铜矿等。两种矿石的可浮性差异较大，所以浮选必须兼顾硫化铜矿和氧化铜矿，才能得到更好的浮选指标。解决这一问题可以选择硫化钠使用分段加入的方法，避免其过量对硫化铜矿产生抑制，影响浮选效果；同时也需要考虑浮选方式采用混合浮选还是优先浮选。国内选矿厂大多选择混合浮选。

（4）由于氧化铜矿形成条件以及环境的复杂多变，所以矿石的物质组成复杂，浮选性质多变。在制定浮选流程时，根据不同的矿石性质，流程应具备灵活性来适应这种变化。

（5）由于风化原因，氧化铜矿石通常含有大量原生矿泥加上过磨产生的次生矿泥，在氧化铜矿浮选的时候，由于矿泥在气液界面上吸附，而且矿泥在矿物表面的吸附有可能不是单层的，有可能会通过矿泥之间的聚团导致多层吸附，形成矿泥罩盖[30]，对浮选造成不利影响，所以会适当地添加调整剂，例如水玻璃、苏打、六偏磷酸钠等进行分散，添加脉石矿物抑制剂六偏磷酸钠、羧甲基纤维素（CMC）、淀粉、水玻璃、腐殖酸钠等抑制脉石和褐铁矿等。若矿泥含量很大，加药剂不能有较好效果时，可以采取预先脱泥，脱出的矿泥不能进尾矿库，因为其含铜量较高，可以进入精矿，或者采取其他方式进行处理，例如酸浸—沉淀—浮选流程。

（6）氧化铜矿种类繁多，部分氧化铜与铁锰矿物结合，可以采用磁浮联合工艺，浮选易浮氧化铜矿，高梯度高场强磁选回收铁锰结合铜矿。

3.6.1　华刚矿业股份有限公司SICOMINES氧化铜钴矿选矿实践

华刚矿业股份有限公司注册地为刚果（金）加丹加省卢本巴希市，注册资本金为1亿美元，其SICOMINES铜矿位于刚果（金）加丹加省科卢维齐市西南10km处，铜储量约1000万吨，属"非洲铜带"上最大的铜矿之一。计划建成集露天采矿、选矿、冶炼于一体的大型采选冶联合生产企业，规划每年处理矿石量910万吨，生产铜25万吨，将成为我国最重要的海外铜原料基地，目前一期工程于2015年顺利完成，2016年达产达标。

SICOMINES铜矿曾经在20世纪70年代到90年代开采了20多年，产出的矿石经过破碎和磨矿后，采用浮选回收铜矿，浮选精矿采用硫酸浸出湿法冶炼工艺。这种铜矿选冶工艺目前仍在刚果（金）科卢维齐地区的几大选冶厂中使用。

华刚矿业股份有限公司先后委托国内多家研究机构对氧化铜矿开展了一系列的选矿和冶金研究工作，回收效果不理想，其主要症结体现在如下方面：

（1）氧化矿全堆浸工艺，含泥高、渗透性差，碱性脉石含量高、酸耗大，直接浸出率低，成本高。

（2）富氧化矿搅拌浸出工艺，耗酸高。由于矿石氧化率等性质的变化，主要表现在浸出耗酸高，中和耗石灰高，且沉降较差。

（3）浮选工艺。原矿泥质矿物含量15%左右、白云石含量20%左右。浮选受到大量泥质矿物的影响，致使稳定性和重现性差，金属回收率低。而且铜矿物种类繁多，赋存状态复杂，嵌布粒度细。

　　刚果（金）氧化铜矿资源量大，矿石价值高。因此，开发高效选矿新工艺应用于刚果（金）SICOMINES 铜矿具有重要的现实意义。高效回收氧化铜矿不仅能大幅提高氧化回收率，降低尾矿损失，减少重金属铜的环境污染，提高企业经济效益，而且可以突破难处理氧化铜矿综合回收的技术瓶颈，高效回收难处理氧化铜矿，促进铜产业可持续发展，有效推动相关产业的发展，提高我国和非洲氧化铜矿选矿整体技术水平，带动国际国内氧化铜选矿技术发展，具有重要的示范和引领作用。

3.6.1.1　SICOMINES 氧化铜钴矿的矿石性质

A　矿石中氧化铜铜矿物解离度测定

　　不同磨矿细度铜矿物解离度测定结果见表 3-1 ~ 表 3-3。在磨矿细度为 −0.074mm 占 65% 时，总铜矿物解离度约 90%；在磨矿细度为 −0.074mm 占 72% 时，总铜矿物解离度可达 91%；磨矿细度为 −0.074mm 占 78% 时，总铜矿物解离度可达 93%。

表 3-1　磨矿细度为 −0.074mm 占 65% 时铜矿物解离度测定结果　　（%）

粒级/mm	产率	Cu 品位	矿物解离度		
			辉铜矿/赤铜矿	孔雀石/硅孔雀石/假孔雀石	总铜矿物
+0.074	22.50	2.17	67.44	62.46	63.70
−0.074 ~ +0.043	17.86	3.47	89.71	86.85	88.60
−0.043	59.64	3.28	96.61	97.09	96.78
合计	100.00	3.06			89.85

表 3-2　磨矿细度为 −0.074mm 占 72% 时铜矿物解离度测定结果　　（%）

产率	Cu 品位	矿物解离度		
		辉铜矿/赤铜矿	孔雀石/硅孔雀石/假孔雀石	总铜矿物
28.11	2.44	73.01	73.15	73.10
21.83	3.47	95.84	89.90	93.77
50.06	3.01	98.31	96.39	97.60
100.00	2.95			90.92

表 3-3　磨矿细度为 −0.074mm 占 75% 时铜矿物解离度测定结果　　（%）

粒级/mm	产率	Cu 品位	矿物解离度		
			辉铜矿/赤铜矿	孔雀石/硅孔雀石/假孔雀石	总铜矿物
+0.074	24.78	2.00	79.75	77.78	78.72
−0.074 ~ +0.043	23.06	3.37	95.89	91.94	94.08
−0.043	52.16	2.93	98.57	96.72	97.87
合计	100.00	2.80			93.43

B　矿石的化学成分和矿物组成

矿石的化学成分分析结果见表 3-4，铜的化学物相分析结果见表 3-5，矿石中的矿物组成见表 3-6。

表 3-4　矿石的化学成分分析结果

元素	Cu	Co	S	MgO	CaO	TFe	As	Ni
含量/%	3.25	0.06	0.43	9.89	12.54	1.61	0.024	0.004
元素	Ti	Al$_2$O$_3$	SiO$_2$	Mn	Zn	Pb	Ag	Au
含量/%	0.05	4.08	51.88	0.093	0.01	0.029	3.29g/t	0.03g/t

表 3-5　矿石中铜的化学物相分析结果

铜的物相	含量/%	分布率/%
自由氧化铜	1.92	59.22
结合氧化铜	0.61	18.77
自然铜	0.14	4.21
次生硫化铜	0.54	16.50
原生硫化铜	0.04	1.29
总铜	3.25	100.00

表 3-6　矿石中主要矿物的含量

矿物	含量/%	矿物	含量/%	矿物	含量/%	矿物	含量/%
辉铜矿	1.828	水钴矿	0.011	钴白云石	0.138	锆石	0.032
赤铜矿	0.213	水钴铜矿	0.004	黄铁矿	0.005	独居石	0.017
孔雀石	2.010	斜硅铜矿	0.060	石英	25.566	白钨矿	0.003
假孔雀石	0.122	含铜钴硬锰矿	0.026	粉砂岩	43.647	重晶石	0.008
硅孔雀石	0.623	水钒铜矿	0.001	方解石	2.112	石膏	0.001
铜蓝	0.015	羟钒铜铅石	0.001	白云石	20.929	其他	0.053
斑铜矿	0.014	钒钙铜矿	0.002	钛铁矿	0.014	合计	100.000
黄铜矿	0.002	针铁矿	1.324	金红石	0.310		
硫铜钴矿	0.005	赤铁矿	0.266	磷灰石	0.280		

C　矿石中主要矿物的赋存状态

a　辉铜矿（Cu$_2$S）

辉铜矿含 Cu 79.86%，S 20.14%。赋存于辉铜矿中的铜占原矿总铜的 50% 以上。

辉铜矿有高温和低温两种变体。高温变体为六方晶体，称为六方辉铜矿，

96℃以上稳定。低温变体为斜方晶体。在此仅述低温变体。

低温变体辉铜矿的晶体结构很复杂，未经过详细研究。在显微镜下常见聚片双晶。集合体为致密块状、粉末状（与烟煤灰相似）。

新鲜表面呈铅灰色，风化表面呈黑色，常带锖色，条痕暗灰色，金属光泽，不透明。解理不完全，断口贝壳状。略具延展性，硬度 2.5~3，密度 5.5~5.8g/cm^3，电的良导体。

反射光下白色带蓝。非均质性弱，翡翠绿色至浅粉红色偏光色。有铜的颜色反应。辉铜矿溶于硝酸，使容易呈绿色。

颜色、硬度、弱延展性与其他含铜矿物共生或伴生为其特征。辉铜矿在矿床中很常见。其成因可分为内生和表生两种。内生辉铜矿产于富铜贫硫的晚期热液矿床中。常与斑铜矿共生，产量较少。表生成因的主要产于铜硫化合物矿床的次生富集带，系铜矿床氧化带渗滤下去的硫酸铜溶液与原生硫化物（黄铁矿、斑铜矿、黄铜矿等）进行交代作用的产物。辉铜矿在氧化带不稳定，易分解为赤铜矿、孔雀石和蓝铜矿，当氧化不完全时，往往有自然铜形成。

b　孔雀石（$Cu_2(CO_3)(OH)_2$ 或 $Cu(CO_3)(OH)_2$）

孔雀石含 Cu 57.66%，CO_2 19.82%，O 7.21%，H_2O 15.31%。Zn 可以类质同象替代 Cu（可达 12%）。赋存于孔雀石中的铜占总铜的 30%左右。

孔雀石属单斜晶系，晶格中的 $[CO_3]^{2-}$ 根呈平面三角形。Cu^{2+} 有两种类型：一种 Cu^{2+} 被 4 个 O 和 2 个（OH）围绕，构成一个八面体；另一种 Cu^{2+} 被 4 个（OH）和 2 个 O 围绕构成另一个八面体。两种八面体顺着 C 轴以共棱方式联结成链，使孔雀石具有柱状或纤维状的形态。在选矿作业中，与矿浆、药剂直接作用的是 O^{2-} 和（OH）$^-$。所以，在浮选作业中，通常让孔雀石硫化后很容易捕收。

孔雀石具斜方柱晶类。原矿中常见完好的柱状、针状晶体，呈簇状集合体，并保留白云石的外形。硬度 3.5~4，性脆，密度 4.0~4.5g/cm^3。溶于盐酸产生 CO_2。

原矿中的孔雀石绝大多数分布于碳酸岩型矿石中，同时发生方解石化，系孔雀石交代白云石而成，其集合体常赋存方解石外。孔雀石结晶粒度较粗，大多不小于 0.1mm。

c　硅孔雀石（$CuSiO_3 \cdot 2H_2O$）

硅孔雀石含 Cu 34.88%，SiO_2 34.88%，O 9.31%，H_2O 20.93%。赋存于硅孔雀石中的铜占原矿总铜的 7.12%。

硅孔雀石的晶系不明。在原矿中硅孔雀石呈隐晶质或胶状集合体，质地纯净，呈淡蓝绿色。硬度 2~4，性脆。断口不平坦，密度 2.2g/cm^3。

原矿中的硅孔雀石绝大多数产于砂岩型铜矿石中，主要交代蛋白石而成。其集合体大多保存蛋白石假象，似与玉髓同时生成的次生矿物。

　　d　赤铁矿（Fe_2O_3）

　　赤铁矿含 Fe 70.0%、O 30.0%。自然界的 Fe_2O_3 具有两种同质多象变体：χ-Fe_2O_3 和 γ-Fe_2O_3。前者为三方晶系，具刚玉型结构，在自然界中比较稳定，称之为赤铁矿。后者为等轴晶系，具尖晶石型结构，在自然界中不够稳定，称之为磁赤铁矿。原矿中的 Fe_2O_3 都是 χ 型的赤铁矿。

　　赤铁矿的晶体结构属三方晶系，与刚玉相同。可以看成由 Fe^{3+} 替代刚玉中的 Al^{3+} 位置而成。成分中有 Ti^{3+}、V^{3+}、Cr^{3+}、Co^{3+}、Ga^{3+} 类质同象代换铁时，不会引起晶胞常数的变化；若有 Mn、Al^{3+}、In^{3+} 或异价 Mg^{3+}、Ga^{3+} 替代 Fe^{3+} 时，会引起晶胞常数的变化。赤铁矿的结晶形态属复三方偏三角面体晶类。完好的板状、鳞片状、粒状自形晶少见。原矿中的赤铁矿都是隐晶质的致密块状和粉状集合体。晶体呈钢灰、铁黑色，常带浅蓝靛色。隐晶质或粉末状赤铁矿呈暗红至鲜红色。具特征的樱桃红或红棕色条痕。硬度 5～6。性脆。密度 $5.0～5.3g/cm^3$。熔点 1594℃。增加电压具有检波性。在室温条件下呈反铁磁性，不易磨细。零下 15℃ 时具有铁磁性。溶于热盐酸。

　　原矿中的赤铁矿是浅海沉积时作为砂岩的胶结物产出。共生物主要是石英、长石、蛋白石和黏土矿物。赤铁矿的隐晶胶状体一般大于 1mm，似条带状断续产出。

　　e　蛋白石（$SiO_2 \cdot nH_2O$）

　　蛋白石为标准的固态胶凝体。在其化学成分中，除 SiO_2 外，H_2O 的含量不固定，可以从1%到21%。此外，常有吸附的杂质，如黏土、有机质、氢氧化铁、铜、钴、镍和锰等。原矿中的蛋白石主要吸附铜。其中含铜 0.51%，占原矿总铜的 0.7%。

　　蛋白石是有富含水的二氧化硅溶胶脱去吸附水凝聚而成的非晶质均匀体。无一定外形。通常为致密玻璃状块体。粒状、土状、钟乳状、结核状、多孔状等。蛋白石因含混入物不同而具有各种不同的颜色。硬度 5～6。密度 $1.9～2.5g/cm^3$。

　　在偏光显微镜的透光下，蛋白石无色，或带淡的不同色调。均质。高负突起。折光率 $N=1.40～1.46$。以此容易与其他矿物区分开来。

　　原矿中的蛋白石作为砂岩的胶结物而分布普遍。蛋白石脱水次生成玉髓，从蛋白石中析出的铜则生成隐晶质硅孔雀石凝胶。硅孔雀石集合体凝胶都在 $100\mu m$ 以上。

　　D　矿石中氧化铜矿物的粒度分布特征

　　磨制矿石光片和薄片，显微镜下测定主要矿物嵌布粒度，测定结果见表3-7。从测定结果来看，孔雀石、硅孔雀石和假孔雀石嵌布粒度较粗，但粗细不均匀，主要粒度范围在 0.04～0.64mm；辉铜矿的嵌布粒度中等，粒度大小较均匀，主要粒度范围在 0.02～0.32mm；赤铜矿嵌布粒度与辉铜矿类似，主要粒度范围在

0.02～0.32mm；斜硅铜矿呈球状集合体，集合体的嵌布粒度主要在 0.04～0.64mm 之间。

表 3-7 主要矿物嵌布粒度测定结果

粒级/mm	粒度分布/%			
	辉铜矿	赤铜矿	孔雀石/硅孔雀石/假孔雀石	斜硅铜矿
+1.28	—	—	7.57	—
-1.28～+0.64	—	—	5.04	6.41
-0.64～+0.32	7.09	6.68	14.50	12.09
-0.32～+0.16	10.30	13.36	17.66	22.74
-0.16～+0.08	26.10	22.54	25.69	31.13
-0.08～+0.04	26.61	31.32	17.10	16.88
-0.04～+0.02	21.55	15.24	8.87	8.83
-0.02～+0.01	7.99	8.35	2.72	1.92
-0.01	0.36	2.51	0.85	0.00
合　计	100.00	100.00	100.00	100.00

E SICOMINES 氧化铜钴矿主要性质特点

工艺矿物学研究表明，SICOMINES 铜矿属于典型难选的铜矿石，原矿平均含铜 3.3%。矿石性质特点为：

（1）钙镁含量高，氧化钙镁含量高达 20% 以上，大量的钙镁矿物恶化铜的浮选，这些钙镁杂质进入到浮选精矿，会在铜浸出过程中消耗大量的硫酸，增加后续冶炼成本。

（2）矿石氧化率高，且空间分布无规律性，按 Cu 计，氧化率不小于 30%，最高可达 78%。

（3）铜矿物嵌布粒度不均。矿样中辉铜矿、蓝辉铜矿等硫化铜矿物集合体的嵌布粒度较细，细粒级分布率为 34.46%（-45μm）。在 +0.074mm 粒级中，硫化铜矿物集合体占 48.29%，氧化铜矿物集合体占 83.49%；而粒度小于 0.010mm，硫化铜矿物集合体占 2.80%，氧化铜矿物集合体仅为 0.14%。硫化铜矿物集合体的粒度主要集中在 +0.020～-0.104mm 粒级中，其分布率达 52.36%。

（4）铜矿物种类多，主要有辉铜矿、孔雀石、硅孔雀石等矿物，其次为假孔雀石、赤铜矿、铜蓝等共约 14 种，大多可浮性差。

（5）原生矿泥含量高，粉砂岩含量高达 43.65%，影响铜的浮选。微细粒矿泥比表面积和表面能大，在浮选流程中容易吸附捕收剂，与有用矿物形成竞争吸附，降低了浮选药剂的有效浓度，导致浮选效果变差，大量浮选药剂消耗也致使药剂成本增大。另外矿浆中大量的矿泥使矿浆黏度增加，泡沫发黏，也使矿浆充气及搅拌环境恶化，影响浮选指标。同时细粒的泥质易在有用矿物表面上聚集罩盖，覆于铜矿物表面，阻碍药剂吸附，降低了铜矿物可浮性；部分泥质由于机械夹杂的原因上浮进入铜精矿产品中，导致铜精矿产品质量下降。

3.6.1.2　SICOMINES 氧化铜钴矿选矿技术及指标

A　选矿小型试验研究

a　磨矿细度条件试验

原矿磨矿是浮选前最关键的工序，它直接决定着整个浮选的效果和能耗。磨矿细度试验工艺流程和药剂制度如图 3-9 所示，在磨矿细度为变量、浮选药剂和

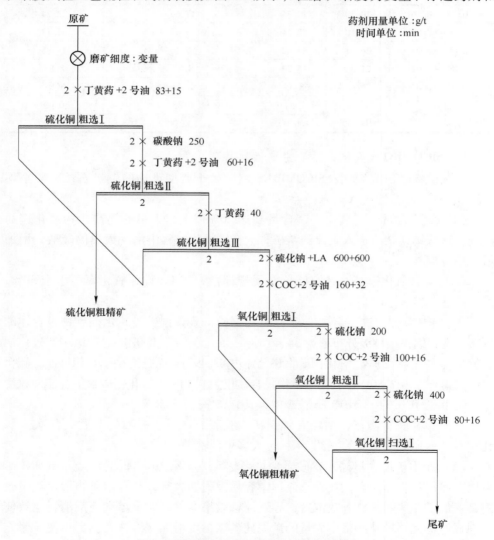

图 3-9　磨矿细度试验工艺流程和药剂制度

工艺流程为恒量的情况下，确定最佳的原矿磨矿细度。试验结果见表3-8。根据试验结果，磨矿细度暂定为-0.074mm占72.5%。后面将在小型闭路试验中，进一步验证磨矿细度。

表 3-8 磨矿细度试验结果 （%）

产品名称	磨矿细度 （-0.074mm）占比	产率	品位		回收率	
			Cu	Co	Cu	Co
硫化铜粗精矿		11.75	14.12	0.138	50.46	13.09
氧化铜粗精矿	65.0	11.73	11.08	0.371	39.53	32.76
尾矿		76.52	0.43	0.094	10.01	54.15
原矿		100.00	3.288	0.133	100.00	100.00
硫化铜粗精矿		12.99	13.85	0.153	53.87	14.24
氧化铜粗精矿	69.6	12.66	9.76	0.403	37.00	36.56
尾矿		74.35	0.41	0.0924	9.13	49.20
原矿		100.00	3.34	0.139	100.00	100.00
硫化铜粗精矿		13.65	13.27	0.151	54.56	15.03
氧化铜粗精矿	72.5	12.87	9.44	0.38	36.59	35.67
尾矿		73.48	0.40	0.092	8.85	49.30
原矿		100.00	3.32	0.137	100.00	100.00
硫化铜粗精矿		14.54	12.48	0.149	56.47	16.25
氧化铜粗精矿	76.8	12.46	9.15	0.36	34.47	33.62
尾矿		73.00	0.41	0.0916	9.06	50.13
原矿		100.00	3.306	0.133	100.00	100.00
硫化铜粗精矿		14.83	12.35	0.151	54.51	16.33
氧化铜粗精矿	80.5	13.81	8.90	0.348	36.57	35.03
尾矿		71.36	0.42	0.0935	8.92	48.64
原矿		100.00	3.361	0.137	100.00	100.00

b 硫化铜中矿再磨试验

从已有的试验资料来看，硫化铜中矿再磨有助于提高硫化铜精矿的品位和回收率。因此，条件试验中重点考察硫化铜中矿再磨或者不再磨对硫化矿选别的影响。试验流程如图3-10所示，试验结果见表3-9。

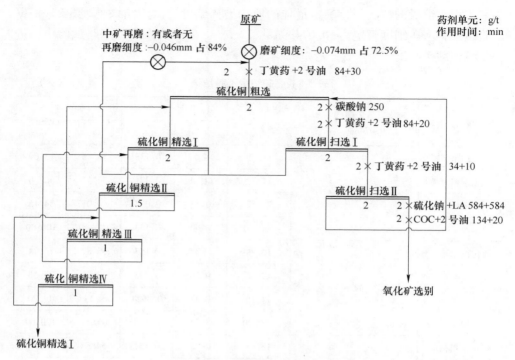

图 3-10　硫化铜中矿再磨试验流程

表 3-9　硫化铜中矿再磨与不再磨闭路试验结果

方案	产品	产率/%	品位/%		回收率/%	
			Cu	Co	Cu	Co
硫化铜中矿不磨	硫化铜精矿	2.48	59.33	0.115	43.84	1.98
硫化铜中矿再磨	硫化铜精矿	2.39	64.57	0.209	47.11	3.76

　　从试验结果可知，在原矿磨矿细度为−0.074mm 占 72.5% 的条件下，硫化铜中矿再磨不但可以提高硫化铜精矿中铜钴的回收率，还可以提高硫化铜精矿的品位。有助于得到纯度较高的、适宜于火法冶炼的硫化铜精矿。因此，试验中采用硫化铜中矿再磨。磨矿细度暂定为−0.046mm 占 84%。

　　c　氧化矿捕收剂种类试验

　　前期多家试验研究单位的试验研究结果证实，丁基黄药对 SICOMINES 铜钴矿的硫化铜矿物具有良好的捕收性能，本验证试验中，硫化矿捕收剂采用丁基黄药。对于 SICOMINES 铜钴矿来说，捕收剂种类试验的关键是找到氧化矿物和钴矿物回收的高效捕收剂及其他辅助药剂，提高氧化铜钴矿物的回收率。氧化矿捕收剂种类试验流程如图 3-11 所示，试验结果见表 3-10。

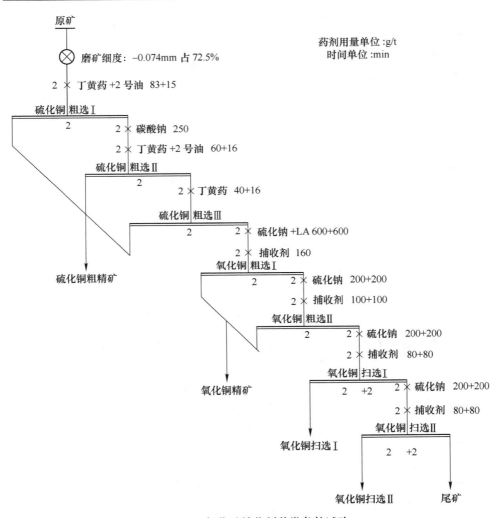

图 3-11 氧化矿捕收剂种类条件试验

表 3-10 氧化矿捕收剂种类条件试验结果

产品名称	捕收剂种类	产率/%	品位/%		回收率/%	
			Cu	Co	Cu	Co
硫化铜粗精矿		10.19	15.25	0.167	47.89	11.77
氧化铜精矿		8.65	12.01	0.35	32.02	20.95
氧化铜扫选 I	丁黄药	6.12	3.33	0.253	6.28	10.71
氧化铜扫选 II		5.33	1.87	0.187	3.07	6.90
尾 矿		69.71	0.5	0.103	10.74	49.67
原 矿		100.00	3.245	0.145	100.00	100.00

产品名称	捕收剂种类	产率/%	品位/%		回收率/%	
			Cu	Co	Cu	Co
硫化铜粗精矿		11.01	14.83	0.169	49.16	12.64
氧化铜精矿		9.67	11.49	0.383	33.45	25.16
氧化铜扫选Ⅰ	戊黄药	7.16	3.16	0.261	6.81	12.70
氧化铜扫选Ⅱ		6.39	1.07	0.152	2.06	6.60
尾　矿		65.77	0.43	0.096	8.52	42.90
原　矿		100.00	3.321	0.147	100.00	100.00
硫化铜粗精矿		10.95	14.25	0.165	48.28	12.21
氧化铜精矿		14.09	8.32	0.381	36.28	36.27
氧化铜扫选Ⅰ	COC	9.03	2.16	0.271	6.04	16.54
氧化铜扫选Ⅱ		6.15	1.54	0.142	2.93	5.90
尾　矿		59.78	0.35	0.072	6.47	29.08
原　矿		100.00	3.232	0.148	100.00	100.00

氧化矿捕收剂 COC 有较好的回收钴的作用，相对于长链或短链黄药对钴的回收而言，其回收率有较大的提高。但对铜回收率则没有显著的提高，和戊黄药捕收效果没有太大的区别。建议华刚公司在原矿含钴较高且钴价格较高的情况下，用 COC 强化回收钴矿物。而在原矿钴含量较低，钴金属价格较低或钴比较难选的情况下，则使用戊黄药作为氧化矿的捕收剂，或者使用戊黄药与 COC 的组合用药。

d　催化活化剂 LA 用量试验

催化活化剂 LA 在湖南有色金属研究院进行的前两次小型试验中都有采用，已经被多次试验证明了具有加快氧化矿硫化时间的作用，在不添加 LA 的情况下，氧化矿的硫化时间为 8min，在添加 LA 的情况下，氧化矿的硫化时间缩短为 2min。

LA 用量试验工艺流程如图 3-12 所示，试验结果见表 3-11。

表 3-11　LA 用量试验结果

产品名称	LA 用量及硫化时间	产率/%	品位/%		回收率/%	
			Cu	Co	Cu	Co
硫化铜精矿		13.41	12.26	0.165	50.25	14.94
氧化铜精矿		3.51	25.18	0.573	27.01	13.58
氧化铜中矿	LA 用量：0g/t 硫化时间：8min	6.51	3.08	0.262	6.13	11.52
尾　矿		76.57	0.71	0.116	16.61	59.97
原　矿		100.00	3.27	0.148	100.00	100.00

产品名称	LA 用量及硫化时间	产率/%	品位/%		回收率/%	
			Cu	Co	Cu	Co
硫化铜精矿		13.15	12.96	0.172	51.60	15.45
氧化铜精矿	LA 用量：300g/t	3.26	28.21	0.595	27.84	13.25
氧化铜中矿	硫化时间：4min	5.26	3.23	0.302	5.14	10.85
尾 矿		78.33	0.65	0.113	15.41	60.45
原 矿		100.00	3.30	0.146	100.00	100.00
硫化铜精矿		13.55	12.19	0.169	50.17	15.55
氧化铜精矿	LA 用量：600g/t	3.01	33.24	0.701	30.39	14.32
氧化铜中矿	硫化时间：2min	5.34	3.36	0.311	5.45	11.27
尾 矿		78.1	0.59	0.111	14.00	58.85
原 矿		100.00	3.29	0.147	100.00	100.00
硫化铜精矿		12.96	12.71	0.174	49.91	15.54
氧化铜精矿	LA 用量：900g/t	2.15	35.85	0.644	23.35	9.54
氧化铜中矿	硫化时间：2min	7.74	5.42	0.268	12.71	14.30
尾 矿		77.15	0.60	0.114	14.03	60.62
原 矿		100.00	3.30	0.145	100.00	100.00

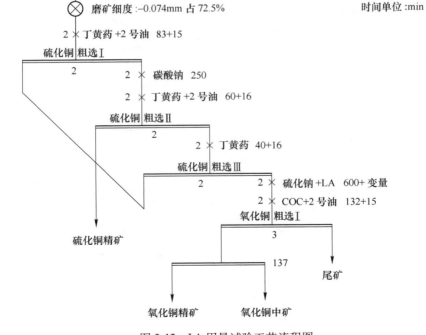

图 3-12 LA 用量试验工艺流程图

　　由条件试验结果可以看出，随着 LA 用量的增加，铜钴的尾矿品位也在降低，回收率略有增加，但硫化时间大大缩短，结合前期试验情况，添加 LA 有助于大大缩短硫化时间、降低捕收剂的用量、提高精矿品位。

　　e　全开路试验

　　根据条件试验结果，拟定全流程开路试验流程及条件如图 3-13 所示，试验结果见表 3-12。开路试验采用先选硫化矿再选氧化矿的原则流程。硫化矿选别采用一次粗选、三次扫选，粗选精矿经过 3 次精选后可以得到含铜 69% 的硫化铜精矿。氧化矿选别采用两次开路粗选，产出的粗精矿经过两次精选，即可得到含铜为 34% 的氧化铜精矿 I。粗选尾矿再经过三次开路扫选后，产出的粗精矿与粗选粗精矿第一次精选的尾矿合并，经过一次粗选、两次精选后得到含铜 8.2% 的氧

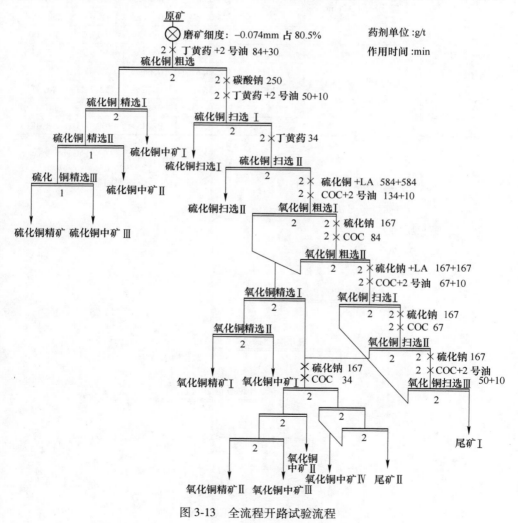

图 3-13　全流程开路试验流程

表 3-12 全流程开路试验结果

产品名称	产率/%	品位/%		回收率/%	
		Cu	Co	Cu	Co
硫化铜精矿	1.32	69.06	0.18	28.39	1.67
硫化铜中矿Ⅲ	0.56	50.58	0.26	8.75	1.01
硫化铜中矿Ⅱ	0.46	21.56	0.20	3.06	0.64
硫化铜中矿Ⅰ	4.16	3.49	0.19	4.52	5.54
硫化铜扫选Ⅰ	4.22	4.20	0.18	5.52	5.32
硫化铜扫选Ⅱ	4.01	2.83	0.18	3.54	5.07
氧化铜精矿Ⅰ	2.17	34.52	0.75	23.38	11.43
氧化铜精矿Ⅱ	1.68	8.22	0.54	4.29	6.35
氧化铜中矿Ⅳ	1.75	1.33	0.20	0.73	2.46
氧化铜中矿Ⅲ	1.08	4.17	0.54	1.40	4.09
氧化铜中矿Ⅱ	3.88	2.16	0.30	2.61	8.16
氧化铜中矿Ⅰ	2.23	7.41	0.47	5.15	7.36
尾矿Ⅱ	9.00	0.97	0.14	2.72	8.84
尾矿Ⅰ	63.47	0.30	0.072	5.94	32.06
原 矿	100.00	3.209	0.143	100.00	100.00

化铜精矿Ⅱ。开路试验最终尾矿含铜0.3%，铜钴回收率分别达到了95%和68%。产出的三个精矿产品品质达到了冶炼的要求。预期小型全流程闭路试验会取得较好的试验结果。

 f 全流程闭路试验

  鉴于 SICOMINES 铜钴矿矿石为硫化矿和氧化矿共存的混合矿石，选矿产出不同品质的精矿产品，其冶金工艺差别较大。在与华刚公司冶炼专家进行深入交流与沟通后，为了便于冶炼，要求矿石中的硫尽量富集回收到硫化铜精矿中。SICOMINES 铜钴矿中主要硫化铜矿物为辉铜矿，纯的辉铜矿理论含铜量79%，含硫量21%，只有不断提高精矿中辉铜矿的纯度，才能使精矿中铜和硫品位尽量高，最终才能满足硫化铜精矿火法冶炼及制酸的需要。

  而对于氧化铜精矿而言，之所以产出两个氧化铜精矿，也是考虑到冶炼的需求，产出的高品位氧化铜精矿，可以采用成本低廉的火法冶炼的方式处理。产出的低品位氧化铜精矿，可以保证选矿的铜钴金属回收率，可以采用湿法冶炼的方式处理，同时，为了减少湿法冶炼的投资和生产成本，要求精矿中含硫量尽量低于0.3%，便于一步浸出后直接抛尾，要求尽可能少的氧化铜矿物进入氧化铜精矿Ⅱ中，以便减小湿法冶炼的生产规模。氧化钴的可浮性差，采用 COC 强化对钴的回收，将钴浮选进入低品位氧化铜精矿中，增加钴的回收率，钴尽可能采用湿法工艺回收，降低钴回收冶炼成本。

  闭路试验流程如图 3-14 所示，所得指标见表 3-13。

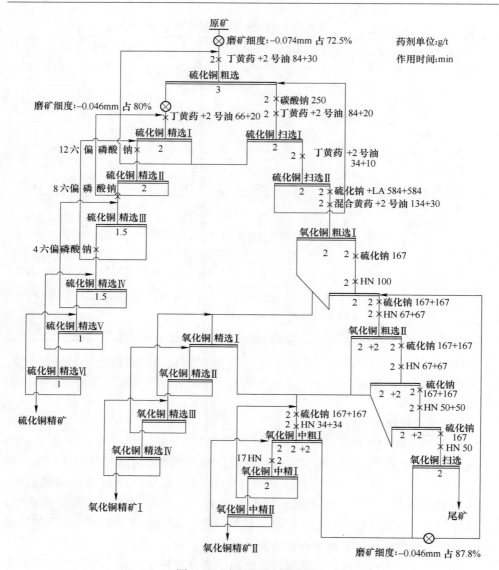

图 3-14　小型闭路试验流程

表 3-13　小型闭路试验指标

产品名称	产率/%	Cu 品位/%	Cu 回收率/%
硫化铜精矿	2.27	72.04	47.07
氧化铜精矿 I	1.39	45.23	18.06
氧化铜精矿 II	9.67	9.59	26.64
尾　矿	86.67	0.33	8.23
原　矿	100.00	3.479	100.00

B 扩大连续试验研究

小型验证试验完成后，开始按照小型验证试验所推荐的最终工艺流程（见图3-15）进行扩大连续试验各系统的设备连接与安装，扩大连续试验系统处理能力为1000kg/d。进行了三个班次的流程调试，试验工艺流程畅通，基本满足综合样品连续扩大试验的工艺要求，流程畅通后采用连选综合样经过近20个班次的调试，先后进行了三次流程优化和改造，完成了整套选矿系统的调试、各种因素条件试验和药剂制度的优化试验，最终使扩大连续试验工艺流程趋于稳定，各项参数、选矿指标与小型验证试验较为吻合，为连续三天的扩大试验（连续运转9个班）奠定了基础。

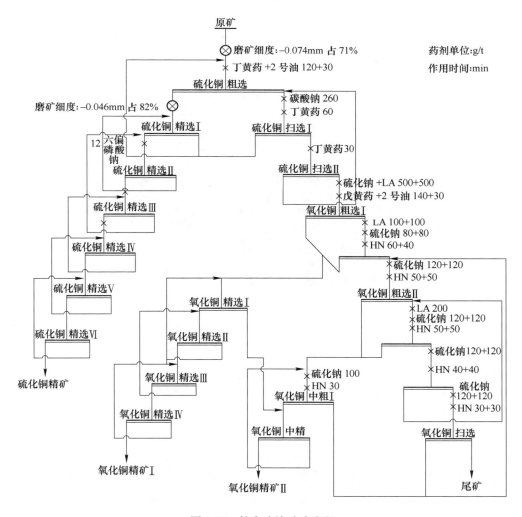

图 3-15 扩大连续试验流程

　　扩大连续试验对试验工艺流程进行了不断改进和优化，最终工艺流程趋于简单高效化。其基本流程为：在原矿磨矿至−0.074mm 占 72%后，矿浆经过调浆后进入硫化铜浮选段，硫化铜选别采用一粗一扫的主干流程，粗选粗精矿再磨后经过 6 次闭路精选产出含铜 72%的硫化铜精矿，中矿顺序返回，尾矿进入氧化铜精选Ⅰ。硫化矿选矿的尾矿先进入硫化调浆桶调浆，然后进入氧化铜Ⅰ浮选段，氧化铜Ⅰ选别采用两段开路粗选的主干流程，粗精矿经过 6 次闭路精选产出含铜 42%氧化铜精矿Ⅰ，中矿顺序返回，尾矿进入氧化铜Ⅱ选别。值得注意的是，为了防止已被浮选上来的氧化铜矿物掉槽，粗精矿精选Ⅰ的尾矿直接进入氧化铜Ⅱ第二次精选作业。氧化矿Ⅰ选矿的尾矿先进入硫化调浆桶调浆，然后进入氧化铜Ⅱ浮选段，氧化铜Ⅱ选别采用两段开路粗选和一段扫选，粗精矿进入一粗两精的选别流程，产出含铜 8%作业的氧化铜精矿Ⅱ，中矿顺序返回，精选进入主干第一次粗选作业，主干流程的尾矿作为最终尾矿排放到尾矿库。

　　实际设备连接就位后的车间如图 3-16 所示。

图 3-16　设备安装就位的浮选车间

　　设备安装就位以后，首先进行了试水，主要检查设备间的连接是否合理，流程是否可以顺利走通，以及设备性能和保养状况。试水工作完成后，首先采用扣除样品试车，初步考察工艺的可靠性。打通整个选别流程，保证矿浆在整个系统中的正常流动。

　　C　工业试验研究

　　在华刚矿业股份有限公司进行了工业调试，为了简化工艺，节省投资，保证流程的稳定性和可操作性，在小型试验四产品和扩大连续性试验三产品的基础上，工业生产产出两产品。工业试验工艺流程如图 3-17 所示。华刚矿业股份有限公司工艺改造后的生产数据统计情况见表 3-14，生产稳定，指标优良。

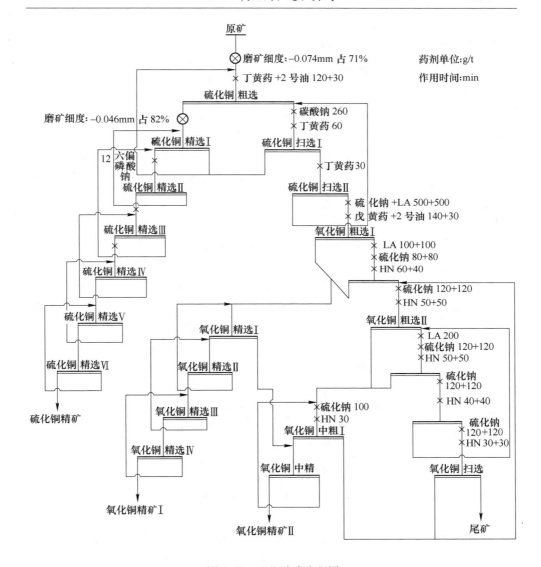

图 3-17 工业试验流程图

表 3-14 工业试验平均生产指标

产品名称	产率/%	品位/%	回收率/%
硫化铜精矿	2.67	60.25	49.19
氧化铜精矿	6.30	18.95	36.51
尾 矿	91.03	0.514	14.30
原 矿	100.00	3.27	100.00

3.6.1.3　SICOMINES 氧化铜钴矿选矿新工艺的先进性和创新性

华刚矿业股份有限公司矿石性质复杂，种类繁多、矿物组成复杂，具有高泥质、高氧化率、含高钙镁等特点，极难回收。非洲刚果（金）选铜普遍工艺为单一黄药法，矿石含泥高，药剂用量大，而且泡沫发黏，生产流程不畅通，指标不稳定，且铜的回收率为 70%~73%。高效浮选新工艺，浮选铜的回收率达 85%以上。新工艺有效降低了尾矿铜损失，减少资源浪费，并在华刚矿业股份有限公司成功实现工业应用，取得了重大的技术突破，产生良好的经济效益，为开辟同类型氧化铜矿打下了坚实的基础。

针对原矿高氧化率、高含泥、高钙镁，矿物共生关系复杂，嵌布粒度细小等选矿难点，研究开发出高效浮选新技术，有效解决了刚果（金）难选氧化铜技术难题，主要创新成果如下：

（1）发明氧化铜矿催化硫化技术。研究硫化钠在氧化铜矿表面的硫化作用机理，开发了硫化催化活化剂 LA，大幅提高硫化速度，形成有利于浮选的稳定的硫化膜。一方面通过破坏矿浆中细颗粒矿泥胶体的稳定性功能，降低矿浆的黏性，增加物质的扩散能力，促进硫化钠快速与氧化矿物发生反应而在氧化矿物表面生成硫化物薄膜，提高硫化钠的硫化效果，大幅降低硫化时间，硫化速度提高 4 倍以上；另一方面 LA 增强了氧化铜表面硫化膜的稳定性，促使捕收剂在氧化铜矿表面快速稳定的吸附，为高效浮选氧化铜创造有利条件。

（2）发明了羟肟酸与黄药协同捕收，在硫化铜矿和不完全硫化铜矿表面的吸附，大幅提高氧化铜矿回收率。研究开发出增强疏水能力的改性羟肟酸 HN 与黄药的组合药剂，产生强烈协同作用，高效回收了氧化铜矿物。氧化铜表面分为完全硫化区、不完全硫化区和完全不硫化区，黄药类软碱（电负性 2.7 左右）容易在完全硫化区域吸附；而在不完全硫化区域和完全不硫化区域，开发出改性羟肟酸（电负性 3.8 左右），易与不完全硫化区域和完全不硫化区域的硬酸铜离子发生螯合作用，使难选氧化铜疏水易浮。在两种捕收剂的协同作用下，强化氧化铜的捕收作用，氧化铜的选矿回收率较常规丁基黄药高 8%以上，大幅提高浮选效率。

（3）开发出先硫化后氧化铜矿异步浮选创新工艺流程。先选硫化矿，再选氧化矿，强化精选，提高硫化铜精矿的品质，氧化铜采用异步浮选，确保铜回收率，最终获得高品位、低品位氧化铜精矿并存的两产品方案，该创新工艺流程可以确保获得较高回收率，同时产出与现代冶金工艺相适宜的精矿，并且该工艺流程针对矿石性质、氧化率的变化具有广泛的适应性。

（4）选冶一体化。以上技术创新，实现工业应用。工业生产获得的硫化铜精矿铜品位 60.25%，铜的回收率 49.12%；氧化铜精矿铜的品位 18.95%，铜的回收率 34.66%；铜的总回收率 83.78%。成套技术在刚果（金）SICOMINES 铜矿上的应用，安全环保，生产稳定，指标先进。

3.6.2 新疆滴水氧化铜矿选矿技术及实践

新疆滴水铜矿矿石为复杂难处理高泥质、高碱性脉石、高氧化且低品位氧化铜矿，滴水铜矿先后委托国内多家研究机构对氧化铜矿开展了一系列的选矿和冶金研究工作，回收效果不理想，其主要症结体现在以下几个方面：

（1）矿石中的铜氧化率高，达 67.23%。其中，自由氧化铜占 61.02%，结合氧化铜占 1.92%，水溶性铜占 4.29%。结合氧化铜与水溶性铜在浮选过程中易损失在尾矿当中，直接影响铜的回收率。

（2）铜矿物总体粒度细小，氧化铜矿物嵌布粒度相对稍粗，硫化铜矿物嵌布粒度较细且部分硫化铜矿物呈微细粒浸染在脉石矿物中，常规磨矿细度不易单体解离，也是影响铜选矿指标的重要因素之一。

（3）矿石含泥量高，浮选过程中矿循环量大。尤其是含有一定量的绿泥石、白云石、方解石等易泥化的脉石矿物，不利于氧化铜浮选。

由于上述氧化铜矿矿石性质复杂难选，滴水氧化铜选矿回收率低，铜资源浪费严重，经济效益差，长期处于亏损状态。滴水铜矿是我国新疆、西藏、青海等西部地区非常典型的复杂难选氧化铜矿石类型，其选矿新工艺具有广泛的应用价值。

开发高效选矿新工艺应用于新疆滴水铜矿具有重要的现实意义和理论价值。研究氧化铜矿高效回收选矿新技术有望大幅提高氧化铜回收率，降低尾矿铜的损失，减少重金属铜的环境污染，提高企业经济效益，且社会效益巨大，可以突破难处理氧化铜矿综合回收的技术瓶颈，高效回收我国难处理氧化铜矿，提高资源利用率和我国氧化铜矿选矿整体技术水平，带动我国氧化铜选矿技术发展，具有重要的示范和引领作用。

3.6.2.1 滴水氧化铜矿的矿石性质

滴水铜矿是砂岩型典型氧化铜矿床，该矿性质复杂难选，氧化率高，占 70% 左右。铜主要赋存于蓝铜矿、孔雀石中；其次水溶铜以类质同象或机械混入或吸附的方式赋存于褐铁矿中或赤铜铁矿、铜锰铝硅氧化结合物中；少量铜以次生硫化铜辉铜矿、蓝辉铜矿、铜蓝形式存在或以吸附形式赋存于黏土矿物中。

矿样的构造类型主要为脉状构造，可见浸染状构造、块状构造等。脉状构造主要表现在孔雀石、蓝铜矿呈脉状分布于以高岭石、石英等组成的脉石基底中；

块状构造可见部分矿块中以褐铁矿或孔雀石、蓝铜矿等金属矿物为主，脉石矿物较少。

矿样中各矿物之间的关系较为密切，主要表现在辉铜矿、蓝辉铜矿与黄铁矿关系密切，嵌布形式多为包裹连生，选矿磨矿过程中两者将难以完全解离；部分孔雀石包裹几个至几十个微米左右的褐铁矿及脉石矿物的存在进一步增加了矿石的解离难度。高泥质、高氧化、含高碱性脉石的氧化铜矿为典型的复杂难处理的氧化铜矿石，嵌布粒度细小、共生关系复杂。

A 矿石的化学成分和矿物组成

矿石的化学成分分析结果见表 3-15，铜的化学物相分析结果见表 3-16，矿石中的矿物组成见表 3-17。

表 3-15 矿石的化学成分分析结果

成分	含量/%	成分	含量/%
Cu	1.16	MgO	2.15
Mn	0.02	SiO_2	40.38
S	0.22	Al_2O_3	7.51
TFe	2.15	CaO	18.36

表 3-16 矿石中铜的化学物相分析结果

铜 相	含量/%	分布率/%	可能存在的矿物
原生硫化铜	0.013	1.12	黄铜矿等
次生硫化铜	0.367	31.64	蓝辉铜矿、辉铜矿、铜蓝
自由氧化铜	0.708	61.03	孔雀石、蓝铜矿
结合氧化铜	0.022	1.92	与铁锰质紧密结合的铜
水溶铜	0.050	4.29	水胆矾等
总 铜	1.16	100.00	

表 3-17 矿石中主要矿物的含量

矿物	含量/%	矿物	含量/%
蓝铜矿	0.72	方解石	24.93
孔雀石	0.22	石英	22.83
蓝辉铜矿	0.59	斜长石	15.25
辉铜矿		白云母	9.88
褐铁矿	0.73	绿泥石	9.51
钛铁矿	0.35	白云石	7.53
黄铁矿	0.3	其他矿物	0.53
钾长石	6.38	合计	100
金红石	0.25		

由表 3-15～表 3-17 可以看出：（1）矿石中可供选矿回收的主要元素是铜，其品位为 1.16%；（2）SiO$_2$ 含量 40.38%，矿石中钙、镁含量高，MgO+CaO 达到 20.51%；（3）铜的赋存状态复杂，该铜矿主要以氧化铜形式存在，氧化铜含量 67.24%，其中自由氧化铜占 61.03%，结合氧化铜占 1.92%，水溶铜占 4.29%。

综上，该矿属高泥质、高氧化、含高碱性脉石、低品位的难选氧化铜矿石。

B 矿石中主要矿物的赋存状态

a 蓝铜矿

蓝铜矿是矿石中最主要的氧化铜矿物和回收对象之一。蓝铜矿在矿石中的分布不均匀，部分蓝铜矿的粒度较细，一般小于 0.01mm。此外，部分蓝铜矿与褐铁矿的嵌布关系较为密切，往往与之穿插交错或互相包裹以集合体形式嵌布在脉石矿物中；偶尔可见蓝铜矿中包裹微细粒铜蓝（见图 3-18）。

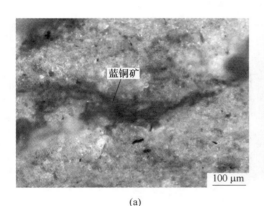

（a）   （b）

图 3-18 蓝铜矿

（a）蓝铜矿呈脉状产出，光学显微镜，正交偏光；

（b）蓝铜矿呈不规则状产出并包裹脉石矿物，光学显微镜，反光

b 孔雀石

孔雀石是矿石中主要的氧化铜矿物和回收对象之一。孔雀石多呈不规则状、脉状以及放射状嵌布在脉石矿物的颗粒间隙以及裂隙中，部分孔雀石呈不规则状分布在褐铁矿晶粒间隙或裂隙、空洞中；有时可见孔雀石中嵌布有细片状、不规则状的脉石矿物和褐铁矿的微细粒包裹体；偶尔可见孔雀石与铜蓝紧密共生（见图 3-19）。

c 蓝辉铜矿、辉铜矿

蓝辉铜矿、辉铜矿是矿石中最主要的硫化铜矿物和重要的回收对象之一，主要以不规则状产出，少量呈网脉状产出。蓝辉铜矿与辉铜矿的关系密切，二者多以不规则状集合体的形式嵌布在脉石矿物中（见图 3-20）。

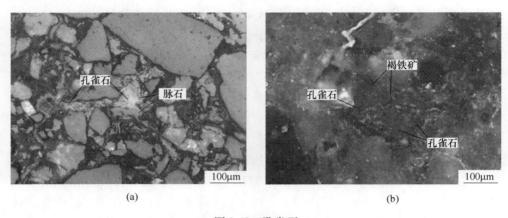

图 3-19　孔雀石

（a）孔雀石与脉石矿物紧密共生，光学显微镜，反光；

（b）孔雀石呈不规则状嵌布在褐铁矿中，光学显微镜，正交偏光

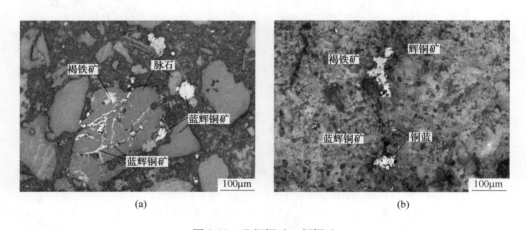

图 3-20　蓝辉铜矿、辉铜矿

（a）蓝辉铜矿呈不规则状产出，在脉石矿物中，光学显微镜，反光；

（b）蓝辉铜矿与铜蓝紧密共生，光学显微镜，反光

d　其他铜矿物

矿石中的其他铜矿物的含量相对较低，主要是铜蓝、黄铜矿、斑铜矿以及氯铜矿，另有少量的自然铜。铜蓝主要呈不规则状产出在脉石矿物中，经常可见铜蓝呈微细粒状或不规则状浸染在褐铁矿中；黄铜矿、斑铜矿主要呈不规则状或细粒状嵌布在脉石矿物中，有时可见二者呈集合体形式紧密共生嵌布在脉石矿物中（见图 3-21）。

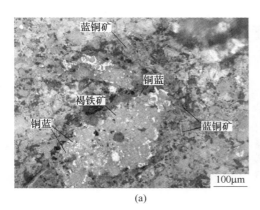
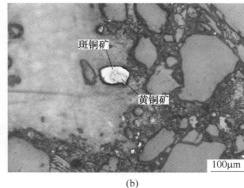

图 3-21 其他铜矿物

（a）铜蓝呈微细粒状包裹在褐铁矿中，光学显微镜，反光；

（b）黄铜矿与斑铜矿呈集合体产出在脉石矿物中，光学显微镜，反光

C 矿石中铜矿物的粒度分布特征

为了解原矿磨矿产品中氧化铜矿物、硫化铜矿物的单体解离特性，对不同磨矿细度产品中的氧化铜矿物、硫化铜矿物的单体解离度进行了系统的测定，统计结果见表 3-18 和表 3-19。

表 3-18　不同磨矿细度下氧化铜矿物单体解离特征　（％）

磨矿细度（-0.074mm）占比	单体	连生体	总计
65	50.97	49.03	100
75	76.18	23.82	100
85	84.94	15.06	100
90	89.57	10.43	100
95	92.84	7.16	100

表 3-19　不同磨矿细度下硫化铜矿物单体解离特征　（％）

磨矿细度（-0.074mm）占比	单体	连生体	总计
65	48.95	51.05	100
75	71.43	28.57	100
85	80.33	19.67	100
90	85.22	14.78	100
95	89.1	10.9	100

结果表明，原矿中氧化铜矿物的整体嵌布粒度细小，但其中常包裹微细粒的脉石矿物包裹体，而硫化铜矿物嵌布粒度更细。可见，原矿铜解离度要在 90% 以上，需要细磨。

3.6.2.2 滴水氧化铜矿选矿技术及指标

A 滴水铜矿矿石的主要性质特点

矿石主要性质特点如下：

（1）矿石中铜的赋存状态复杂，氧化程度高。氧化铜的分布率为70%左右，其中自由氧化铜的分布率为61.03%，结合氧化铜为1.92%，水溶性铜为4.29%。水溶铜及结合物中的铜，常规选矿方法难以回收。

（2）矿石共生关系复杂，部分孔雀石包裹细粒褐铁矿及脉石矿物，影响精矿质量；部分硫化铜矿物嵌布粒度细，仅几个微米，由于难以解离，回收难度大。

（3）矿石中含有易泥化的绿泥石、白云石和方解石等脉石矿物，将严重干扰氧化铜矿物的浮选。碱性脉石白云石和方解石等超过30%。

B 选矿小型试验研究

a 小型闭路试验研究

滴水铜矿选矿小型闭路试验流程如图3-22所示，所得指标见表3-20。

b 硫化试验研究

常规的硫化浮选工艺，添加硫化钠使氧化铜表面形成硫化铜膜，再采用黄药浮选。该工艺的先决条件是氧化铜矿物表面必须形成硫化铜膜。然而氧化铜矿水合能高、亲水性强，采用硫化钠硫化要克服超强的水合能，作用时间长，难以形成稳定的硫化铜膜。研究催化硫化剂提高硫化速度和稳定性能及硫化效率，为硫化浮选创造有利条件。研究发现（乙二胺+硫酸铵）LA具有强烈的催化硫化作用，破坏细颗粒矿泥胶体的稳定性，降低矿浆的黏性，促进硫化钠快速与氧化铜矿物发生反应，提高硫化钠的硫化效果，硫化速度提高4倍，由搅拌5min降低到只有1min，形成更加稳定的硫化膜。铜的回收率提高6%以上。催化硫化作用时间对氧化铜精矿品位和回收率的影响如图3-23所示。添加LA催化硫化前后原矿的状态如图3-24所示。

经过硫化钠-LA组合药剂的硫化处理后，孔雀石的接触角有一定增长，达到了28°，随着黄药浓度的增大，接触角变化明显，在黄药浓度增加到160mg/L时，孔雀石表面接触角达到66°，疏水性显著增强。疏水性试验研究结果如图3-25所示。

c 新型高效捕收剂COC的开发及研究

依据矿石性质特点和现代浮选药剂设计原理以及大量的试验研究，开发出高效螯合物增强疏水能力的改性羟肟酸，保证了滴水铜矿难选氧化铜的回收率。

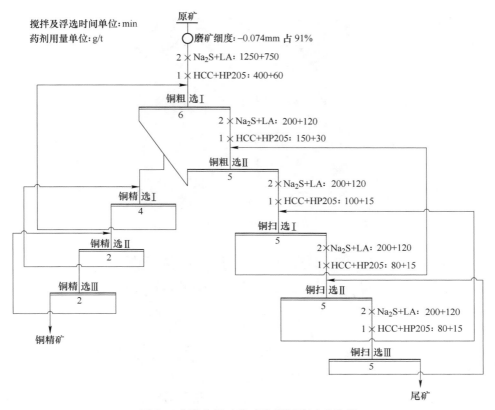

图 3-22　滴水铜矿选矿小型闭路试验流程

表 3-20　实验室氧硫混浮推荐工艺指标　　　　　　　　　（%）

产品名称	产率	品位	回收率
铜精矿	5.78	16.81	83.76
尾矿	94.22	0.20	16.24
原矿	100.00	1.16	100.00

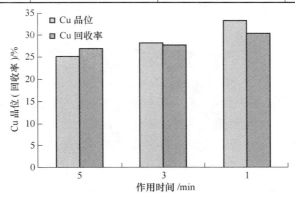

图 3-23　LA 催化硫化作用时间对氧化铜精矿品位和回收率的影响

图 3-24　添加 LA 催化硫化前后原矿的状态

（a）未加 LA 催化硫化的原矿；（b）添加 LA 催化硫化后的原矿表面形成的毛绒状硫化膜

　　COC 包含有螯合物捕收剂、增强疏水能力的改性羟肟酸和中性油等组合。羟肟酸是一种新型异构体羟肟酸，其对金属离子有配位能力的基团为羟基（—OH）及肟基（＝NOH），其中羟基多以未解离的形式与金属离子配对，但在一定条件下，也可以用失去质子后（—O—）的形式与金属离子配位；肟基的配位形式更为繁多，它可以酸性基团的形式在失去质子后通过带负电荷的氧（＝NO—）与金属离子配位，也可能以未解离的形式通过其中的三价氮去与金属离子配位，还

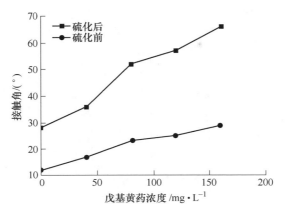

图 3-25 疏水性试验研究结果

可以异构体的形式作用，如酸性基团，在失去质子后带负电荷的氮去与金属离子配位。它可以在水溶液中和 Cu、Co、Ni、Mo、Fe 等多种金属离子以不同方式形成配位化合物，其中很多是通过两个配位基团形成螯合物，羟肟酸与铜的螯合形成如下的螯合羟肟酸铜：

$$2\left(\begin{array}{c} O \\ \parallel \\ R-C \\ \mid \\ N-O-H \\ \mid \\ H \end{array}\right) + Cu^{2+} \longrightarrow \left(\begin{array}{c} O \quad Cu \\ \parallel \quad \diagup \\ R-C \quad O \\ \mid \\ N \\ \mid \\ H \end{array}\right) + 2H^+$$

同时应用组合捕收剂达到全方位回收不同表面性质氧化铜矿，全面提升氧化铜的浮选回收率。由于矿物表面的不均匀性，加上硫化过程中矿石表面硫化不均匀及不完全，存在完全硫化、不完全硫化、完全不硫化的不同区域。这就需要选用组合捕收剂，利用不同电负性的捕收剂捕捉各自的活性点，发挥各自的作用，提高整体的疏水性，从而提高选矿金属回收率。这就是组合捕收剂产生的协同效应。通过药剂的协同作用开发出改性羟肟酸与黄药的组合，根据氧化铜表面的不均匀性使矿物硫化产生不均匀性，各个区域分别为软酸、硬酸和两者之间的酸。根据软硬不同选择较软的碱黄药和较硬的碱改性羟肟酸作为组合捕收剂，并确定最佳药剂比例，形成组合捕收剂 COC，产生最佳的药剂协同作用，最大限度地发挥各自的捕收作用，既节省药剂，又能够高效捕收。

不同捕收剂对氧化铜粗精矿品位和回收率的影响如图 3-26 所示。COC 作为捕收剂可大幅提高铜的浮选指标，与丁黄药相比可以提高铜回收率 8% 以上。

不同工艺对不同粒级氧化铜的回收率的影响如图 3-27 所示。常规 "硫化钠+黄药" 法对细粒级氧化铜的回收效果较差，对 $-23\mu m$（-600 目）的铜的回收率低于 76%；高效组合捕收剂 "硫化钠+黄药+COC" 法，利用药剂间的协同效应，

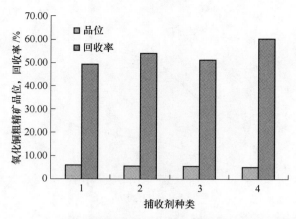

图 3-26　不同捕收剂对氧化铜粗精矿品位和回收率的影响

1—丁黄药；2—戊黄药；3—苯甲羟肟酸+戊黄药（1∶3）；4—戊黄+COC（3∶1）

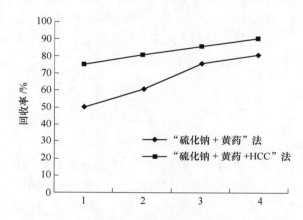

图 3-27　不同工艺对不同粒级的氧化铜回收率的影响

1—-13μm（-1000 目）；2—-18μm（-800 目）；3—-23μm（-600 目）；4—-38μm（-400 目）

特别是 COC 对微细粒级的氧化铜的螯合作用，铜的回收率大幅提高，-23μm（-600 目）的铜的回收率高达 85%以上。

　　C　扩大连续试验研究

　　滴水铜矿选矿扩大连续试验采用"两粗三扫三精"氧硫混合浮选工艺，磨矿控制在-0.074mm 占 89%~92%。所用药剂：硫化钠，粗选Ⅰ1000~1500g/t，粗选Ⅱ200~400g/t，扫选Ⅰ至扫选Ⅲ均为 200g/t；LA，粗选Ⅰ800~1000g/t，粗选Ⅱ至扫选Ⅲ均为 100g/t；COC，粗选Ⅰ400~600g/t，粗选Ⅱ100~200g/t，扫选Ⅰ至扫选Ⅲ分别为 100g/t、80g/t、60g/t；起泡剂 HP205 视泡沫情况进行添加。

　　扩大连续试验结果详见表 3-21。

表 3-21 扩大连续试验结果

产品名称	产率/%	品位/%	回收率/%	时间/h
铜精矿	5.63	16.21	82.15	
尾矿	94.38	0.21	17.70	24
原矿	100.00	1.11	100.00	

D 工业试验研究

a 改造前工业生产情况

滴水铜矿原有工艺采用常规硫化黄药法。工艺流程结构为"两粗三扫三精"浮选工艺。磨矿采用半自磨一段磨矿分级,磨矿细度在-0.074mm 占 83%左右。工艺改造前的生产数据统计情况见表 3-22。最终选矿综合回收率仅为 67.05%。选矿指标并不理想。

表 3-22 改造前生产数据统计（加权平均） （%）

产品名称	产率	品位	回收率
精矿	3.98	17.19	67.05
尾矿	96.02	0.35	32.95
原矿	100.00	1.02	100.00

b 改造后新工艺生产情况

2016 年 4 月底前完成了全矿设备的恢复、改造和调试：（1）进行了一段磨矿分级到两段磨矿两分级的升级改造,磨矿细度由-0.074mm 占 83%左右提高到91%左右,铜的解离度由80%左右提高到90%左右；（2）引入新型高效铜捕收剂COC,强化难选氧化铜及超细铜矿物的有效回收；（3）在矿浆进入浮选前采用新型矿浆改质机进行矿浆改性,有效防止矿泥罩盖目的矿物,提高药剂与目的矿物矿化效果,节约药耗。

在滴水铜矿进行了为期两个月的工业调试,即 2016 年 4 月 26 日至 6 月 25日。滴水铜矿工艺改造后的生产数据统计情况见表 3-23。成套技术在滴水铜矿应用后,生产稳定,指标优良,铜的平均回收率达 82.35%。

表 3-23 改造后生产平均生产指标（加权平均） （%）

产品名称	产率	品位	回收率
精矿	4.50	16.84	82.35
尾矿	95.50	0.17	17.65
原矿	100.00	0.92	100.00

3.6.2.3　滴水铜矿矿选矿新工艺的先进性和创新性

滴水铜矿矿石性质复杂，种类繁多，矿物组成复杂，具高泥质、高氧化率、含高碱性脉石等特点，极难回收。滴水铜矿原有工艺为单一黄药法，矿石含泥高，药剂用量大，而且泡沫发黏，生产流程不畅通，指标不稳定。常规硫化浮选工艺，现场铜回收率67%左右。高效浮选新工艺，浮选铜的回收率82%以上。新工艺有效降低了尾矿铜损失，减少资源浪费。并在滴水铜矿成功工业应用，取得了重大的技术突破，产生良好的经济效益，为开辟同类型氧化铜矿打下了坚实的基础。

项目使用的高效浮选工艺，选矿废水全部循环回用，无废水排放实现了高效绿色回收难处理氧化铜的目的。

针对原矿氧化率高、含泥高、碳酸盐含量高，矿物共生关系复杂，嵌布粒度细小等选矿难点，研究开发出预先抛废高效浮选新技术，有效解决了新疆难处理砂岩型氧化铜技术难题，主要创新如下。

（1）开发了难选氧化铜矿催化硫化技术，形成稳定疏水性膜。研究硫化钠在氧化铜矿表面硫化作用机理，开发了硫化催化活化剂 LA，大幅提高硫化速度，形成有利于浮选的稳定的硫化膜。一方面通过破坏矿浆中细颗粒矿泥胶体稳定性的功能，降低矿浆的黏性，增加物质的扩散能力，促进硫化钠快速与氧化矿物发生反应而在氧化矿物表面生成硫化物薄膜，提高硫化钠的硫化效果，大幅降低硫化时间，硫化速度提高 4 倍；另一方面 LA 增强了氧化铜表面硫化膜的稳定性，促使捕收剂在氧化铜矿表面快速稳定的吸附，为高效浮选氧化铜创造有利条件。

（2）发明了难选氧化铜矿捕收剂 COC（主要成分改性羟肟酸）与戊黄药的组合，通过羟肟酸与黄药协同作用，吸附在硫化和不完全硫化铜矿表面，解决氧化铜难选关键问题。研究开发出增强疏水能力的改性羟肟酸 COC 与黄药的组合药剂，产生强烈协同作用，高效回收了氧化铜矿物。氧化铜表面分为完全硫化区、不完全硫化区和完全不硫化区，黄药类软碱（电负性2.7左右）容易在完全硫化区域吸附；而在不完全硫化区域和完全不硫化区域，开发出改性羟肟酸（电负性3.8左右），易与不完全硫化区域和完全不硫化区域的硬酸铜离子发生螯合作用，使难选氧化铜疏水易浮。在两种捕收剂的协同作用下，强化氧化铜的捕收作用，氧化铜的选矿回收率提高了8%以上，大幅提高浮选效率。

（3）开发了强化分级-选择性磨矿-高剪切作用搅拌、分散新技术，解决了泥质异相凝聚对氧化铜浮选的不利影响，改善了矿化效果，降低了药剂消耗。针对矿石含泥量大，碳酸盐类、绿泥石等矿物含量高到30%以上的难点，开发出选择性磨矿工艺，通过强化分级，在不增加矿泥含量和磨矿能耗的前提下，使磨矿细度从 83% 左右提高到 91% 左右，氧化铜的解离度从 80% 提高到 90% 以上，有效提高了铜的浮选回收率。引进高剪切作用强化搅拌新装备，在浮选作业前运用新型改质机促进矿浆分散、改善矿化效果、增加矿物表面与药剂的接触，消除细粒级矿物对粗颗粒矿物的罩盖现象，大幅降低了泥质对氧化铜浮选的不利影响，降低药剂用量 10% 以上，提高铜回收率 1%~2%。

（4）LPPC 预先抛废技术的应用。针对原矿品位低，在粗碎后应用 LPPC 预先抛废技术，对 30~150mm 粒级矿石预选抛废，实现提前抛废 30%~40%，铜的损失率不到 5%，降低投资、节约电耗 30% 以上，提高入选矿石的品位，增加产能。LPPC 提前抛废，对企业节能降耗、降低成本具有重大意义。集成创新的"预选抛废高效浮选新工艺"大幅提高了铜的回收率，新工艺应用后，铜回收率提高了 15% 以上，达到了 82% 以上。

3.6.3 西藏玉龙氧化铜矿选矿技术及实践

西藏玉龙铜矿是我国最具有代表性的高泥质-铁质氧化铜矿石，也是我国保有储量最大的铜矿之一，达到 Cu 最低工业品位的矿石量达到 9.35 亿吨，铜金属量达 683.6 万吨，综合开发利用价值较高。玉龙铜矿分 I、II、V 三个矿体，其中 I 号矿体 Cu 达到工业品位的各级别矿石中矿石量 8.79 亿吨，铜金属量 531.3 万吨；II 号矿体北段 0-10 线达到工业品位的各级别矿石铜矿石量 806.7 万吨，铜金属量 27.4 万吨，含硫 72.6 万吨。II 号矿体南段达到工业品位的各级别矿石铜矿石量 637.0 万吨，铜金属量 14.26 万吨；V 号矿体铜达到工业品位的各级别矿石量 4179.5 万吨，铜金属量 110.55 万吨。

目前主要开采的是 II 号矿体北段 0-10 线，开采最终境界内矿岩总量：2327.2 万吨，其中，富氧化矿 231.9 万吨，平均地质品位：Cu 5.41%；铜硫矿 270.5 万吨，平均地质品位：Cu 2.06%，S 18.96%。现阶段西藏玉龙铜业股份有限公司已有 1000t/d 氧化矿搅拌浸出系统和 1200t/d 铜硫矿选矿系统。

西藏玉龙氧化铜矿为复杂难处理高泥质-高铁质氧化铜矿，玉龙公司先后委托国内多家研究机构对氧化铜矿开展了一系列的选矿和冶金研究工作，回收效果不理想，其主要症结体现在以下几个方面。

（1）氧化矿全堆浸工艺，渗透性差，浸出率低。试生产过程中出现了较多问题，如：1）矿石含泥含水高，碎矿筛分设备经常堵塞，生产流程不畅通；2）全部矿石入堆，浸出渗透性差，浸出率低、筑堆高度低；3）块矿入堆可以提高料堆高度，但出现块矿易泥化的情况；4）料堆底部和溶液池出现渗漏情况。虽采取了多种措施解决各种问题，但效果不佳，现已停产。

（2）富氧化矿搅拌浸出工艺，耗酸高，浸出率不高，只有 60% 多。试验研究的结果为铜回收率达到 80%，由于矿石氧化率等性质的变化，该研究成果在工业应用并不理想，主要表现在 1）搅浸耗酸高，中和耗石灰高，且沉降较差，经常因絮凝剂控制不好，造成萃取中出现絮状物。2）搅浸碎磨处理能力远远大于搅浸萃取处理能力，造成碎磨经常间断性停机。3）矿石氧化率（60%~70%）与设计时氧化率（80%）有一定偏差，造成浸出回收率只有 60%左右。

（3）浮选工艺。浮选受到大量泥质矿物的影响，致使稳定性和重现性差，金属回收率低。玉龙铜矿对氧化铜浮选进行了大量研究工作，委托多家国内研究机构进行浮选试验研究，原工艺试验以常规硫化浮选工艺为主。

因此，玉龙氧化铜矿资源量大，矿石价值高，开发高效选矿新工艺应用于西藏玉龙铜矿具有重要的现实意义。高效回收氧化铜矿不仅能大幅提高氧化回收率，降低尾矿损失，减少重金属铜的环境污染，提高企业经济效益，并可以突破难处理氧化铜矿综合回收的技术瓶颈，高效回收我国难处理氧化铜矿，促进铜产业可持续发展，有效推动相关产业的发展，提高我国氧化铜矿选矿整体技术水平，带动我国氧化铜选矿技术发展，具有重要的示范和引领作用。

3.6.3.1　西藏玉龙氧化铜矿的矿石性质

西藏玉龙氧化铜矿石性质非常复杂难选，铜主要赋存于孔雀石、蓝铜矿中；其次以类质同象、机械混入或吸附的方式赋存于褐铁矿中或赤铜铁矿、铜锰铝硅氧化结合物中；少量铜以次生硫化铜辉铜矿、蓝辉铜矿、铜蓝形式存在或以吸附形式赋存于黏土矿物中。矿石中含有大量易浮泥质碱性脉石矿物，在浮选流程中容易吸附消耗大量浮选药剂致使药剂成本增大；同时该类脉石矿物易覆盖于铜矿物表面，阻碍药剂吸附，降低了铜矿物可浮性；部分易浮脉石矿物由于机械夹杂的原因上浮进入铜精矿产品中，导致铜精矿产品质量下降。

矿样的构造类型主要为脉状构造，可见浸染状构造、块状构造等。脉状构造主要表现在孔雀石、蓝铜矿呈脉状分布于以高岭石、石英等组成的脉石基底中；块状构造可见部分矿块中以褐铁矿或孔雀石、蓝铜矿等金属矿物为主，脉石矿物较少。

矿样中各矿物之间的关系较为密切，主要表现在辉铜矿、蓝辉铜矿与黄铁矿关系密切，嵌布形式多为包裹连生，选矿磨矿过程中两者将难以完全解离；部分孔雀石包裹 5~20μm 的褐铁矿及脉石矿物的存在进一步增加了矿石的解离难度。

A　矿石的化学成分和矿物组成

矿石的 X 荧光光谱半定量分析和化学成分分析结果分别列于表 3-24 和表 3-25，铜的化学物相分析结果见表 3-26。

表 3-24 矿石的 X 荧光光谱半定量分析结果

元素	Cu	Pb	Zn	Co	Bi	Mo	Ni	V	As
含量/%	5.026	0.133	0.007	0.025	0.025	0.008	0.007	0.017	0.039
元素	Sr	Zr	Se	Cr	W	Ba	Fe	Ti	Si
含量/%	0.015	0.003	0.002	0.004	0.015	0.021	20.71	0.081	18.384
元素	Al	Ca	Mg	Mn	K	Na	P	S	Cl
含量/%	10.543	3.678	1.552	0.600	0.513	0.065	0.061	0.211	0.015

表 3-25 矿石的主要化学成分

成分	Cu	TFe	S	As	SiO_2	Al_2O_3
含量/%	4.31	17.99	0.41	0.03	40.58	19.39
成分	MgO	CaO	Na_2O	K_2O	Ag	Au
含量/%	0.44	1.65	<0.03	0.12	12	0.13

表 3-26 矿石中铜的化学物相分析结果

铜相	原生硫化铜	次生硫化铜	自由氧化铜	结合氧化铜	合计
含量/%	0.01	0.24	3.25	0.81	4.31
分布率/%	0.23	5.57	75.41	18.79	100.00

由表 3-24~表 3-26 可以看出：

（1）矿石中可供选矿回收的主要元素是铜，其品位为 4.31%，其他有价金属如铅、锌等含量太低，综合利用的价值不大。

（2）为达到富集铜矿物的目的，需要选矿排除或降低的脉石组分主要是 SiO_2 和 Al_2O_3，两者合计含量为 59.97%。

（3）矿石中铜的赋存状态较复杂，主要赋存于自由氧化铜中，分布率为 75.41%；其次以结合氧化铜的形式存在，分布率为 18.79%；赋存于次生硫化铜和原生硫化铜中的铜较少，分布率分别为 5.57%、0.23%。

矿石肉眼下呈灰黄色、暗褐色等，可见脉状构造、块状构造等。经镜下鉴定、X 射线衍射和扫描电镜分析综合研究表明，矿石的组成矿物种类较复杂，铜矿物以孔雀石、蓝铜矿为主，少量辉铜矿、赤铜铁矿、蓝辉铜矿、铜蓝及铜锰铝硅氧化结合物，微量黄铜矿、斑铜矿、水胆矾、硅孔雀石、自然铜、赤铜矿等；其他金属矿物主要是褐铁矿，少量赤铁矿、磁铁矿、黄铁矿、方铅矿等；脉石矿物主要是黏土矿物，其次为石英、方解石，少量绢云母及微量石榴石、白云石、长石、蛋白石、玉髓、石膏、重晶石、磷灰石、绿泥石等。矿石中各主要矿物的相对含量见表 3-27。

表 3-27 矿石中主要矿物的含量

矿物	含量/%	矿物	含量/%
黄铜矿	0.03	褐铁矿	30.7
孔雀石	5.35	黏土矿物	40.5
蓝铜矿		石英	14.0
辉铜矿	0.30	方解石	3.5
黄铁矿	0.62	绢云母	1.5
赤铁矿、磁铁矿	2.0	其他	1.0
铜锰铝硅氧化结合物	0.5~1.0		

B 矿石中主要矿物的赋存状态

a 孔雀石

孔雀石（$Cu_2[CO_3](OH)_2$）是矿石中主要的氧化铜矿物。微区化学成分能谱分析结果表明，矿石中部分孔雀石由于吸附作用或机械混入少量 Fe、Si、Al 等杂质（见表 3-28）。

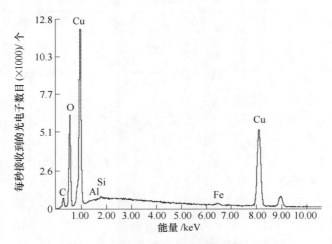

图 3-28 孔雀石的 X 射线能谱成分图

孔雀石主要有以下三种形式存在于矿石中：（1）与蓝铜矿紧密共生（见图 3-29）；（2）分布于褐铁矿、脉石矿物粒间（见图 3-30 和图 3-31）；（3）孔雀石包裹细粒的辉铜矿、褐铁矿、脉石矿物及铜锰铝硅氧化结合物等（见图 3-32）。

b 蓝铜矿

蓝铜矿（$Cu_2Cu[CO_3]_2(OH)_2$）是矿石中另一主要自由氧化铜矿物，主要与孔雀石共生，其次呈脉状、网脉状、粒状分布于脉石矿物中或与铜锰铝硅氧化结合物嵌生（见图 3-33 和图 3-34）。

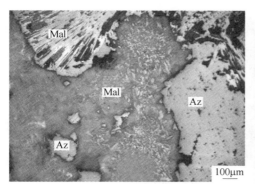

图 3-29 孔雀石（Mal）
与蓝铜矿（Az）共生

图 3-30 孔雀石（Mal）
包裹细粒的褐铁矿（Lim）

图 3-31 孔雀石（Mal）包裹
细粒的脉石矿物（G）

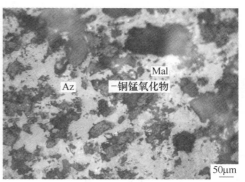

图 3-32 孔雀石、蓝铜矿中包裹
铜锰铝硅氧化结合物

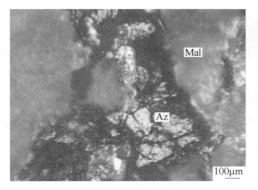

图 3-33 蓝铜矿（Az）
与孔雀石（Mal）嵌生

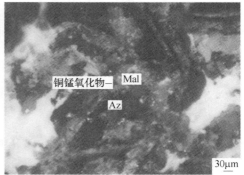

图 3-34 蓝铜矿（Az）包裹孔雀
石（Mal）、铜锰铝硅氧化结合物

c 铜锰铝硅氧化结合物

电镜检测结果表明矿石中有些物质主要由 Cu、Mn、Al、Si、O 组成，还含有微量的 Ca、Co、Pb 等组分。各组成元素的含量都是多变的，没有一个相对固定的数值。这些物质暂无法确定其矿物组成和矿物名称，其化学成分主要由锰、铜氧化物及 Al_2O_3、SiO_2 等组成，这里将这种物质称之为"铜锰铝硅氧化结合物"以便于叙述。

背散射电子图像如图 3-35 所示，铜锰铝硅氧化结合物的 X 射线能谱成分图如图 3-36 所示。

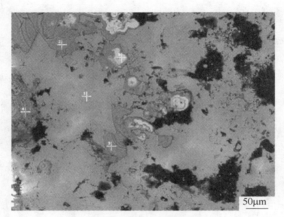

50μm

图 3-35 背散射电子图像

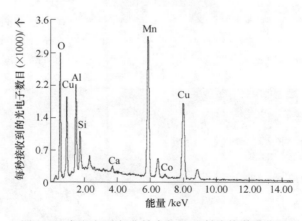

图 3-36 铜锰铝硅氧化结合物的 X 射线能谱成分图

铜锰铝硅氧化结合物主要与蓝铜矿、孔雀石紧密嵌生（见图 3-37）。扫描电镜分析表明，铜锰氧化物中含有一定量的 Al、Si，平均含 CuO 33.96%、MnO 28.74%、Al_2O_3 18.27%、SiO_2 14.95%（见表 3-28）。

图 3-37 铜锰铝硅氧化结合物包裹于蓝铜矿（Az）、孔雀石（Mal）中

表 3-28 铜锰铝硅氧化结合物的能谱微区成分分析结果 （%）

编号	CuO	MnO	Al_2O_3	SiO_2	CaO	CoO	PbO
1	43.62	33.95	14.16	6.4	0.58	1.29	—
2	43.62	34.06	15.21	4.99	0.52	1.6	—
3	37.38	27.61	18.42	14.78	0.79	1.02	—
4	44.83	33.71	12.84	6.21	1.09	1.32	—
5	19.27	20.06	24.23	29.46	0.72	1.28	4.98
6	20.01	20.50	24.07	28.74	0.50	1.03	5.15
7	28.98	31.29	18.94	14.06	0.62	1.11	5.00
平均	33.96	28.74	18.27	14.95	0.69	1.23	2.16

d 赤铜铁矿

微区化学成分能谱分析结果表明矿石中赤铜铁矿（$CuFeO_2$）中含少量的 Al、Si，平均含 Cu 41.74%、Fe 37.26%、O 19.49%，具有弱磁性（见图 3-38）。矿

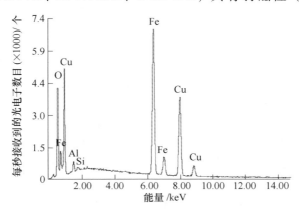

图 3-38 赤铜铁矿的 X 射线能谱成分图

石中赤铜铁矿集合体呈不规则状或脉状、网脉状，与褐铁矿、孔雀石、铜矾类矿物关系密切，互相包裹，部分难以完全解离（见图3-39）。赤铜铁矿的能谱微区成分分析结果见表3-29。

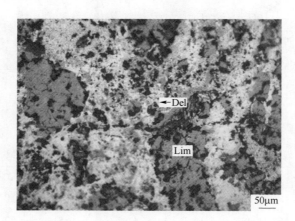

图3-39　赤铜铁矿（Del）与褐铁矿（Lim）复杂嵌生、难以完全解离

表 3-29　赤铜铁矿的能谱微区成分分析结果　　　　　　　　　　（%）

编号	Cu	Fe	Si	Al	O
1	42.08	38.14	0.22	1.22	18.34
2	41.40	42.68	1.01	0.93	13.98
3	43.38	35.89	0.21	0.97	19.55
4	40.12	36.05	0.36	0.81	22.66
5	41.32	37.26	0.30	1.13	19.99
6	42.14	33.56	0.72	1.20	22.39
平均	41.74	37.26	0.47	1.04	19.49

　　e　褐铁矿

　　褐铁矿是组成矿石的主要金属矿物，与孔雀石、蓝铜矿、黄铁矿等关系密切，常见褐铁矿包裹不规则状的孔雀石或呈交代残余状的黄铁矿。经扫描电镜镜下发现，矿石中的褐铁矿部分为含铜褐铁矿，其中铜的含量变化较大，多数在0.05%~10.0%之间变化（见图3-40）。为查明褐铁矿的化学成分特点，采用扫描电镜对其进行了能谱微区成分分析，结果表明褐铁矿含有少量的Cu、Al、Si等，平均含Fe 53.25%，Cu 2.72%，Al 6.28%，Si 4.65%（见图3-41）。褐铁矿的能谱微区成分分析结果见表3-30。

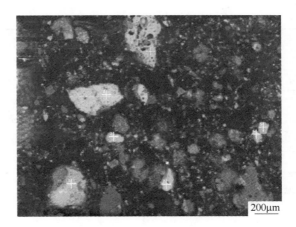

图 3-40 铜尾矿的背散射电子图像

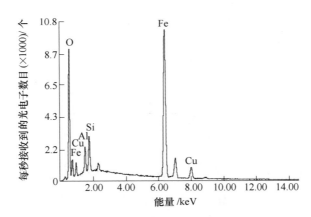

图 3-41 含铜褐铁矿的 X 射线能谱成分

表 3-30 褐铁矿的能谱微区成分分析结果 （%）

编号	Fe	Cu	Al	Si	O
1	58.45	9.34	4.07	5.34	22.8
2	57.98	9.1	4.01	4.92	23.99
3	55.29	5.27	9.23	1.89	28.32
4	52.02	5.89	9.55	2.04	30.50
5	52.80	6.70	8.90	2.33	29.27
6	55.65	—	6.33	7.10	30.92
7	54.53	8.70	2.75	4.24	29.78
8	52.10	0.99	2.46	3.67	40.78
9	42.90	6.09	5.14	6.46	39.41

编号	Fe	Cu	Al	Si	O
10	56.12	0.16	5.30	4.89	33.53
11	53.10	0.10	7.98	6.60	32.22
12	54.32	0.05	2.33	1.98	41.32
13	50.64	0.79	6.77	8.48	33.32
14	52.13	0.2	8.56	3.55	35.56
15	50.89	0.05	9.55	6.94	32.57
16	52.85	0.13	10.02	5.18	31.82
17	54.25	0.10	6.35	5.96	33.34
18	54.45	1.82	6.71	7.3	29.72
19	53.48	2.18	5.19	4.55	34.6
20	55.61	0.28	6.15	4.57	33.39
21	50.35	1.88	8.62	4.73	34.42
22	51.22	2.05	4.85	1.41	40.47
23	53.5	0.78	3.55	2.93	39.24
平均	53.25	2.72	6.28	4.65	33.10

　　f　脉石矿物

脉石矿物主要有黏土矿物，其次为石英、方解石、绢云母，少量石榴石、长石等。矿石中的黏土矿物是含量最高的脉石矿物，以高岭石为主，高岭石化学组成为 $Al_4[Si_4O_{10}](OH)_8$，Al_2O_3 41.2%，SiO_2 48.0%，H_2O 10.8%，常含少量混入物如钙、镁、钾、钠等（见图 3-42）。矿石中的黏土矿物含少量 Cu、Mn、Fe、Ca 等杂质。部分高岭石由于吸附作用或机械混入微量的 Cu，能明显看到深浅不一的蓝绿色（见图 3-43），颜色的深浅较直观地说明了含铜量的多与少。

　　C　矿石结构构造

　　a　矿石构造

根据矿石中矿物集合体形态、大小及其空间结合关系等形态特征，矿样的构造类型主要为脉状构造，可见浸染状构造、块状构造等。

脉状构造：主要表现在孔雀石、蓝铜矿呈脉状分布于以高岭石、石英等组成的脉石基底中。

块状构造：可见部分矿块中以褐铁矿或孔雀石、蓝铜矿等金属矿物为主，脉石矿物较少。

　　b　矿石结构

矿石结构指组成矿石的矿物结晶程度、颗粒的形状、大小及其空间上的相互

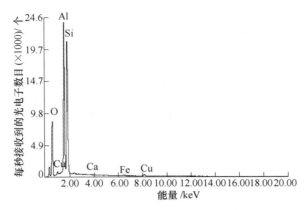

图 3-42 高岭石的 X 射线能谱成分图

图 3-43 高岭石（Kln）因含铜而显示出深浅不一的蓝绿色

关系，亦即一种或多种矿物晶粒之间或单个晶粒与矿物集合体之间的形态特征。通过在显微镜下观察光片和薄片，发现矿石的结构按矿物形态分类主要有他形粒状结构、脉状结构，按矿物之间的嵌布关系分类主要有包裹结构等。

他形粒状结构：主要表现在辉铜矿、黄铁矿等金属矿物等不具有完整晶形，呈形态多变的他形粒状产出。

脉状结构：主要表现在孔雀石、蓝铜矿呈脉状分布于矿石中。

包裹结构：矿石中的常见结构，如辉铜矿包裹黄铁矿，褐铁矿包裹孔雀石、黄铁矿等。

D 铜的赋存状态

铜是矿样中最主要的有价元素，为进一步查明它在矿石中的分布特点，了解矿样中各种铜矿物所占的百分比，根据矿石中主要矿物的相对含量以及矿物中铜的品位进行了平衡计算，结果列于表 3-31。

表 3-31　矿石中铜的平衡计算结果

矿　物	矿物量/%	品位/%	配分量	配分比/%
黄铜矿	0.03	34.5	0.01	0.22
辉铜矿、蓝辉铜矿	0.30	79.8	0.24	5.35
铜　蓝	0.03	66.5	0.02	0.45
孔雀石、蓝铜矿	5.35	56.0	3.00	69.00
硅孔雀石	0.1	34.0	0.03	0.67
铜锰铝硅氧化结合物	0.5	27.1	0.14	4.24
褐铁矿、赤铜铁矿	30.7	2.7	0.83	15.17
黏土矿物	40.5	0.5	0.20	4.46
其　他	22.48	0.1	0.02	0.44
合　计	100.00		4.49	100.00
原　矿			4.31	
平衡系数			1.04	

由表 3-31 可以看出：矿石中的铜主要赋存于自由氧化铜孔雀石、蓝铜矿中，分配率为 69.00%；其次以类质同象、机械混入或吸附的方式赋存于褐铁矿、赤铜铁矿中，分配率为 15.17%；少量铜以次生硫化铜辉铜矿、蓝辉铜矿、铜蓝的形式存在，分配率合计为 5.35%；约 4.46% 的铜以吸附或类质同象的形式赋存于黏土矿物中；约 4.24% 的铜以铜锰铝硅氧化结合物的形式存在。

E　主要矿物的嵌布粒度

矿石中主要矿物的粒度组成及其分布特点对确定磨矿细度和制定合理的选矿工艺流程有着直接的影响。为此，在镜下对矿石中孔雀石、蓝铜矿、辉铜矿（包括蓝辉铜矿、铜蓝）、赤铜铁矿的嵌布粒度进行了统计，结果见表 3-32。

表 3-32　主要铜矿物嵌布粒度

粒级/mm	孔雀石、蓝铜矿		辉　铜　矿	
	分布率/%	累计分布率/%	分布率/%	累计分布率/%
+2.0	5.00	5.00	—	—
−2.0~+1.17	10.32	15.32	—	—
−1.17~+0.83	17.10	32.42	—	—
−0.83~+0.59	14.25	46.67	—	—
−0.59~+0.42	3.96	50.63	—	—
−0.42~+0.30	3.17	53.80	—	—
−0.30~+0.21	5.39	59.19	—	—

粒级/mm	孔雀石、蓝铜矿		辉 铜 矿	
	分布率/%	累计分布率/%	分布率/%	累计分布率/%
−0.21~+0.15	6.01	65.20	—	—
−0.15~+0.105	7.24	72.44	9.51	9.51
−0.105~+0.074	8.88	81.32	17.83	27.34
−0.074~+0.052	7.08	88.40	24.55	51.89
−0.052~+0.037	6.85	95.25	22.85	74.74
−0.037~+0.023	2.71	97.96	11.39	86.13
−0.023~+0.019	1.82	99.78	7.47	93.60
−0.019~+0.010	0.16	99.94	5.26	98.86
−0.010	0.06	100.00	1.14	100.00

由表 3-32 结果可以看出：孔雀石、蓝铜矿的粒度属中粗粒嵌布，而辉铜矿的嵌布粒度则属中细粒嵌布。当粒级为 +0.074mm 时，孔雀石、辉铜矿的正累计分布率分别为 81.32%、27.34%。单纯从嵌布粒度来看，在 −0.023mm 的磨矿细度条件下，铜矿物均可获得较好的解离，不过仍有少量辉铜矿、铜蓝因粒度细小而以连生体形式产出。

F　西藏玉龙氧化铜矿主要性质特点

（1）矿石中铜的赋存状态复杂，氧化程度高。氧化铜的分布率为 94.20%，其中自由氧化铜的分布率为 75.41%，结合氧化铜的分布率为 18.79%；硫化铜的分布率为 5.80%。矿石中的铜矿物主要有孔雀石、蓝铜矿、辉铜矿、赤铜铁矿等，还发现一种由铜、锰、铝、硅等组成的氧化物，构成前面所述的铜锰铝硅氧化结合物，这部分铜难以回收。

（2）褐铁矿是矿石中的主要金属矿物，部分褐铁矿含有一定程度的铜，这部分铜将随褐铁矿损失于尾矿中。部分高岭石中也发现有铜的存在，这部分铜也将随脉石矿物损失在尾矿中。

（3）辉铜矿、蓝辉铜矿与黄铁矿关系密切，嵌布形式多为包裹连生，选矿磨矿过程中两者将难以完全解离；且部分辉铜矿、铜蓝的嵌布粒度细小，在 2~10μm，这些都将影响铜矿物的解离度和精矿品位。

（4）矿石中孔雀石的嵌布粒度整体而言较粗，但可见部分孔雀石包裹 5~20μm 的褐铁矿及脉石矿物，在选矿磨矿过程中可能使孔雀石解离不完全而影响铜精矿的品位。

（5）黏土矿物是矿石中含量最高的脉石矿物，其存在预计将影响铜精矿的回收率和品位。

3.6.3.2　西藏玉龙氧化铜矿选矿技术及指标

A　选矿小型试验研究

a　磨矿细度条件试验

磨矿细度条件试验如图 3-44 所示，试验结果见表 3-33。试验结果表明：随着磨矿细度的增加，铜粗精矿品位下降，铜回收率增加。试验选取合适的铜粗选磨矿细度为 86.60%。

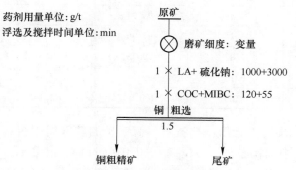

图 3-44　磨矿细度条件试验流程

表 3-33　磨矿细度条件试验结果　　　　　　（%）

产品名称	磨矿细度 （-0.074mm）占比	产率	Cu 品位	Cu 回收率
铜粗精矿		5.11	27.67	32.95
尾　矿	56.50	94.89	2.33	67.05
合　计		100.00	4.29	100.00
铜粗精矿		5.27	27.45	33.86
尾　矿	66.70	94.47	2.90	66.14
合　计		100.00	4.27	100.00
铜粗精矿		6.15	27.62	39.94
尾　矿	74.20	93.85	4.25	60.06
合　计		100.00	100.00	100.00
铜粗精矿		7.28	25.95	43.10
尾　矿	86.60	92.72	2.69	56.90
合　计		100.00	4.38	100.00
铜粗精矿		7.96	23.52	43.27
尾　矿	90.90	92.04	2.67	56.73
合　计		100.00	4.33	100.00

b 铜粗选活化剂种类试验

试验选取硫化钠、乙二胺磷酸盐、LA+硫化钠、8-羟基喹啉和苯并三唑进行铜粗选活化剂种类试验，试验流程如图 3-45 所示，试验结果见表 3-34。试验结果表明：LA+硫化钠的活化剂组合无论是从铜精矿品位还是铜回收率都优于其他四种活化剂。因此，试验选取 LA+硫化钠作为铜浮选活化剂。

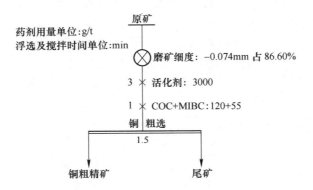

图 3-45 铜粗选活化剂种类条件试验流程

表 3-34 铜粗选活化剂种类条件试验结果

产品名称	活化剂种类	产率/%	Cu 品位/%	Cu 回收率/%
铜粗精矿	硫化钠	7.04	25.68	41.91
尾 矿		92.96	2.70	58.09
合 计		100.00	4.32	100.00
铜粗精矿	乙二胺磷酸盐	5.02	25.06	28.80
尾 矿		94.98	3.28	71.20
合 计		100.00	4.37	100.00
铜粗精矿	硫化钠+LA	7.14	26.64	43.88
尾 矿		92.86	2.62	56.12
合 计		100.00	4.34	100.00
铜粗精矿	8-羟基喹啉	4.49	19.96	20.50
尾 矿		95.51	3.64	79.50
合 计		100.00	4.37	100.00
铜粗精矿	苯并三唑	5.53	22.49	28.57
尾 矿		94.47	3.29	71.43
合 计		100.00	4.35	100.00

c 铜粗选硫化钠用量条件试验

由于矿石中存在大量黏土类脉石矿物，矿石具有易过粉碎、粒度细、比表面积大、吸附消耗大量浮选药剂等特点。硫化钠在水中电离产生 HS^- 和 S^{2-} 与氧化铜矿物表面的铜离子形成化学吸附，在表面产生硫化铜，使氧化铜疏水性与硫化铜疏水性接近，从而使其活化。过量的硫化钠与捕收剂在浮选目的矿物表面竞争吸附，排挤表面上捕收剂，过量的硫化钠会产生抑制作用，因此氧化铜矿浮选控制好硫化钠的用量是非常重要的。

铜粗选硫化钠用量条件试验流程如图 3-46 所示，试验结果见表 3-35。试验结果表明：随着硫化钠用量的增加铜回收率增加，并在硫化钠用量超过 3000g/t时出现拐点，铜回收率下降。因此，试验选取硫化钠适宜用量为 2000~3000g/t。

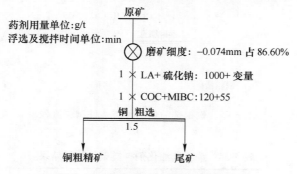

图 3-46　硫化钠用量条件试验流程

表 3-35　硫化钠用量条件试验结果

产品名称	硫化钠用量 /$g \cdot t^{-1}$	产率/%	Cu 品位/%	Cu 回收率/%
铜粗精矿		7.06	22.45	36.34
尾 矿	1000	92.94	2.99	63.66
合 计		100.00	4.36	100.00
铜粗精矿		7.11	26.83	43.48
尾 矿	2000	92.89	2.67	56.52
合 计		100.00	4.39	100.00
铜粗精矿		7.57	25.10	43.83
尾 矿	3000	92.43	2.64	56.17
合 计		100.00	4.34	100.00
铜粗精矿		8.52	20.47	40.17
尾 矿	5000	91.48	2.84	59.83
合 计		100.00	4.34	100.00

d 铜粗选捕收剂种类条件试验

由于矿物表面的不均匀性,加上硫化过程中矿石表面硫化不均匀及不完全,存在完全硫化、不完全硫化、完全不硫化的不同区域。这就需要选用不同类型捕收剂组合,利用不同电负性的捕收剂捕捉各自的活性点和发挥各自的作用,提高整体的疏水性,从而提高选矿金属回收率。试验选取丁黄药、戊黄药、Y89、COC、水杨羟肟酸等捕收剂进行捕收剂种类对比试验。试验流程如图 3-47 所示,试验结果见表 3-36。试验结果表明:COC 具有更好的捕收性能和选择性能,试验选用 COC 作为铜粗选捕收剂。

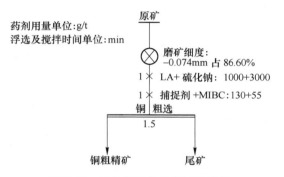

图 3-47 捕收剂种类条件试验流程

表 3-36 捕收剂种类条件试验结果

产品名称	捕收剂种类	产率/%	Cu 品位/%	Cu 回收率/%
铜粗精矿	丁黄药	5.46	26.55	33.45
尾 矿		94.54	3.05	66.55
合 计		100.00	4.33	100.00
铜粗精矿	水杨羟肟酸	6.11	26.82	37.42
尾 矿		93.89	2.92	62.58
合 计		100.00	4.38	100.00
铜粗精矿	戊黄药	7.02	25.35	40.60
尾 矿		92.98	2.80	59.40
合 计		100.00	4.38	100.00
铜粗精矿	Y89	6.31	26.43	39.56
尾 矿		93.69	2.72	60.44
合 计		100.00	4.22	100.00
铜粗精矿	COC	7.51	25.13	43.69
尾 矿		92.49	2.63	66.31
合 计		100.00	4.32	100.00

e 铜浮选全流程开路试验

在以上各种条件试验的基础上进行了全流程开路试验,试验流程如图 3-48 所示,试验结果见表 3-37。

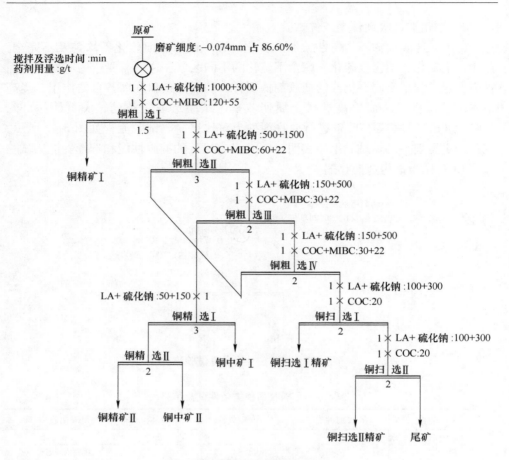

图 3-48　浮选全开路试验流程

表 3-37　全流程开路试验结果　　　　　　　　　（%）

名　　称	产率	Cu 品位	Cu 回收率
铜精矿Ⅰ	7.14	26.41	43.66
铜精矿Ⅱ	1.73	35.55	14.24
铜中矿Ⅱ	5.21	7.53	9.08
铜中矿Ⅰ	5.96	2.86	3.95
铜扫选Ⅰ精矿	3.8	2.32	2.04
铜扫选Ⅱ精矿	2.44	1.91	1.08
尾　矿	73.72	1.52	25.95
原　矿	100.00	4.32	100.00

f 铜浮选全流程闭路试验

在以上条件试验和全流程开路试验的基础上，进行了全流程闭路试验，试验流程如图 3-49 所示，试验结果见表 3-38。

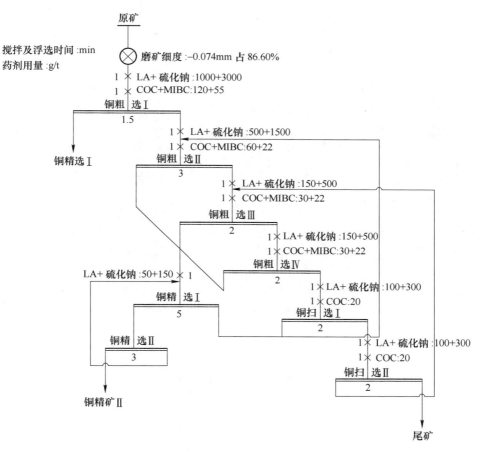

图 3-49 浮选全流程闭路试验流程

表 3-38 全流程开路试验结果 （%）

名 称	产率	Cu 品位	Cu 回收率
铜精矿 I	7.05	26.46	43.25
铜精矿 II	7.71	17.26	30.86
铜精矿	14.76	21.65	74.11
尾 矿	85.24	1.31	25.89
合 计	100.00	4.31	100.00

　　g　新型磁介质高梯度强磁选技术

　　针对常规浮选难以回收褐铁矿、赤铜铁矿以及铜锰铝硅氧化结合物中的铜，开发出"浮—磁联合工艺"，浮选后采用立环高梯度磁选机，开发新型多层错位排列的导磁不锈钢磁介质棒，使进入过流通道的矿浆中几乎所有磁性矿粒都有机会与磁介质棒表面接触并被吸附在磁介质棒表面上，提高了磁性矿粒的捕集率，有效回收该部分的铜矿物，增加铜回收率15%以上，大幅提高了铜的总回收率（见图3-50）。高梯度强磁试验小型结果见表3-39。

图 3-50　新型磁介质

表 3-39　小型试验闭路试验指标　　　　　　　　　　（%）

名　　称	产率	Cu 品位	Cu 回收率
铜精矿 I	7.15	26.44	43.47
铜精矿 II	7.71	17.26	30.61
铜精矿 I + II （浮选）	14.86	21.68	74.08
磁选精矿	21.24	3.55	17.34
综合铜精矿	36.10	11.01	91.42
尾　矿	63.90	0.58	8.58
合　计	100.00	4.35	100.00

　　B　选矿扩大连续试验

　　按照小型试验推荐的工艺流程（见图3-51）进行扩大连续试验设备连接与安装（见图3-52），扩大连续试验系统日处理能力为1000kg。12 月 1 日开始进行扩试系统的调试工作。扩大连续试验矿样和小型验证试验矿样矿石性质一致。扩大试验矿样含铜 5.6%，氧化率 94.0%。试验共进行了近 15 个班次的调试，先后进行了数次流程优化和改造，完成了整套选矿系统的调试、各种因素条件试验和药剂制度的优化试验，最终使扩大连续试验工艺流程稳定，各项参数、选矿指标与小型验证试验吻合，为连续三天的扩大试验（连续运转 9 个班）奠定了基础。

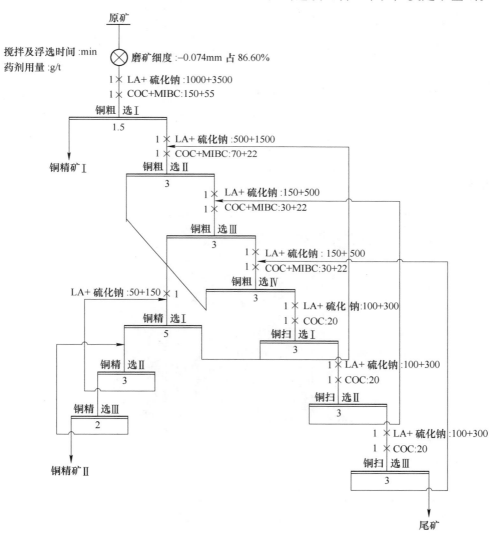

图 3-51　扩大连续试验工艺流程

　　按照图 3-52 所示的扩试设备联系图进行设备连接。实际设备连接就位后的车间如图 3-53 所示。

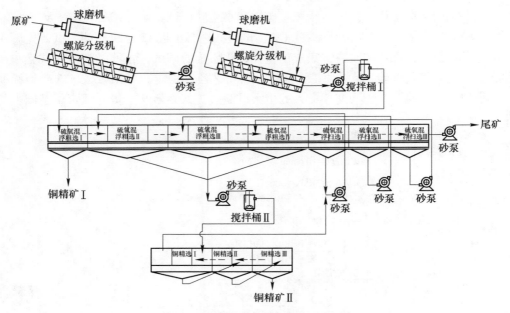

图 3-52　扩大连续试验设备联系图

图 3-53　设备安装就位的浮选车间

扩大连续试验指标见表 3-40。

表 3-40　扩大连续试验结果　　　　　　　　　　　（%）

名　称	产率	Cu 品位	Cu 回收率
铜精矿 I	7. 45	29. 71	39. 71
铜精矿 II	9. 73	20. 44	35. 69
铜精矿	17. 18	24. 46	75. 40
尾　矿	82. 82	1. 65	24. 60
合　计	100. 00	5. 57	100. 00

C　工业试验

西藏玉龙铜业股份有限公司在小试、扩大连续试验基础上，工业应用对工艺条件和试验流程进行优化，获得良好的技术指标。选厂生产规模 2000t/d，原矿含铜 4.27%，浮选铜回收率达到了 74.08%，磁选铜回收率 15.68%，铜总回收率达到 89.76%。

试验流程和药剂制度基本按照小型试验和扩大试验确定的流程和药剂制度。具体试验流程如图 3-54 所示，设备联系图如 3-55 所示，铜粗选 I 两槽，铜粗选

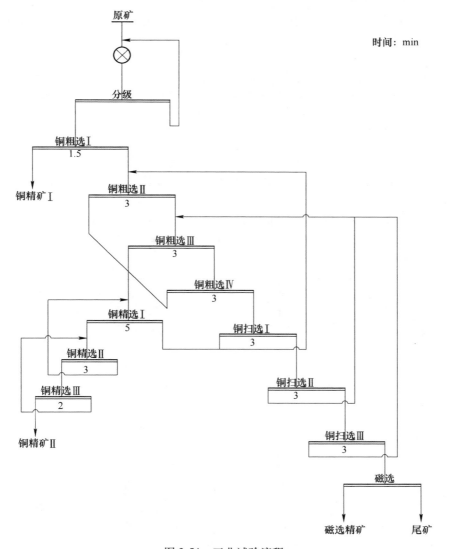

图 3-54　工业试验流程

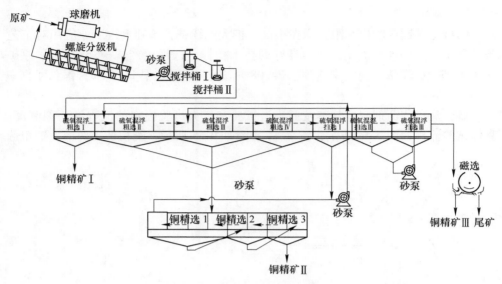

图 3-55　工业试验设备配置联系图

Ⅱ四槽，铜粗选Ⅲ四槽，铜粗选Ⅳ三槽，铜精选Ⅰ四槽，铜精选Ⅱ两槽，铜精选Ⅲ两槽。

　　工业试验从 2012 年 8 月 1 日正式开始，9 月 1 日开始稳定运行，从调试过程看，现场生产过程较平稳。表 3-41 为工业调试运行稳定后现场的平均指标。

表 3-41　2012 年 9 月 1 日至 10 月 1 日工业调试平均指标　　　　（%）

名　　称	产率	Cu 品位	Cu 回收率
铜精矿Ⅰ	6.81	25.98	41.44
铜精矿Ⅱ	7.47	18.65	32.63
铜精矿Ⅰ+Ⅱ	14.28	22.15	74.08
铜精矿Ⅲ	18.44	3.63	15.68
综合精矿	32.72	11.71	89.76
尾　矿	67.28	0.65	10.24
合　计	100.00	4.27	100.00

　　由表 3-41 可知，在磁浮联合的原则流程条件下，工业调试现场生产的指标与实验室和扩大连续试验指标吻合。原矿磨矿后先浮后磁，浮选可以获得一个含铜 22.15%、铜回收率 74.08% 的浮选综合铜精矿产品，此部分产品可以直接对外销售。浮选尾矿磁选，可以获得一个含铜 3.63%、回收率 15.68% 的磁选铜精矿产品，该产品为后续冶金提供原料。最终铜的总回收率达到 89.76%，选矿指标优异。

针对原矿氧化率高、含泥高、部分回收矿物泥化严重，回收矿物共生关系复杂，嵌布粒度非常细小、结合氧化铜含量高的特点，研究开发出浮选—高梯度磁选联合选矿新工艺，有效解决了玉龙氧化铜矿技术难题，主要创新如下：

（1）研究硫化钠在氧化铜矿表面硫化作用机理，开发了硫化催化活化剂 LA，大幅提高硫化速度，形成有利于浮选的稳定的硫化膜。一方面通过破坏矿浆中细颗粒矿泥胶体的稳定性的功能，降低矿浆的黏性，增加物质的扩散能力，促进硫化钠快速与氧化矿物发生反应而在氧化矿物表面生成硫化物薄膜，提高硫化钠的硫化效果，大幅降低硫化时间，硫化速度提高 4 倍以上；另一方面 LA 的条件增加了氧化铜表面硫化膜的稳定性，促使捕收剂在氧化铜矿表面快速稳定的吸附，为高效浮选氧化铜创造有利条件。

（2）研究开发出增强疏水能力的改性羟肟酸与黄药的组合药剂 COC，产生强烈协同作用，高效回收了氧化铜矿物。氧化铜表面分为完全硫化区、不完全硫化区和完全不硫化区，黄药类软碱（电负性 2.7 左右）容易在完全硫化区域吸附；而在不完全硫化区域和完全不硫化区域，开发出改性羟肟酸（电负性 3.8 左右），易与不完全硫化区域和完全不硫化区域的硬酸铜离子发生螯合作用，使难选氧化铜疏水易浮。在两种捕收剂的协同作用下，强化氧化铜的捕收作用，氧化铜的选矿回收率提高了 10%，浮选效率非常高。

（3）开发具有高效新型磁介质高梯度磁选，高效回收了常规浮选难以回收以褐铁矿中的铜、赤铜铁矿、铜锰铝硅氧化结合物的形式存在的结合铜矿物。应用立环高梯度磁选机，开发出新型多层错位排列的导磁不锈钢磁介质棒，使进入过流通道的矿浆中几乎所有磁性矿粒都有机会与磁介质棒表面接触并被吸附在磁介质棒表面上，提高了磁性矿粒的捕集率，有效回收该部分的铜矿物，增加铜回收率 15% 以上。

（4）"浮—磁"联合新工艺，大幅提高铜的回收率，铜的总回收率达到了 89% 以上。

3.6.4 刚果金 KOLWEZL 矿选矿小型试验开发研究

3.6.4.1 刚果金 KOLWEZL 矿的矿石性质

刚果金 KOLWEZL 矿矿石含铜 4.53% 左右、钴 0.098% 左右。矿石特点为：（1）氧化率高，铜氧化率高达 90% 左右；（2）含泥量大，且矿泥中铜、钴含量高，属于典型的难选氧化铜钴矿床。原矿中铜矿物种类较多，以孔雀石为主，其次是辉铜矿、硅孔雀石和斜硅铜矿，少量至微量的假孔雀石、赤铜矿、斑铜矿、黄铜矿等；钴矿物和含钴矿物主要为水钴矿和铜钴硬锰矿；氧化铁和钛矿物有褐铁矿、磁铁矿、金红石和钛铁矿。脉石矿物主要是石英、白云石、粉砂岩屑（包括石英粉砂、绢云母、绿泥石等泥质胶结物）等。

A　试样化学成分定量分析结果

试样化学成分定量分析结果见表 3-42。

表 3-42　原矿化学成分分析结果

元素	Cu	Co	S	TFe	CaO	MgO	SiO$_2$	Al$_2$O$_3$	Mn
含量/%	4.53	0.0984	0.17	3.56	6.15	13.08	59.88	3.47	0.245

从试样化学成分分析结果可以看出，试样中主要有价金属为 Cu，钴也有一定的回收价值。

B　原矿矿物组成及含量

采用 MLA 矿物参数自动分析系统，并结合显微镜分析测定原矿矿物组成及各矿物含量，结果见表 3-43。由表 3-43 中结果可知，铜矿物种类较多，以孔雀石为主，其次是辉铜矿、硅孔雀石和斜硅铜矿，少量至微量的假孔雀石、赤铜矿、斑铜矿、黄铜矿等；钴矿物和含钴矿物主要为水钴矿和铜钴硬锰矿；除硫化铜矿物之外，其他金属矿物极少，只有微量黄铁矿；氧化铁和钛矿物有褐铁矿、磁铁矿、金红石和钛铁矿；脉石矿物主要是石英、白云石、粉砂岩屑（包括石英粉砂、绢云母、绿泥石等泥质胶结物）等。

表 3-43　矿物组成定量检测结果

矿物	含量%	矿物	含量%	矿物	含量%
辉铜矿	0.694	白云石	16.997	黏土	0.564
赤铜矿	0.021	方解石	0.106	钛铁矿	0.026
孔雀石	4.992	菱镁矿	0.014	金红石	0.237
硅孔雀石	0.911	磁铁矿	0.165	黄铁矿	0.008
假孔雀石	0.093	褐铁矿	1.733	锆石	0.018
斑铜矿	0.007	石英	47.612	磷灰石	0.062
黄铜矿	0.002	长石	0.208	磷铝铈矿	0.004
羟钒铜铅石	0.004	粉砂岩	20.515	重晶石	0.039
水钴矿	0.038	石榴石	0.018	石膏	0.001
铜硬锰矿	1.917	透辉石	0.040	其他	0.033
铜钴硬锰矿	0.173	滑石	2.749	合计	100.00

C　主要矿物嵌布粒度测定

磨制矿石光片和薄片，显微镜下测定主要矿物嵌布粒度，测定结果见表 3-44。从测定结果来看，辉铜矿和赤铜矿的嵌布粒度较细，主要粒度范围为 0.01~0.08mm，其中小于 0.01mm 的难选离子占 19% 左右，属于细-微细均匀嵌布类型；孔雀石嵌布粒度粗细极不均匀，充填于破碎带裂缝的孔雀石粒度很粗，呈大块状，但多数孔雀石呈脉状、微细、粉砂状，孔雀石的嵌布粒度范围为 1.28～10.24mm 和 0.01～0.64mm，其中大于 10.24mm 的粗颗粒孔雀石占 16% 左右，属于粗粒极不均匀嵌布类型。

表 3-44 主要矿物嵌布粒度测定结果

粒级/mm	粒级分布/%	
	辉铜矿/赤铜矿	孔雀石/硅孔雀石/假孔雀石
+10.24	—	16.67
−10.24～+5.12	—	12.50
−5.12～+2.56	—	8.33
−2.56～+1.28	—	8.33
−1.28～+0.64	—	2.08
−0.64～+0.32	—	5.21
−0.32～+0.16	—	9.77
−0.16～+0.08	4.12	18.49
−0.08～+0.04	14.71	10.19
−0.04～+0.02	24.56	5.89
−0.02～+0.01	37.35	2.48
−0.01	19.26	0.06
合　计	100.00	100.00

不同磨矿细度下铜矿物的解离度测定结果见表 3-45～表 3-48。由表中结果可知，+0.074mm 粒级辉铜矿/赤铜矿的解离度都较低，且远低于孔雀石/硅孔雀石/假孔雀石的解离度，−0.074～+0.043mm 粒级辉铜矿/赤铜矿解离度迅速增大。磨

表 3-45 磨矿细度为 −0.074mm 占 64.04% 时铜矿物的解离度

粒级/mm	产率/%	Cu 品位/%	矿物解离度/%	
			辉铜矿/赤铜矿	孔雀石/硅孔雀石/假孔雀石
+0.1	31.54	3.86	14.71	69.30
−0.1～+0.074	4.42	4.04	45.57	90.47
−0.074～+0.043	21.29	4.02	87.73	92.24
−0.043～+0.02	19.18	4.86	94.96	93.41
−0.02～+0.01	9.52	3.69	98.67	99.52
−0.01	14.05	3.96	100.00	100.00
合　计	100.00	4.09	总解离度 68.42	总解离度 87.28

矿细度-0.074mm 分别占 64.04%、74.43%、81.21%、87.88%时，辉铜矿/赤铜矿的总解离度分别为 68.42%、85.76%、90.37%、93.28%；孔雀石等氧化铜矿物的总解离度分别为 87.28%、92.99%、96.56%、98.49%，显然，该矿石孔雀石等氧化铜矿物比辉铜矿和赤铜矿易解离。孔雀石和辉铜矿等铜矿物多数嵌布于粉砂岩中，因而孔雀石和辉铜矿等铜矿物主要连生体为石英等粉砂岩屑矿物，只有少量铜矿物与白云石连生。

表 3-46 磨矿细度为-0.074mm 占 74.43%时铜矿物的解离度

粒级/mm	产率/%	Cu 品位/%	矿物解离度/%	
			辉铜矿/赤铜矿	孔雀石/硅孔雀石/假孔雀石
+0.074	25.27	3.51	50.84	78.93
-0.074 ~ +0.043	26.46	3.90	89.28	92.14
-0.043 ~ +0.02	22.36	4.75	98.46	99.13
-0.02 ~ +0.01	9.85	3.69	100.00	100.00
-0.01	16.06	3.79	100.00	100.00
合　计	100.00	3.95	总解离度 85.76	总解离度 92.99

表 3-47 磨矿细度为-0.074mm 占 81.21%时铜矿物的解离度

粒级/mm	产率/%	Cu 品位/%	矿物解离度/%	
			辉铜矿/赤铜矿	孔雀石/硅孔雀石/假孔雀石
+0.074	18.79	3.21	52.54	88.92
-0.074 ~ +0.043	27.48	3.74	93.01	93.91
-0.043 ~ +0.02	25.57	4.7	98.40	99.56
-0.02 ~ +0.01	10.37	3.62	100.00	100.00
-0.01	17.79	4	100.00	100.00
合　计	100	3.92	总解离度 90.37	总解离度 96.56

表 3-48 磨矿细度为-0.074mm 占 87.88%时铜矿物的解离度

粒级/mm	产率/%	Cu 品位/%	矿物解离度/%	
			辉铜矿/赤铜矿	孔雀石/硅孔雀石/假孔雀石
+0.074	12.12	3.09	54.28	90.75
-0.074 ~ +0.043	26.33	3.58	92.36	97.69
-0.043 ~ +0.02	30.85	4.73	98.83	99.86
-0.02 ~ +0.01	12.57	3.19	100.00	100.00
-0.01	18.13	3.84	100.00	100.00
合　计	100	3.87	总解离度 93.28	总解离度 98.49

D 主要矿物选矿工艺特性和嵌布关系

a 辉铜矿

辉铜矿（Cu_2S）理论化学成分为 Cu 79.86%、S 20.14%，成分中常有 Fe、Co、Ni、As 的机械混入。矿石中辉铜矿微区化学成分能谱分析结果见表 3-49，常见包含石英、绢云母等矿物包裹体，单矿物含铜量比辉铜矿微区分析含铜量低，辉铜矿单矿物分析：Cu 74.15 %、Co 0.033%。辉铜矿新鲜面铅灰色，氧化表面黑色，带锈色，金属光泽，不透明，断口贝壳状，略具延展性，莫氏硬度 2.5~3，密度 5.5~5.8g/cm³。

表 3-49 辉铜矿微区化学成分能谱分析结果

测点	化学组成及含量/%	
	Cu	S
1	79.86	20.14
2	79.34	20.66
3	79.74	20.26
4	79.37	20.63
5	79.52	20.48
平均	79.57	20.43

矿石中的辉铜矿主要有两种嵌布形式：（1）辉铜矿呈残晶状包含于孔雀石中，有时见辉铜矿基本上被孔雀石完全交代，仅呈少量微细残晶包含于孔雀石中（见图 3-56 和图 3-57）；（2）辉铜矿呈浸染状分布在粉砂岩中，常含石英、绢云母等粉砂岩屑包裹体，也见赤铁矿、孔雀石等交代辉铜矿（见图 3-58~图 3-60）。

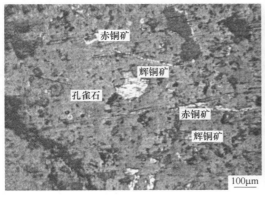 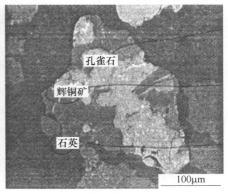

图 3-56 显微镜，反光，放大 160 倍，辉铜
矿被孔雀石交代，呈残晶包含于
孔雀石中，并与赤铜矿伴生

图 3-57 扫描电镜，放大 800 倍
孔雀石交代辉铜矿，仅余微细
粒辉铜矿残晶包含于孔雀石中

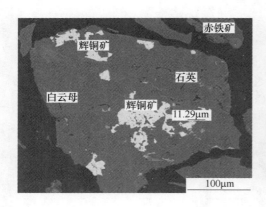 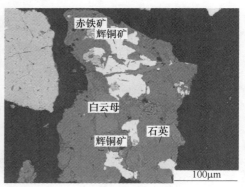

图 3-58　扫描电镜放大 800 倍辉铜矿呈浸染　　　图 3-59　扫描电镜放大 800 倍辉铜矿呈浸染
状分布在粉砂岩石，粒度大小不均　　　　　状分布在粉砂岩中，粒度大小不均匀，常含
　　　　　　　　　　　　　　　　　　　　　石英、绢云母等矿物包裹体，并见赤铁矿

　　矿石中赤铜矿含量很少，赤铜矿为辉铜矿的次生产物，理论化学成分：Cu 88.80%，O 11.20%。赤铜矿颜色为深红色，半金属光泽，透明，断口贝壳状（见图 3-60），莫氏硬度 3.5~4.5，密度 5.8~6.1g/cm^3。矿石中赤铜矿见微脉状于孔雀石中或见呈残晶状包含于孔雀石中（见图 3-61）。

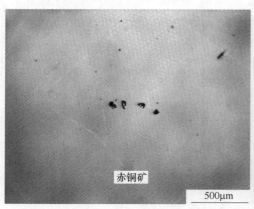 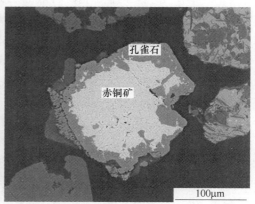

图 3-60　体视显微镜，放大　　　　　　图 3-61　扫描电镜，放大 1000 倍
50 倍赤铜矿颗粒　　　　　　　　　赤铜矿呈残晶状包含于孔雀石中

　　b　孔雀石

　　孔雀石（CuCu[CO$_3$](OH)$_2$）理论化学组成：CuO 71.95%，CO$_2$ 19.90%，H$_2$O 8.15%。由吸附作用或机械混入的杂质有 Ca、Mg、Fe、Ni、Co、Mn、Si、

Al、V 等。矿石中孔雀石微区化学成分能谱分析结果见表 3-50。由表 3-50 中结果可知，矿石中的孔雀石含杂质成分种类较多，少量孔雀石含钴。孔雀石单矿物分析：Cu 51.66%，Co 0.13%。孔雀石颜色为鲜绿色-墨绿色（见图 3-62），晶体呈柱状、针状，多呈放射状、束状、块状集合体，金刚-玻璃光泽，纤维状孔雀石可见丝绢光泽，莫氏硬度 3.5，密度 4.05g/cm³。具弱电磁性，在 880~1600mT 场强进入磁性产品。

表 3-50 孔雀石微区化学成分能谱分析结果① （%）

测点	化学组成及含量											
	Cu	Fe	Si	O	C	Co	S	Mn	K	P	Al	Mg
1	55.03	0.17	0.25	34.24	10.32	0.00	0.00	0.00	0.00	0.00	0.00	0.00
2	55.73	0.15	0.23	33.43	10.46	0.00	0.00	0.00	0.00	0.00	0.00	0.00
3	50.82	0.16	2.90	33.02	9.60	0.00	0.00	0.00	0.88	0.00	2.63	0.00
4	53.26	0.94	0.44	35.00	10.14	0.00	0.00	0.00	0.12	0.00	0.10	0.00
5	52.53	0.12	0.24	34.70	12.02	0.00	0.00	0.00	0.23	0.00	0.16	0.00
6	54.71	0.18	0.27	35.40	9.30	0.00	0.00	0.00	0.05	0.00	0.08	0.00
7	54.68	0.25	0.26	34.42	10.14	0.00	0.00	0.00	0.17	0.00	0.11	0.00
8	55.32	0.14	0.27	33.94	10.00	0.00	0.00	0.00	0.16	0.00	0.17	0.00
9	56.00	0.17	0.21	33.61	9.82	0.00	0.00	0.00	0.09	0.00	0.10	0.00
10	53.34	0.16	1.26	33.60	10.11	0.00	0.00	0.00	0.26	0.10	0.92	0.25
11	54.86	0.10	0.27	33.74	10.52	0.00	0.00	0.00	0.10	0.12	0.07	0.21
12	53.25	3.18	0.39	33.68	8.88	0.38	0.00	0.24	0.00	0.00	0.00	0.00
13	50.01	0.33	2.08	34.28	9.94	0.52	0.00	0.48	0.49	0.05	1.83	0.00
平均	53.81	0.47	0.70	34.08	10.09	0.07	0.02	0.04	0.14	0.07	0.47	0.04

① 能谱检测结果中不含孔雀石的结晶水，各元素含量比实际含量略为偏高。

图 3-62 体视显微镜，放大 50 倍孔雀石颗粒

　　c　硅孔雀石

　　硅孔雀石（ $(Cu，Al)_2H_2Si_2O_5(OH)_4 \cdot nH_2O$ ）是水合铜硅酸盐矿物，结晶水含量不固定，因而化学成分变化较大。硅孔雀石为铜矿物遇到富含硅胶体的水而生成，常呈皮壳状、钟乳状、土状集合体。颜色为绿色-浅蓝绿色，含铁时可变褐色，含水高时变白色，土状光泽或蜡状光泽，莫氏硬度为2，密度 $2.4g/cm^3$ 。具弱磁性，在 $1400 \sim 1600mT$ 场强进入磁性产品。矿石中硅孔雀石微区化学成分能谱分析结果见表3-51。从表3-51中可见，硅孔雀石普遍含 Al、Fe、Ca、Mg、Cl、S 等杂质。由于硅孔雀石含有数量不等的结晶水，能谱分析结果中硅孔雀石含 Cu 量偏高。单矿物分析硅孔雀石含 Cu 23.92%。

表 3-51　硅孔雀石微区化学成分能谱分析结果[①]　　　　　　　　（%）

测点	化学组成及含量								
	Cu	O	Mg	Al	Si	S	Cl	Ca	Fe
1	41.19	35.43	0.66	0.72	21.18	0.12	0.18	0.36	0.18
2	44.82	32.74	1.32	0.92	17.93	0.15	1.49	0.40	0.22
3	27.10	45.11	0.38	1.41	22.66	0.06	2.39	0.81	0.08
4	41.88	36.33	0.28	0.45	20.45	0.06	0.19	0.26	0.08
5	52.66	22.49	0.31	0.37	23.69	0.10	0.19	0.09	0.10
6	23.56	48.65	0.43	0.98	21.91	0.05	3.42	0.79	0.19
7	29.92	42.50	0.42	1.41	23.42	0.01	1.53	0.73	0.07
8	52.89	21.59	0.38	1.01	21.34	0.01	1.90	0.61	0.28
9	44.34	33.98	0.39	0.94	19.55	0.08	0.13	0.57	0.02
10	40.37	35.53	1.96	1.07	17.37	0.27	2.52	0.71	0.19
平均	39.87	35.44	0.65	0.93	20.95	0.09	1.39	0.53	0.14

①　能谱检测结果中不含硅孔雀石的结晶水，各元素含量比实际含量略为偏高。

　　矿石中的硅孔雀石数量不多，常见充填交代于孔雀石的空洞中，也见充填于石英空洞中。

　　在锂硬锰矿的组成中， Mn^{4+} 可被 Mn^{2+} 所代替，Al 和 Li 可为 Cu、Co、Ni、Fe^{2+} 等代替，其他混合物还有 Ba、K、Ca、Na 等，在胶体分散集合体中，代替离子的数量因吸附作用而有所增加。矿样中硬锰矿 X 射线衍射图谱如图 3-63 所示，与锂硬锰矿的谱线基本吻合，但由于铜钴的替代，峰位有所偏差，同时该硬锰矿由胶体结晶生成，结晶程度较差，谱峰呈弥散状。矿石中有两种含钴量差别较大的硬锰矿，其中富铜钴的硬锰矿矿物含量为 0.173%，富铜贫钴的硬锰矿矿物含量为 1.917%。富铜硬锰矿的化学成分能谱分析见表 3-52，富铜钴硬锰矿的化学成分能谱分析见表 3-53。两种硬锰矿均具富铜、钴，而铝含量较低的特点，并且因为胶体吸附作用，铜、钴含量变化较大，同时含有多种杂质元素。铜硬锰矿含铜量差别较大，含 Cu 13%~25%，含钴较低，一般在 5% 以内；铜钴硬锰矿的铜和钴含量均较高，含 Cu 15%～35%、Co 5%～13%，前者多呈分散状态于粉砂岩中，而无法富集单矿物。后者在假孔雀石脉两侧形成脉壁，脉宽 0.1～2mm 不等，两侧多有锰扩散带（见图 3-64）。从矿脉中富集铜钴硬锰矿单矿物分析：Cu 23.93%，Co 11.11%，Mn 18.92%，与能谱分析结果相吻合；黑色的胶态锰扩散带化学成分分析：Cu 3.39%，Co 1.21%，Mn 2.50%。该硬锰矿结晶非常微细，通常为细分散多矿物集合体，具胶态环带状、葡萄状、肾状、皮壳状、钟乳状、脉状，颜色为黑色至钢灰色，粉末褐色至黑色，半金属光泽，莫氏硬度 2.5～3，密度 3.4g/cm³，具电磁性，在 500～750mT 场强进入磁性产品。类似我国南方分布甚广的"钴土矿"，但含铜、钴较一般的"钴土矿"高。

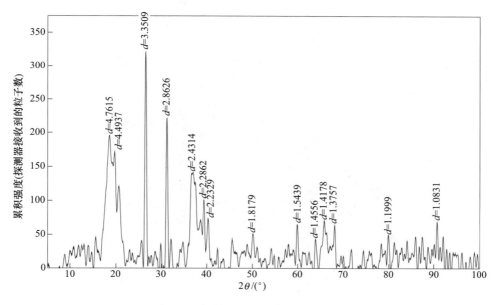

图 3-63　铜钴硬锰矿 X 射线衍射图谱

表 3-52　铜硬锰矿化学成分扫描电镜能谱分析结果　　　　　　　　　（%）

测点	化学成分及含量													
	Cu	Co	Fe	Mn	Ba	Ca	Cl	Si	Al	O	Mg	P	K	S
1	24.65	4.53	9.11	18.97	0.38	1.43	0.98	8.53	0.75	29.91	0.44	0.33	0.00	0.00
2	23.52	3.09	6.45	21.90	1.17	0.86	0.56	8.25	0.95	33.24	0.00	0.00	0.00	0.00
3	20.59	2.36	10.31	23.77	2.51	0.77	0.55	7.27	1.12	30.33	0.19	0.21	0.00	0.00
4	15.15	2.72	0.00	34.02	8.77	1.06	0.64	4.93	0.64	31.07	1.01	0.00	0.00	0.73
5	14.76	2.95	0.00	8.69	0.00	0.60	0.00	16.06	2.73	45.79	8.08	0.00	0.35	0.00
6	13.11	0.00	3.34	39.70	10.50	1.24	0.94	2.58	0.00	27.59	0.00	0.28	0.00	0.00
平均	18.63	2.61	4.87	24.51	3.89	0.99	0.61	7.94	1.03	32.99	1.62	0.14	0.06	0.12

表 3-53　铜钴硬锰矿化学成分扫描电镜能谱分析结果　　　　　　（%）

测点	化学成分及含量											
	Cu	Co	Fe	Mn	Ba	Ca	Cl	Si	Al	O	Mg	P
1	34.79	13.44	2.58	16.91	0.07	0.38	0.13	6.31	2.93	21.90	0.00	0.56
2	29.16	5.97	1.09	24.15	0.71	0.68	1.75	10.52	2.05	23.92	0.00	0.00
3	27.35	5.16	3.13	15.86	0.00	0.73	1.99	13.25	1.21	30.93	0.35	0.04
4	25.01	9.10	0.00	19.99	0.00	0.94	0.76	8.42	2.21	33.59	0.00	0.00
5	15.24	12.32	0.00	30.44	0.00	1.01	0.00	0.89	0.00	40.09	0.00	0.00
平均	26.31	9.20	1.36	21.47	0.16	0.75	0.93	7.88	1.68	30.09	0.07	0.12

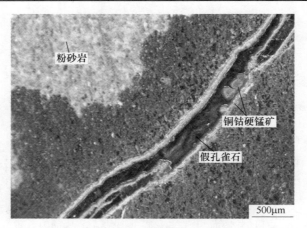

图 3-64　体视显微镜，放大 50 倍 假孔雀石脉两侧脉壁为铜钴硬锰矿，
并有铜钴硬锰矿胶体向假孔雀石两侧的粉砂岩缝隙渗透扩散

E　铜和钴在矿石中的赋存状态

根据原矿矿物组成和各矿物含铜量分析，做出铜在矿石中的平衡分配，见表 3-54。从表 3-54 中看出，矿石中铜矿物和含铜矿物的种类较多，其中以辉铜矿为主的硫化铜矿物中铜占原矿总铜的 12.64%，赤铜矿中铜占原矿总铜的 0.46%，孔雀石中铜占原矿总铜的 63.32%，假孔雀石中铜占原矿总铜的 1.16%，硅孔雀石（含斜硅铜矿）中铜占原矿总铜的 5.35%，铜硬锰矿和铜钴硬锰矿中铜占原矿总铜的 9.79%，褐铁矿中的铜占原矿总铜的 1.58%，分散于脉石矿物中铜占原矿总铜的 5.45%。即辉铜矿等硫化铜（含赤铜矿）精矿中，铜的理论回收率为13%左右，氧化铜理论回收率为 70%左右，但由于硅孔雀石可浮性差，对氧化铜的回收有一定影响。此外，铜钴氧化物的硬度小、易泥化、可浮性差，对铜回收率也有较大影响。

表 3-54 铜在矿石中的平衡分配　　　　　　　　　（%）

矿　物	矿物含量	Cu 含量	占有率
辉铜矿	0.694	74.15	12.64
赤铜矿	0.021	88.80	0.46
斑铜矿	0.007	63.33	0.11
黄铜矿	0.002	34.56	0.02
孔雀石	4.992	51.66	63.32
假孔雀石	0.093	50.66	1.16
硅孔雀石/斜硅铜矿	0.911	23.92	5.35
羟钒铜铅石	0.004	15.78	0.02
水钴矿	0.038	12.39	0.12
铜钴硬锰矿	0.173	23.93	1.02
铜硬锰矿	1.917	18.63	8.77
褐铁矿	1.733	3.72	1.58
脉石矿物	88.825	0.25	5.45
其　他	0.590		0.00
合　计	100.000	4.07	100.00

F　结论

（1）铜矿物种类较多，以孔雀石为主，其次是辉铜矿、硅孔雀石和斜硅铜矿，少量至微量的假孔雀石、赤铜矿、斑铜矿、黄铜矿等；钴矿物和含钴矿物主要为水钴矿和铜钴硬锰矿；除硫化铜矿物之外，其他金属矿物极少，只有微量黄铁矿；氧化铁和钛矿物有褐铁矿、磁铁矿、金红石和钛铁矿；脉石矿物主要是石英、白云石、粉砂岩屑（包括石英粉砂、绢云母、绿泥石等泥质胶结物）等。

（2）辉铜矿和赤铜矿的嵌布粒度较细，主要粒度范围为 0.01~0.08mm，其中小于 0.01mm 的难选离子占 19% 左右，属于细-微细均匀嵌布类型；孔雀石嵌布粒度粗细极不均匀，充填于破碎带裂缝的孔雀石粒度很粗，呈大块状，但多数孔雀石呈脉状、微细、粉砂状，孔雀石的嵌布粒度范围为 1.28~10.24mm 和 0.01~0.64mm，其中大于 10.24mm 的粗颗粒孔雀石占 16% 左右，属于粗粒极不均匀嵌布类型。

（3）+0.074mm 粒级辉铜矿/赤铜矿的解离度都较低，且远低于孔雀石/硅孔雀石/假孔雀石的解离度，-0.074~+0.043mm 粒级辉铜矿/赤铜矿解离度迅速增大。磨矿细度-0.074mm 分别为占 64.04%、74.43%、81.21%、87.88% 时，辉铜矿/赤铜矿的总解离度分别为 68.42%、85.76%、90.37%、93.28%；孔雀石等氧化铜矿物的总解离度分别为 87.28%、92.99%、96.56%、98.49%，显然，该矿石孔雀石等氧化铜矿物比辉铜矿和赤铜矿易解离。孔雀石和辉铜矿等铜矿物多数嵌布于粉砂岩中，因而孔雀石和辉铜矿等铜矿物主要连生体为石英等粉砂岩屑矿物，只有少量铜矿物与白云石连生。

（4）本书中对矿石中富铜钴硬锰矿做了较详细的研究，研究结果表明，富铜钴的硬锰矿矿物含量为0.173%，铜硬锰矿含铜量差别较大，含 Cu 量13%～25%，含钴较低，一般在5%以内；富铜贫钴的硬锰矿矿物含量为1.917%，铜钴硬锰矿的铜和钴含量均较高，含 Cu 15%～35%、Co 5%～13%。两种硬锰矿均具富铜、钴，而铝含量较低的特点，并且因为胶体吸附作用，铜、钴含量变化较大，同时含有多种杂质元素。前者多呈分散状态于粉砂岩中，后者在假孔雀石脉两侧形成脉壁，脉宽0.1～2mm 不等，两侧多有锰扩散带。该硬锰矿类似我国南方分布甚广的"钴土矿"，但含铜、钴较一般的"钴土矿"高。

（5）泥质粉砂岩为矿床的成矿母岩，由石英、长石砂屑和泥质胶结组成，泥质胶结物的主要成分为绢云母和绿泥石。

（6）矿石中铜的赋存状态查定表明，以辉铜矿为主的硫化铜矿物中铜占原矿总铜的12.64%，赤铜矿中铜占原矿总铜的0.46%，孔雀石中铜占原矿总铜的63.32%，假孔雀石中铜占原矿总铜的1.16%，硅孔雀石（含斜硅铜矿）中铜占原矿总铜的5.35%，铜硬锰矿和铜钴硬锰矿中铜占原矿总铜的9.79%，褐铁矿中的铜占原矿总铜的1.58%，分散于脉石矿物中铜占原矿总铜的5.45%。即辉铜矿等硫化铜（含赤铜矿）精矿中，铜的理论回收率为13%左右，氧化铜理论回收率为70%左右，但由于硅孔雀石可浮性差，对氧化铜的回收有一定影响，此外，铜钴氧化物的硬度小、易泥化、可浮性差对铜回收率也有较大影响。

（7）矿石中钴的赋存状态查定表明，矿石中钴较分散，主要以水钴矿矿物形式和类质同象替代和吸附形式存在于硬锰矿中。铜硬锰矿和铜钴硬锰矿中的钴占原矿总钴的63.06%，以水钴矿形式存在的钴占原矿总钴的16.27%，孔雀石中的钴占原矿总钴的5.91%，辉铜矿中赋存的钴占原矿总钴的0.21%，分散于脉石中的钴占原矿总钴的14.56%。由于铜钴硬锰矿在矿石中分散，易泥化，可浮性差，对钴的回收率将有一定影响。

3.6.4.2　刚果金 KOLWEZL 矿的技术难点

刚果金 KOLWEZL 矿的技术难点如下：

（1）矿石嵌布粒度非常细，且比较难磨，容易造成部分过粉碎，因此选择合适的磨矿细度和选择性磨矿作用是很重要的。

（2）矿泥对浮选影响较大，需要选择合理的工艺流程来尽量减小矿泥对浮选的干扰。

（3）氧化铜可浮性差异较大，不同可浮性需采用不同工艺和药剂制度，由于铜钴嵌布粒度非常细，难选的氧化矿主要是连身体和半包裹体，因此必须采用捕收能力更强的捕收剂。试验结合矿石性质的特点进行了大量的氧化铜矿选矿药剂的探索试验（调整剂、抑制剂、活化剂、捕收剂和辅助捕收剂），以及多种试验方案的研究。试验的原则工艺是先浮硫化矿，后浮易选氧化矿，再浮难选氧化矿，分段浮选工艺可最大限度地提高铜、钴的回收率。

3.6.4.3 刚果金 KOLWEZL 矿选矿技术及指标

A 磨矿细度条件试验

磨矿细度条件试验工艺流程如图 3-65 所示，试验结果见表 3-55。由试验结果可以看出，随着磨矿细度的增加，回收率也相应增加，试验暂定为 -0.074mm 占 83%。

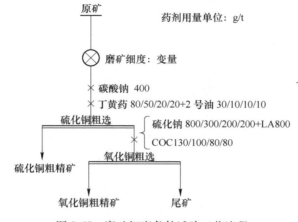

图 3-65 磨矿细度条件试验工艺流程

表 3-55 磨矿细度条件试验结果 （%）

产品名称	磨矿细度 (-0.074mm) 占比	产率	品位		回收率	
			Cu	Co	Cu	Co
硫化铜粗精矿		13.43	6.31	0.114	18.11	16.35
氧化铜粗精矿	73	18.16	14.77	0.181	57.33	35.10
尾 矿		68.41	1.68	0.0665	24.56	48.55
原 矿		100.00	4.68	0.094	100.00	100.00
硫化铜粗精矿		17.91	5.22	0.109	20.22	21.55
氧化铜粗精矿	83	18.61	15.25	0.177	61.38	36.38
尾 矿		63.48	1.34	0.060	18.40	42.07
原 矿		100.00	4.623	0.091	100.00	100.00
硫化铜粗精矿		19.19	4.91	0.102	21.23	21.96
氧化铜粗精矿	92	21.05	13.34	0.163	63.28	38.48
尾 矿		59.76	1.15	0.059	15.49	39.56
原 矿		100.00	4.437	0.089	100.00	100.00

B　硫化矿粗选捕收剂种类条件试验

硫化铜捕收剂种类选择试验流程如图 3-66 所示，试验结果见表 3-56。

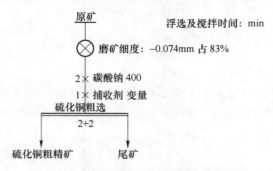

图 3-66　硫化铜捕收剂种类选择试验流程

表 3-56　硫化铜捕收剂种类选择试验结果

产品名称	捕收剂种类	产率/%	品位/%		回收率/%	
			Cu	Co	Cu	Co
硫化铜粗精矿		18.14	5.05	0.105	20.21	21.10
尾　矿	BP	81.86	4.42	0.087	19.19	78.90
原　矿		100.00	4.574	0.09	80.81	100.00
硫化铜粗精矿		16.79	5.19	0.102	19.19	18.78
尾　矿	丁黄药	83.21	4.41	0.089	80.81	81.22
原　矿		100.00	4.541	0.091	100.00	100.00

从硫化铜粗选捕收剂种类条件试验可以看出，采用 BP 和丁黄药对选矿指标影响不大。但在试验中发现在硫化铜精选过程中 BP 选择性更好，有利于提高硫化铜精矿品位。

C　氧化矿粗选硫化钠用量条件试验

氧化铜浮选硫化钠用量条件试验流程如图 3-67 所示，试验结果见表 3-57。由表 3-57 试验结果可以看出，硫化钠用量在 1500g/t 时为宜。

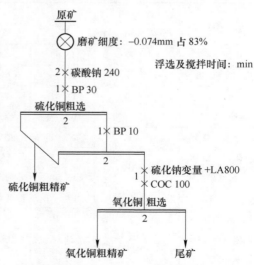

图 3-67　氧化铜浮选硫化钠用量条件试验流程

表 3-57　硫化钠用量条件试验结果

产品名称	硫化钠用量 /g·t⁻¹	产率/%	品位/%		回收率/%	
			Cu	Co	Cu	Co
硫化铜粗精矿	1000	16.47	5.28	0.101	19.28	18.81
氧化铜粗精矿		6.06	8.45	0.175	11.36	12.00
尾 矿		77.47	4.04	0.079	69.77	69.19
原 矿		100.00	4.512	0.088	100.00	100.00
硫化铜粗精矿	1500	15.91	5.31	0.103	18.74	18.33
氧化铜粗精矿		7.77	15.73	0.192	26.43	16.71
尾 矿		76.31	3.24	0.076	54.83	64.94
原 矿		100.00	4.51	0.089	100.00	100.00
硫化铜粗精矿	2000	16.31	5.30	0.102	19.27	18.48
氧化铜粗精矿		5.32	11.97	0.186	14.20	11.00
尾 矿		78.36	3.81	0.081	66.753	70.82
原 矿		100.00	4.487	0.090	100.00	100.00

　　D　氧化矿粗选捕收剂种类试验

　　氧化矿捕收剂的选择至关重要，高效的捕收剂不仅可以提高铜钴回收率，而且可以提高精矿品位，氧化矿粗选捕收剂种类试验工艺流程如图 3-68 所示，试验结果见表 3-58。

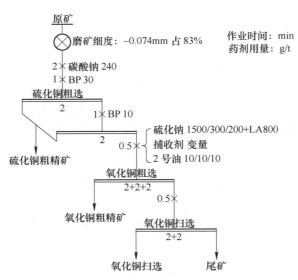

图 3-68　氧化矿粗选捕收剂种类试验工艺流程

表 3-58　氧化矿粗选捕收剂种类试验结果

产品名称	捕收剂种类	产率/%	品位/%		回收率/%	
			Cu	Co	Cu	Co
硫化铜粗精矿		16.35	5.26	0.104	19.07	18.37
氧化铜粗精矿		17.89	14.88	0.192	59.03	37.11
氧化铜扫选	戊基黄药	8.52	5.28	0.141	9.97	12.98
尾　矿		57.24	0.94	0.051	11.93	31.54
原　矿		100.00	4.51	0.093	100.00	100.00
硫化铜粗精矿		17.22	5.14	0.105	19.35	19.77
氧化铜粗精矿		19.43	15.05	0.189	63.92	40.15
氧化铜扫选	COC	9.36	3.33	0.132	6.81	13.51
尾　矿		53.99	0.84	0.045	9.91	26.57
原　矿		100.00	4.57	0.089	100.00	100.00
硫化铜粗精矿		16.51	5.28	0.092	19.27	17.14
氧化铜粗精矿		16.22	13.48	0.199	48.34	36.43
氧化铜扫选	苯甲羟肟酸	6.21	6.28	0.151	8.62	10.58
尾　矿		61.06	1.76	0.052	23.76	35.84
原　矿		100.00	4.52	0.089	100.00	100.00
硫化铜粗精矿		16.51	5.53	0.088	20.23	16.22
氧化铜粗精矿		12.34	15.08	0.201	41.24	27.70
氧化铜扫选	8 羟基喹啉	5.39	6.27	0.163	7.49	9.81
尾　矿		65.76	2.13	0.063	31.04	46.27
原　矿		100.00	4.51	0.090	100.00	100.00

从试验结果来看，各种捕收剂对氧化铜钴矿的捕收性能依次为 COC＞戊基黄药＞苯甲羟肟酸＞8-羟基喹啉，结合矿石性质，综合考虑易浮氧化铜采用戊基黄药作为捕收剂，难浮氧化矿采用强捕收力 COC 作为捕收剂，铜钴回收率获得大幅提高。

E　全流程开路试验

在条件试验结果基础上，进行了全流程开路试验，试验工艺流程和药剂制度如图 3-69 所示，试验结果见表 3-59。

F　闭路试验

为了选择更优的工艺流程，进行了多种工艺流程的对比试验，确定了最终的闭路试验工艺流程。推荐闭路试验工艺流程如图 3-70 所示，推荐闭路试验结果见表 3-60。

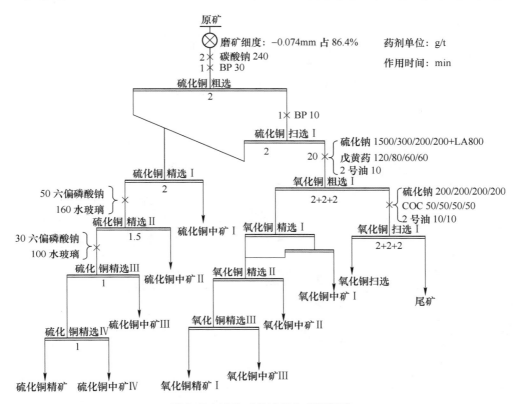

图 3-69 试验工艺流程和药剂制度

表 3-59 全流程开路试验结果 （%）

产品名称	产率	品位		回收率	
		Cu	Co	Cu	Co
硫化铜精矿	0.63	28.28	0.034	3.93	0.24
硫化铜中矿 I	8.19	2.56	0.082	4.62	7.46
硫化铜中矿 II	3.58	4.34	0.051	3.43	2.03
硫化铜中矿 III	2.84	7.88	0.044	4.93	1.39
硫化铜中矿 IV	0.92	15.26	0.039	3.10	0.40
氧化铜精矿	6.03	40.21	0.231	53.46	15.48
氧化铜中矿 I	8.29	1.86	0.123	3.40	11.33
氧化铜中矿 II	5.15	7.29	0.109	8.28	6.24
氧化铜中矿 III	1.33	15.25	0.111	4.47	1.64
氧化铜扫选	11.88	1.51	0.175	3.96	23.10
尾 矿	51.16	0.57	0.054	6.43	30.70
原 矿	100.00	4.54	0.090	100.00	100.00

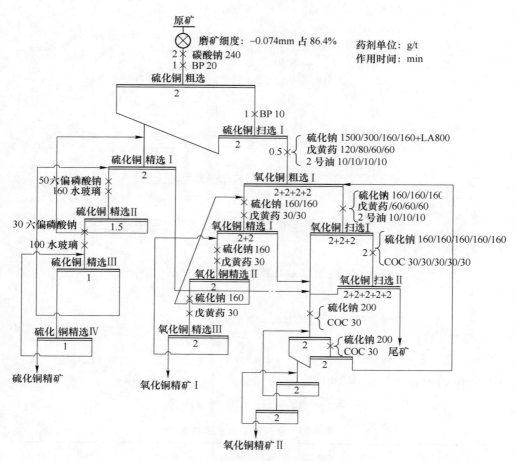

图 3-70　推荐闭路试验工艺流程

表 3-60　推荐闭路试验结果　　　　　　　　　（%）

产品名称	产率	品位		回收率	
		Cu	Co	Cu	Co
硫化铜精矿	0.94	25.88	0.086	5.30	0.91
氧化铜精矿 I	10.22	32.68	0.233	72.83	26.88
氧化铜精矿 II	4.53	7.99	0.184	7.90	9.41
总精矿	15.69	25.16	0.211	86.03	37.20
尾矿	84.31	0.76	0.066	13.97	62.80
原矿	100.00	4.59	0.089	100.00	100.00

参考文献

[1] 刘诚.典型氧化铜矿孔雀石的硫化浮选研究与应用 [D].赣州：江西理工大学，2012.

[2] 陈波.索拉沟难选氧化铜矿石选矿试验研究 [D].沈阳：东北大学，2014.

[3] 赵援，杨温琪，姚建成，等.螯合活化剂对孔雀石的活化及其对氧化铜矿石浮选应用 [J].有色金属，1993（4）：36-41.

[4] 毛莹博.铵-胺盐强化硫化孔雀石浮选理论与试验研究 [D].昆明：昆明理工大学，2016.

[5] 傅文章，谷晋川.氧化铜矿浮选研究 [J].矿产综合利用，1997（3）：37-42.

[6] 韦华祖.烃基含氧酸盐捕收剂浮选孔雀石的研究 [J].有色金属（选矿部分），1988（1）：39-41.

[7] 赵华伦，余成，李兵容，等.难选氧化铜矿浸出-沉淀-载体浮选法试验研究.[J].现代矿业，2010（1）：52-54.

[8] 袁盛朝，戈保梁.难选氧化铜矿浸出-置换-浮选试验研究 [J].矿冶，2008（1）：53-54.

[9] 李有辉，李成必，张行荣，等.云南某氧化铜矿石浮选试验 [J].金属矿山，2017（4）：68-71.

[10] 乔吉波，王少东，张晶，等.缅甸某氧化铜矿选矿工艺研究 [J].矿冶工程，2018，38（3）：71-73，78.

[11] 李江涛.云南元江氧化铜矿浮选工艺研究 [D].昆明：昆明理工大学，2003.

[12] 李国栋.铵（胺）盐在铜矿硫化浮选中的作用机制研究 [D].昆明：昆明理工大学，2017.

[13] 吕世海.泥质结合氧化铜的离析-浮选研究 [J].矿冶工程，1985（1）：30-33.

[14] 何章辉.氧化铜矿石处理技术及铜矿选矿技术的进展 [J].中国新技术新产品，2015（20）：62.

[15] 张雨田，宋翔宇，耿彬，等.某氧化铜矿的选矿工艺研究 [J].矿产保护与利用，2011（Z1）：53-56.

[16] 白洁，艾晶，张行荣.氧化铜矿浮选药剂研究与应用进展 [J].现代矿业，2014，30（12）：48-51.

[17] 张文彬.氧化铜矿浮选研究与实践 [M].长沙：中南工业大学出版社，1991.

[18] 张覃，张文彬，刘邦瑞.在孔雀石的黄药直接浮选体系中铵离子浓度的研究 [J].昆明理工大学学报，1997（4）：3-6，35.

[19] 陈代雄，严宇扬，肖骏，等.苯甲羟肟酸和丁基黄药协同浮选氧化铜矿石试验 [J].现代矿业，2015，31（8）：70-73.

[20] 邱允武.螯合捕收剂B130浮选难选氧化铜矿石的研究 [J].有色金属（选矿部分），2006（2）：40-44，47.

[21] 蒋太国，方建军，张铁民，等.氧化铜矿选矿技术研究进展 [J].矿产保护与利用，2014，（2）：49-53.

[22] 胡绍彬.消除矿泥对汤丹难选氧化铜矿浮选影响的研究进展 [J].云南冶金，1999，6

（3）：15-18.

[23] 文娅. 四川会东难处理氧化铜矿浮选工艺及机理研究［D］. 昆明：昆明理工大学，2012.

[24] 王普蓉，宋全圣，李攀，等. 云南某难选氧化铜矿石浮选活化剂优化［J］. 现代矿业，2015（7）：79-81.

[25] 胡绍彬，罗才高. 深度活化浮选汤丹氧化铜矿的研究及应用［J］. 云南冶金，1997（5）：17-24.

[26] 蒋太国，方建军，毛莹博，等. 铵（胺）盐在氧化铜矿强化硫化浮选中的应用进展［J］. 矿产保护与利用，2015（3）：65-70.

[27] 李亚斐，刘全军. 氧化铜矿浮选药剂的研究［J］. 矿产保护与利用，2010（6）：48-51.

[28] 魏党生，韦华祖，叶从新，等. 国外某氧化铜矿选矿工艺研究［J］. 湖南有色金属，2008（5）：8-12，39.

[29] 朱雅卓，冯其明，胡波. 某氧化铜矿选矿试验研究［J］. 湖南有色金属，2016，32（4）：25-28，48.

[30] 朱从杰. 矿泥对氧化锌矿物浮选行为的影响［J］. 矿产综合利用，2005（1）：7-11.

4 铜钼矿选矿技术

4.1 铜钼矿矿床类型和矿石特性

铜钼矿石是钼的主要来源之一，而智利、美国、加拿大、秘鲁、墨西哥以及俄罗斯，则是从铜钼矿石中回收钼精矿的主要国家。国外的实践表明，近年开采的铜钼矿床，其最低铜品位为 0.2% ~ 0.3%，最低钼品位为 0.01% ~ 0.011%[1]。我国钼储量非常丰富，钼金属储量仅次于美国，居世界第二位。

4.1.1 矿床类型

硫化铜钼矿石主要产于斑岩铜钼矿与矽卡岩铜钼矿矿床中。矿床中铜钼紧密共生，当钼含量较高时，即为钼矿床，铜为副产品。反之，则为铜矿床，钼为副产品。这类矿床与中酸性花岗岩类浸入体有关，矿体产于浸入体顶部和外接触带岩石中。矿石具有特殊的细脉浸染状、细网脉状构造。其主要金属矿物为辉钼矿、黄铜矿、黄铁矿、辉铜矿。矿石品位低，但矿床规模大，常为巨型矿床。

世界斑岩铜矿的含矿斑岩主要有两种类型：钙碱性系列斑岩和钾玄岩系列斑岩。前者发育于岛弧环境，以智利安第斯斑岩铜矿为代表[2]；后者产出于碰撞造山环境，与大规模走滑断裂系统有关，以玉龙斑岩铜矿为代表[3,4]。

在斑岩铜钼矿中，辉钼矿的生成年代与铜矿物不同，因而它们的分布规律也不同，在矿体空间分布上的不规律现象，造成矿石中钼品位较大的变化，致使浮选操作困难。此外，非晶质与晶质的辉钼矿可浮性不同，在磨矿回路中前者有泥化或呈粗粒漏磨的现象，结果会使钼的浮选指标难以稳定。

在矽卡岩型铜钼矿床中，根据矽卡岩型矿床的成矿控制因素以及矿体与岩体和容矿岩层的关系，可把这类矿床归纳为几种形式：（1）接触式。矿体就位于岩体接触带包括捕房体接触带上。（2）层控式。矿体沿一定层位在外接触带作单层或多层产出。（3）裂隙充填式。脉状含矿矽卡岩沿裂隙充填交代。（4）角砾岩（筒）式。矿体产于各类矽卡岩化的角砾岩体或筒中。（5）复合式。主要为层控式与接触式的复合。以上各种形式在成矿条件上有密切的联系，在空间配置上有一定的规律，并构成了矽卡岩型矿床的一个初步成矿模式[5]。在该矿床中辉钼矿常呈小颗粒散存于矽卡岩内，或沿着裂隙呈细脉状贯穿于矽卡岩体内，或与黄铁矿、黄铜矿等金属硫化矿物一起，分布于矽卡岩内石英脉中，有时与分散于矽卡岩中的白钨矿共生。虽然此类矿床规模虽然不大，但矿床中的钼含量较高，因此在国内具有很大的工业价值。

在钼矿床中，热液石英脉型辉钼矿矿床为次要类型，常与高温热液型石英-黑钨矿矿床共生，与花岗岩侵入体密切相关。此类矿床常产于花岗岩、花岗闪长岩及附近围岩中，矿床属于高-中温热液型。

4.1.2　矿石性质

4.1.2.1　辉钼矿

辉钼矿（MoS_2）是自然界中已知的 30 余种含钼矿物中分布最广并具有工业价值的钼矿物。辉钼矿为铅灰色，与石墨近似，有金属光泽，密度为 $4.7 \sim 4.8 g/cm^3$，硬度仅为 $1 \sim 1.5$，由于硬度较低，所以极易磨碎。辉钼矿属六方晶系，晶体常呈六方片状，底面常有花纹，质软有滑感，片薄有挠性。晶格中 Mo 原子位于同一平面上，与旁边两层的硫原子层形成共价键，构成了 S-Mo-S 的"三重层"结构。而"三重层"与"三重层"之间则为较弱的分子键联系，所以在破碎磨矿时辉钼矿并呈层片状形态解离。所以辉钼矿常呈现为六方板状、叶片状、鳞片状或细小的分散片状等。由于这些层片状表面是由疏水性的硫原子所组成，所以辉钼矿表面具有天然疏水性，是最易浮选的硫化矿物。然而在层片体断裂所暴露出来的边部，由于钼原子与硫原子之间的共价键作用，导致这一部分呈现出很强的亲水性，这种现象称为"边缘效应"。"边缘效应"说明当辉钼矿粒度过细时会增加辉钼矿的亲水性。粒度较大时，则由于晶体边部表面积与疏水层片的表面积相比，所占的比例很小，所以天然可浮性较好。因此，在磨矿过程中需要尽量避免过磨。

在磨矿过程中，因为辉钼矿的硬度较低，所以容易造成过粉碎现象。且由于辉钼矿的可浮性极好，在磨矿过程过磨的辉钼矿涂抹在脉石粒子的表面，增加了脉石矿物的可浮性，导致辉钼矿精矿的品位降低（由于脉石进入泡沫中）。因此，在钼矿石浮选流程中，往往在粗磨后进行粗粒浮选。

4.1.2.2　黄铜矿

黄铜矿是铜矿物的主要存在形式，是一种铜铁硫化物矿物，其化学式为 $CuFeS_2$，理论含铜 34.56%。常含微量的金、银等。晶体相对少见，为四面体状，多呈不规则粒状及致密块状集合体，也有肾状、葡萄状集合体。黄铜矿呈现铜黄色，表面常有蓝色、青铜色、紫褐色的斑状锖色。绿黑色条痕。金属光泽，不透明，具导电性，硬度 $3 \sim 4$，性脆。相对密度 $4.1 \sim 4.3 g/cm^3$。黄铜矿是一种较常见的铜矿物，可形成于不同的环境下，但主要是热液作用和接触交代作用的产物，常可形成具一定规模的矿床。

黄铜矿属四方晶系，晶体结构如图 4-1 所示。其中金属原子铜与铁离子都是

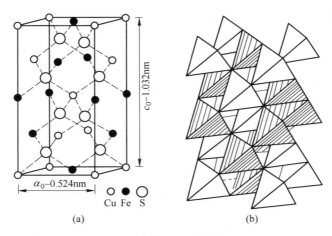

图 4-1 黄铜矿的晶体结构图

四配位结构，四方晶系。值得注意的是，黄铜矿在自然界中没有很好的解理面，也即表面成分相对复杂，但是其在浮选中扮演重要作用的成分已经得到了深入的研究。在一个块矿的黄铜矿表面，每一个 S 原子与 4 个金属原子配位结合，而每一个金属原子又与 4 个 S 配体原子形成配位结构。黄铜矿属于四方晶系，金属光泽。在黄铜矿结晶构造中，4 个金属离子（两个铜离子和两个铁离子）位于四面体顶角，中间是硫离子，每一个配位四面体的结构相同。黄铜矿的晶格能较高，而且，结晶构造中硫离子所处的位置对铜铁来说是在晶格的内层，因此，相比于其他硫化矿物，黄铜矿更不易被氧化。

4.2 铜钼矿物浮选行为

4.2.1 辉钼矿的浮选行为

辉钼矿的赋存特点是高度分散与细粒浸染，尤其在硫化铜钼矿石中，钼品位几乎均低于 0.06%，一般要磨到 0.038~0.023mm（400~600 目）后，才能使辉钼矿充分解离出来。在不同的铜钼矿床中，由于辉钼矿的地质成因与成矿条件不同，其矿物特性相应地也有所不同，因而浮选行为也不尽相同。此外，铜矿物与钼矿物的共生情况、结构与浸染特性、氧化程度、结晶程度以及它们与其他矿物的共生关系，脉石矿物的浮游特性等对铜的浮选指标均有很大影响。矿石中有氧化钼矿物存在时则不能用通常的方法回收。如已发现滑石矿物及胶态的黄铜矿可以在辉钼矿表面成泥质覆盖层，浮选用石灰控制介质 pH 值为 9.5~11.5，有时也会产生坏的影响，因为当矿泥凝聚时，会包裹细粒的辉钼矿。

纯辉钼矿的可浮性与 pH 值及 Zeta 电位有密切的关系，如图 4-2 所示。

辉钼矿的氧化反应进行得很慢，在矿石的开采和浮选的准备过程中，辉铜矿

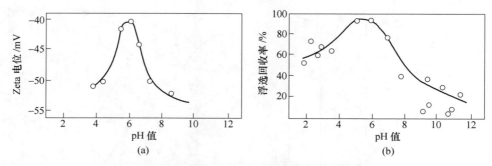

图 4-2　辉钼矿浮选中 Zeta 电位及浮选行为与 pH 值的关系
（a）Zeta 电位与 pH 值的关系；（b）浮选行为与 pH 值的关系

的氧化程度要比其他硫化物小。辉铜矿在低温氧化时生成可溶于水的表面氧化物，它可能是 $MoO_{2.5~3}$，对辉钼矿的可浮性影响较小。相反，在高温氧化时生成不溶于水的表面氧化物 MoO_3，它降低了辉钼矿对水的接触角，用 KOH 洗涤时，可从表面除去 MoO_3，这时接触角复原。

4.2.2　黄铜矿的浮选行为

在中性及弱碱性介质中，黄铜矿可长期保持其天然可浮性。当黄铜矿在 pH 值为 6 的弱酸性介质中氧化时，其氧化产物如 H^+、Cu^{2+}、Fe^{2+}、Fe^{3+}、SO_4^{2-} 等离子进入溶液中，当黄铜矿在碱性介质中（pH 值为 10~11）氧化时，生成 SO_3^{2-}、$S_2O_3^{2-}$ 等离子，但没有重金属离子。但在 pH 值大于 11 的强碱性介质中，受 OH^- 的作用而生成氢氧化铁等化合物覆盖在矿物表面上，形成氢氧化铁薄膜，其天然可浮性下降。对于过氧化的黄铜矿，可用苏打和磺化油改善它的浮选性能。

黄铜矿在水中细磨时，会吸收溶液中的氧，使表面氧化，硫离子一部分氧化成 SO_3^{2-} 或 SO_4^{2-}。因此，黄铜矿在磨矿、搅拌过程中，表面会有一定程度的氧化，在表面同时存在有阴离子 SO_3^{2-} 或 SO_4^{2-} 和阳离子 Cu^{2+}、Fe^{3+}。考虑药剂作用时，必须顾及氧化作用及形成的上述离子。没有受过强烈氧化作用的黄铜矿，很容易用普通的阴离子捕收剂浮选。这些捕收剂通常是黄药和黑药。近年来，也常混合加入一些酯类捕收剂以增强浮选效果。

黄铜矿在碱性介质中易受氰化物和氧化剂的作用而受到抑制。在铜-铅分离时常用氰化物抑制黄铜矿，浮出方铅矿；在铜-钼分离时，也常用作黄铜矿的抑制剂。黄铜矿在碱性介质中还易被硫化钠和硫化氨抑制，不少选矿利用这个性质，实现铜钼分离。利用氧化剂的作用实现抑铜浮钼分离，近年来，有的选矿厂还利用黄铜矿在矿浆加热后，或在空气中氧的作用下比闪锌矿、辉钼矿容易氧化的特点，通过抑铜浮锌来进行铜锌分离，或通过抑铜（配合硫化钠）浮钼来进行铜钼分离。

国内外处理铜钼矿的浮选方法一般有优先浮选、部分混合浮选和混合浮选-再分离三种方案，在生产实践中，对于低品位斑岩铜钼硫矿石，较常用的是铜钼混合浮选-再分离工艺，极少采用优先浮选和中矿再磨工艺。国外处理铜钼矿石的国家主要有美国、加拿大、智利、俄罗斯、秘鲁及保加利亚等。智利科拉豪西铜选矿厂采用混合浮选—粗精矿再磨分离工艺。阿根廷阿伦布雷拉矿物公司选矿厂同样采用铜硫混合浮选-粗精矿再磨分离工艺。铜硫分离在高 pH 值介质中进行，并且使用氰化物。秘鲁夸霍内铜选矿厂采用铜硫混合浮选-粗精矿再磨分离工艺。铜硫分离在高 pH 值介质中进行。国外矿山比较重视铜精矿品位，一般为 25%~28%，个别少于 25%，铜回收率为 75%~90%。美国科珀顿铜选矿厂采用铜钼硫混合浮选-中矿集中处理工艺。铜钼硫粗精矿用氰化物抑制硫进行精选。

国内大型斑岩铜矿比较多，主要有德兴铜钼矿（大型露采）、鹿鸣钼矿、西藏巨龙铜矿、安徽金寨钼矿、洛阳钼业、新疆东戈壁钼矿和铜矿峪铜矿（地下开采），还有不少的为中小型矿山。其中，德兴铜矿的异步混合浮选工艺是一项重要研究成果。某低品位斑岩铜钼矿铜钼混合浮选阶段采用高效组合抑制剂 CS，在低碱度（pH 值为 7~8）条件下实现了铜、硫分离，伴生金属钼取得了较高的回收率[6]。

4.3 铜钼矿选矿工艺

对于铜钼矿石的浮选，通常有三种方案：（1）混合浮选，获得铜钼混合精矿，然后分离得铜精矿与钼精矿；（2）先浮钼然后浮铜的优先浮选；（3）先浮铜然后浮钼的优先浮选。

生产实践中，最常用的是第一种方案。当矿石中辉钼矿的钼品位高于 0.02%~0.03% 时，可采用第二种方案，当矿石中硫化物的含量很少时，也可以采用第三方案。从理论上讲，在铜或钼的优先浮选时可以抑制其中之一，但在斑岩铜矿中由于辉钼矿的含量低，所以在优先浮选中，抑钼浮铜往往是不经济的，因为下一步回收钼时仍需处理除铜矿物外的全部矿石量。为此应尽可能在粗磨的情况下采用混合浮选获得铜钼混合精矿，并使二者的总回收率最大。然后将混合精矿再磨，使铜矿物与钼矿物充分解离后再进行分离，不过应注意不要过磨，否则辉钼矿由于"边缘效应"的加剧而难于上浮。

对于某些矿石，混合浮选也可分两个阶段来进行：第一阶段是造成有利于辉钼矿浮选的条件，浮得含铜的产物（钼的回收率高），而大部分铜和少量的钼留在尾矿中；第二阶段是把铜与剩余的钼一起浮出。在粗选时，通常只得混合粗精矿，在分选前常进行几次精选（且常预先再磨矿）。铜钼混合粗选时，国外约有 60% 的矿山采用强捕收剂（如黄药类），精选采用具有较好选择性的药剂。起泡剂则用黏性较小的，如 MIBC 是用得最普遍的一种。

4.3.1　混合浮选分离工艺

铜钼混浮流程指的是处理多金属硫化矿物时，先一同浮出矿石中所要回收的几种硫化矿物，然后再将混合精矿进行浮选分离，以得到各种合格精矿。其过程包括：

（1）破碎磨矿。使有用矿物与脉石矿物得到适当解离；

（2）混合浮选。将硫化矿物从大量的脉石矿物中分离出来；

（3）从铜钼混合精矿中优先浮选辉钼矿；

（4）把粗精矿提高到合格产品（包括采用浮选、水冶及重选等，浮选前应确定合理的磨矿细度以保证获得经济的铜、钼回收率）。

在斑岩铜矿石中，铜是主要的回收对象，钼只是副产品，所以矿石的磨矿细度常根据铜的回收率来决定，一般为-0.074mm占50%~70%。

许多铜钼矿石浮选时，多采用混合浮选法，也就是用黄原酸盐类捕收剂（黄药）或三硫化碳酸盐类捕收剂与起泡剂先浮选铜硫化矿与辉钼矿得到铜钼混合精矿。电化学控制接触角测定结果表明，三硫代碳酸盐（TTC）比二硫代碳酸盐（即黄药，DTC）更易于氧化成相应的二硫醇盐。捕收剂常规吸附量分析结果表明，TTC捕收剂可有效地用于硫化矿混合浮选中。过去的分批浮选试验研究证明，TTC捕收剂浮选硫化铜矿物和铂族金属硫化矿物很有效。最近，在美国所进行的分批小型试验和在南非Anglogold选矿厂所进行的工业试验中，评价了TTC捕收剂浮选含金黄铁矿的效果。还在铂族金属矿石小型浮选试验中应用了TTC捕收剂。在这些情况下TTC捕收剂都获得了高效的分离效果。周峰等人[7]研究了从低品位铜钼矿石选钼的工艺流程优化，使用混合浮选法，将铜钼及其他有价金属上浮，再进行后续分离，实现了从所研究的低品位铜钼矿石获得品位较高的钼精矿。混合浮选流程费用低，药剂用量少，浮选设备较为简单，但由于过剩油药的存在，各种矿物表面都覆盖捕收剂薄膜，使得后续混合精矿分离困难，这是混合浮选长期以来存在的问题。

4.3.2　抑铜浮钼

4.3.2.1　化学抑制法

化学抑制法有下列几种：硫化钠法、诺克斯药剂法、氧化剂法、氰化物法。

A　硫化钠法

硫化钠、硫氢化钠、硫化铵以及其他一些类似的化学剂是硫化铜与硫化铁矿物很有效且应用很广的抑制剂。

重金属硫化矿物可浮性的界限与捕收剂和硫化钠浓度之比有关，对每一种矿物来说，在给定的捕收剂用量下有一个硫化钠浓度的临界值。当浓度超过一定值时，它水解生成 HS^-。当 HS^- 浓度过高时，矿物表面不仅停止吸附捕收剂，并开始受到抑制。这是因为 HS^- 与矿物表面发生反应，反应式如下：

$$2CuX + 2HS^- + 2OH^- \Longrightarrow 2CuS + 2H_2O + 2X^-$$

$$3X_2 + HS^- + 3H_2O \Longrightarrow 6X^- + SO_3^{2-} + 7H^+$$

HS^- 的主要作用是：（1）解吸矿物表面的黄原酸盐；（2）氧化双黄药为黄原酸离子。矿物表面的双黄药可能呈物理吸附态，它能增强硫化矿物表面的疏水性，而 HS^- 却使之还原，脱离矿物表面，因而可以认为 HS^- 对硫化矿物表面有清洗作用，从而产生对硫化铜矿物的抑制。但是，当单独使用硫化钠或硫氢化钠时，容易引起已被解吸的黄药再吸附，使硫化铜矿物再度浮游。因此，在整个浮选过程中保持一定的硫化钠浓度及较短的浮选时间是十分重要的。为了加强抑制效果，有时还加适量的水玻璃和少量氰化物，也可将 Na_2S 处理过的混合精矿在分级机中洗涤或加活性炭来吸附矿浆中被解吸下来的黄药。

由于 Na_2S 水溶液的不稳定性（它容易被空气中的氧催化氧化及在 CO_2 作用下发生水解），欲保持必需的 Na_2S 浓度，要求在分离过程中多次补加。因此，该法下的 Na_2S 用量较大，特别是当混合精矿中还混有硫化铁或氧化铜矿物时。但是，可以通过 Na_2S 与蒸汽加温结合起来的方法，大大减少了 Na_2S 的用量。例如，巴尔哈什铜选厂用 Na_2S 分离铜-钼时，在整个浮选作业线宜接向浮选槽通入蒸汽后，Na_2S 用量由 22kg/t 减少到 1.7kg/t。其原因可能是，温度升高黄药的解吸增加，并且在水同矿物上解吸的程度不同，或者说解吸过程是有选择性的。有人测定过（见图 4-3），即使不加任何药剂，加热到 85～90℃时就有近 50% 的黄药从黄铁矿、黄铜矿和辉铜矿表面解吸而几乎不从辉钼矿表面解吸。

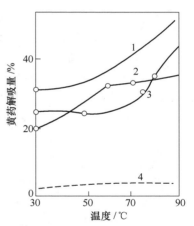

图 4-3 温度对从硫化物
表面解析黄药的影响
1—黄铁矿；2—辉铜矿；
3—黄铜矿；4—辉钼矿

除了辉钼矿外，硫化钠实际上能抑制所有的其他硫化矿物，这就使辉钼矿能从其他硫化矿物中选择性地分离出来，而这种选择性即使辉钼矿预先用中性油捕收剂搅拌也同样能得到改善。

B 磷诺克斯抑制法

磷诺克斯药剂是使用氢氧化钠和五硫化二磷反应所得到的产物，其反应式如下所示：

$$P_2S_5 + 10NaOH = Na_3PO_2S_2 + Na_3PO_3S + 2Na_2S + 5H_2O$$

$$P_2S_5 + 6NaOH = 2Na_3PO_2S_2 + H_2S + 2H_2O + Q(大量)$$

$$H_2S + NaOH = NaHS + H_2O$$

上述反应产生大量热以及硫化氢气体，所以磷诺克斯药剂的制备较危险，必须严格按照操作规程并设置一定的安全设施。如果不恰当地或不小心地操作，将可能引起火灾、爆炸等大型事故，所以制备时应使用具有冷却水系统的搅拌槽，以控制混合时的温度，厂房结构需防火。

使用该方法在矿浆中除了 Na_2S 与 $NaHS$ 生成 HS^- 的抑制作用外，反应产物 $Na_3PO_2S_2$ 与 Na_3PO_3S（硫代磷酸盐）在水中解离后形成的 $PO_2S_2^{3-}$ 与 PO_3S^{3-} 吸附在硫化铜矿物表面上，可阻止黄药的吸附，从而达到抑制硫化铜矿物的目的。

砷诺克斯药剂是由 Na_2S 与 As_2O_3（二者摩尔比约为 $1:1$）反应而制得的，卡斯特罗与帕维兹认为可能发生下列反应：

$$As_2O_3 + 3Na_2S + 2H_2O \longrightarrow Na_3AsO_2S_2 + Na_3AsO_3 + H_2S + 2H^+ + 2e$$

$$As_2O_3 + 3Na_2S + 2H_2O \longrightarrow Na_3AsO_4 + Na_3AsOS_3 + 4H^+ + 4e$$

上述反应是在过量的 Na_2S 条件下产生的，因原来在混合物中的硫化物只有 25% 发生反应，三氧化砷又是剧毒化合物，所以加过量的硫化钠很有必要，常按 $1:4 \sim 1:3$ 的比例配制。砷诺克斯药剂是硫化铜矿物与黄铁矿等的有效抑制剂，而过量的硫化钠仍是硫化铜的抑制剂。砷诺克斯药剂对硫化铜与铁矿物的抑制作用与磷诺克斯相似。

使用该方法时，在加入诺克斯药剂前应先将混合精矿浓缩，尽量去除其中残存的药剂，否则抑制效果会减弱。此时如用活性炭来脱药，则又可能贫化钼精矿。为了提高选择性，有人建议在使用诺克斯的同时加入下列形式的二甲基聚硅氧烷（"硅油"）：

C　氧化剂法

氧化剂法实质是使硫化铜与黄铁矿表面吸附的捕收剂受到破坏，因而可以作为将铜精矿中的钼分离出来的一种方法。常见的氧化剂有次氯酸盐、过氧化物、过锰酸盐及重铬酸盐。该方法的修正方案已在美国亚利桑那州的圣曼努埃尔（San Manual）与莫雷克（Morenci）、加拿大的加斯佩（Gaspe）及秘鲁的托克帕拉选厂使用。

在实际应用中，氧化剂要与其他类型的氰化物（通常是铁氰化物）混合使用。圣曼努埃尔选厂把氯气连续通入 NaOH 溶液生成 3.5% 的 NaClO 溶液，它与亚铁氰化物一起加到粗选与前四次精选作业。为了保持这五次浮选作业的 pH 值为 7.0~7.8，NaClO 的用量达 10kg/t 给料。黄铜矿因受氧化而被抑制，最终钼精矿含 MoS_2 达 92%，含铜小于 1%。

D 氰化物法

氰化物特别是亚铁氰化物是辉铜矿的优良抑制剂。在矿浆浓度为 20% 与 pH 值为 7.5~8.5 的条件下，亚铁氰化钠能有效地抑制铜与铁的硫化物，其作用机理可能是从辉铜矿表面迅速解吸黄原酸盐所致。氰化物与辉铜矿表面的黄原酸盐和铜离子反应能生成可溶的铜氰配合物，当游离的氰化物全部作用完后，黄原酸阴离子又能再度吸附。这就使氰化物的抑制作用随时间的延长而消失。因此，氰化物也要分批加入。控制的因素主要包括矿浆浓度、pH 值及氰化物浓度等，钼精矿的最终精选通常在 pH 值为 9~11.5 条件下进行。如果铜矿物主要为含铁的黄铜矿和斑铜矿时，则宜将铁氰化物与亚铁氰化物配合使用方可奏效，也可将亚铁氰化物与氧化剂（如次氯酸钠）同时使用，适量的次氯酸钠可将部分亚铁氰化物氧化成铁氰化物。用氰化物抑制黄铜矿与黄铁矿，当用低级黄药浮选时，黄铁矿比黄铜矿易抑制，而当用丁黄药以上的高级黄药浮选时，则黄铜矿比黄铁矿易抑制。一般说来，黄药的烃基愈长或浮选前矿物与捕收剂先接触，则氰化物的抑制效果就要差些。双黄药的影响不十分显著，但氰化物的用量可减少一些。当矿石中含有贵金属时，一般不使用氰化钠，如必须添加则可在最终精选时使用。

一般说来在铜钼混合精矿分离时，如果铜精矿是以黄铜矿为主时，可以采用硫化钠法和砷诺克斯法；如果铜精矿是以辉铜矿为主，可以采用氰化物法（加酸过氧化物搅拌或用蒸汽加煮沸预先处理），或磷诺克斯法（加酸过氧化物搅拌或用蒸汽加热、煮沸预先处理）；当铜精矿是黄铜矿与辉铜矿的混合物时，则可采用蒸汽、煮沸预处理后，用磷诺克斯法或砷诺克斯法，但该方法成本较高。

4.3.2.2 电位调节

1953 年，Salamy 和 Nixon[8] 首先报道了用伏安法研究某些浮选药剂与电极表面作用的结果，开创了硫化矿浮选电化学领域。调节矿浆电位可以有效地控制硫化矿的浮选，不用捕收剂也能实现铜钼分离。早在 1982 年，Chander 等人[9] 通过外控电位法实现了辉铜矿和辉钼矿的电化学浮选分离。1983 年，Krishnaswamy 等人[10] 对辉钼矿的浮选电化学机理进行了详细研究，认为辉钼矿具有良好的天然可浮性，表面传导电子的能力比一般硫化矿差，因而具有很低的电化学活性，在很宽的电位（1.2~1.4V）和 pH 值（1~10）范围内其可浮性几乎不受影响。而黄铜矿的浮选要求在一个氧化环境中，在还原性条件下则受到抑制，因此，可以通过电化学调控浮选技术来实现铜钼分离。

外控电位法可实现铜钼分离，也揭示了抑铜浮钼的电化学原理。Nagaraj[11]

以 Na_2S 和 NaHS 调整矿浆电位从 $-100mV$ 调到 $-600mV$ 电位区后发现，辉钼矿能够上浮。辉钼矿在强还原电位下具有可浮性是进行铜钼混合精矿分离的基础，而硫化铜只有在强还原电位下才能受到抑制是铜钼分离困难、抑制剂用量大、分离过程不稳定、随浮选时间延长抑制作用消失的根本原因。

4.3.2.3　热处理技术

铜钼分离前进行热处理可以使矿物表面吸附的捕收剂分解、氧化和解吸，同时，利用各非钼硫化矿物表面氧化速度快，辉钼矿表面不易氧化的性质，扩大其可浮性的差异。另外，热处理可降低氧气在矿浆中的溶解，从而降低硫化钠的氧化速度，保证矿浆中必需的 HS^- 的浓度[12]。

4.3.2.4　充氮浮选

充氮浮选可减少空气中的氧对硫化钠的氧化，显著降低铜钼分离中硫化钠消耗。硫化钠或硫氢化钠会与矿浆中的氧气反应，氧化成亚硫酸盐、硫代硫酸盐和硫酸盐等，从而失去抑制作用，因此抑制剂的实际消耗量比理论消耗量大许多。Poorkani 等人[13]将充氮技术成功应用于工业生产中，使硫化钠用量从 $17.7kg/t$ 下降到 $14.2kg/t$。

4.3.2.5　浮选柱浮选

自 20 世纪 80 年代以来，浮选柱以其富集比大、处理量大、投资小、运行费用低的优点再次受到矿业界的关注，涌现出了一批各具特色的浮选柱，取得了较大的成功，例如 SFC 型充填式静态浮选柱、Jameon 浮选柱、微泡浮选柱等。李国胜等人[14]运用旋流-静态微泡浮选柱经过粗选—粗精矿再磨—三段柱精选的闭路流程，在入料钼品位 0.17% 的情况下，可以得到钼精矿品位 47.51%、钼回收率 72.07% 的浮选指标，铜回收率达到 99.99%。由浮选柱和浮选机粗选以及开路精选试验结果对比可知，旋流-静态微泡浮选柱在富集能力和回收水平都优于传统浮选机。周旭日等人[15]介绍了浮选柱-浮选机处理铜钼混合精矿的工艺流程，试验表明，浮选柱-浮选机联合工艺用于铜钼分离是合理的，与单独使用浮选柱相比，钼精矿品位提高了 2.92%，回收率提高了 7.77%。

4.3.2.6　脉动高梯度磁选

脉动高梯度磁选是 20 世纪 80 年代初发展起来的一种分离细粒弱磁性矿物的有效方法，已广泛用于弱磁性铁矿、锰矿和黑钨矿等有用矿物的选别。由于黄铜矿是弱磁性矿物，辉钼矿为非磁性矿物，杨鹏等人[16]将这一新技术引入铜钼分离。目前国内在铜钼混合精矿铜钼分离方面的研究多集中在开发硫化铜矿新型高效抑制剂和有效的脱药方式上，在分选过程和新设备开发方面关注较少。因此开发出能够提高钼回收率、简化铜钼分离作业流程的新工艺和新设备成为解决问题的关键，是一个具有长远意义的研究课题。

4.3.3 抑钼浮铜（硫）方案

一般是用糊精抑制辉钼矿浮出铜及其他硫化物。该方法过程比较复杂，需要先把铜-钼混合精矿浓缩，然后在搅拌槽内添加糊精或淀粉抑制辉钼矿，同时加少量石灰浮铜，得到铜精矿。浮铜尾矿（贫钼产品）浓缩、过滤并低温焙烧以破坏辉钼矿表面的糊精覆盖层。焙料用新鲜水调浆，然后加碳氢油和起泡剂浮辉钼矿。这时因焙烧中细颗粒燃烧过度使矿浆呈酸性而引起铜、铁矿物活化，需加苏打或石灰使 pH 值接近 7。浮出的钼精矿尚含有少量铜和铁，还要经过几次精选，才能得到合格钼精矿。

犹他选厂目前正使用这一方案，其过程是：（1）在分离粗选中用糊精抑制辉钼矿及其他脉石矿物如滑石等；（2）富集有辉钼矿的粗选尾矿经浓缩、过滤焙烧以除去糊精；（3）在焙烧过程中，保持辉钼矿在抑制状态，同时要活化滑石类脉石使它们在后一阶段浮选中浮出；（4）浮选辉钼矿时要进行多次精选，并使用诺克斯药剂以抑制残余的铜矿物。

该法的主要优点是可以有效地除去辉钼矿产品中的滑石和其他天然可浮性物质。缺点是基建费用较高。此外，在混合浮选时，不能使用油类捕收剂，因为糊精不能抑制用油类捕收剂回收的辉钼矿。

因此，新建的钼选厂大都不采用这一方案。一个新建的钼选厂（铜钼混合精矿可能来自一个新建的铜选厂或一个已生产的铜选厂），在决定建设以前还必须考虑下列因素：

（1）所选择的工艺流程应有满意的技术指标。必须强调，为了使试验室试验结果更为可靠，流程试验的试料应该从半工业试验工厂（新建厂）或从实际生产中取得。

（2）基建投资费用和生产费用这些费用涉及能否获得盈利。经验表明，在建新厂时，减少基建费用往往意味着将来生产费用的增加。

（3）工艺操作的难易程度。所采用的技术必须和选厂技术人员、操作工人的技术水平相适应。为此，往往在生产初期采用较简单的工艺方法，随着技术水平的提高，再进行改进及革新。

（4）环境保护的问题。铜钼分离选厂所用的药剂有许多是有毒的或会造成环境污染，其中尤以氰化物和氧化砷最为严重。

此外，诺克斯药剂和次氯酸钠必须在本厂自己制造，因此还应考虑钼选厂的地理位置和规模。

4.4　铜钼矿浮选药剂

4.4.1　浮选药剂概述

浮选药剂包括捕收剂、起泡剂及调整剂。调整剂又分 pH 调整剂、活化剂及抑制剂，可用来改变矿物的可浮性。如有些矿物的可浮性本来不好，可用捕收剂（或加活化剂）来增强可浮性；有些矿物本来可浮性较好，但为强化分离过程而需要用抑制剂来降低其可浮性。现在简单介绍一下各种药剂的作用。

（1）捕收剂。其分子结构一端是亲矿基团，另一端是烃链疏水基团（石油烃、石蜡等具有大的接触角和天然强疏水性），形成既有亲固性又有亲油（疏水）性的所谓"双亲结构"分子。与矿物表面作用的特点是以其分子（或离子）中的极性亲矿基团同矿物表面作用，疏水的非极性基团朝向水，从而使矿物表面疏水化，增加可浮性，使其易于向气泡附着。

（2）起泡剂。其分子结构一端是亲水基团，另一端是烃链疏水基团。起泡剂加到水中，亲水基插入水相而亲油基插入油相或竖在空气中，形成在界面层或表面上的定向排列，从而使界面张力或表面张力降低。一般而言，含极少量起泡剂的水溶液即具有起泡性。主要作用是促使泡沫形成，增加分选界面，与捕收剂也有联合作用。

（3）调整剂。主要用于调整捕收剂的作用及介质条件，包括：1）活化剂。可促进目的矿物与捕收剂作用；2）pH 调整剂。可调整介质 pH 值，从而调整矿浆中的离子组成和矿物表面电性，改善浮选药剂溶解和作用条件；3）抑制剂。可抑制非目的矿物可浮性，包括无机和有机抑制剂。各种捕收剂螯合基团，也都可用于有机抑制剂的键合基。

4.4.2　捕收剂

从硫化铜矿石中回收有益元素普遍采用浮选法，一般包括两方面的内容：（1）硫化矿物（硫化铜矿物和硫化铁矿物）与脉石分离，广泛采用硫代捕收剂；（2）硫化铜矿物与硫化铁矿物的分离，除采用石灰等作为后者抑制剂之外，高选择性铜捕收剂正逐渐受到人们的重视[17]。

1923 年，硫代捕收剂就开始被用于硫化矿的浮选[18]，主要是黄原酸盐（酯）、二硫代磷酸盐（酯）、二硫代氨基甲酸盐（酯）、二烷基硫代胺基甲酸酯、巯基苯并噻唑等。黄原酸盐仍然是最主要的硫化矿捕收剂（大约占整个硫代捕收剂消耗量的 60% 以上）。

作为硫化矿物的捕收剂，一般由亲固基团（一般为 S，根据化学和物理吸附中的"相似者相吸"的原则，与矿物晶格表面有 S 原子产生吸附作用）和疏水基团组成。捕收剂的选择性取决于亲固基团，而疏水性则由疏水结构分子决定。

异极性浮选捕收剂的疏水基团通常是 2~6 个碳原子的脂肪族烃基、脂环族烃基和芳香族烃基，常写成 R—；亲固（硫化矿）基一般为黄原酸基（—C(S)SH）、二硫代磷酸基（—O$_2$P(S)SH）和二硫代氨基甲酸基（—NC(S)SH）。

4.4.2.1 黄药类

黄药（黄原酸盐）的学名是烃基二硫代碳酸盐，通式为 ROCSSM，式中 R 为烃基，M 为碱金属离子。

黄药系列中的黄原酸根离子的结构为：

$$RO{-}C\underset{S}{\overset{S}{\Big\langle}}\ominus$$

从结构式中看出结构中存在共轭体系。当与铜硫等硫化矿物表面的金属离子作用时，两个硫原子都参与成键，生成四圆环结构[18]。其主要的合成方法是用醇类、氢氧化钠及二硫化碳制成的，合成反应式如下：

$$ROH + NaOH = RONa + H_2O$$
$$RONa + CS_2 = ROCSSNa$$

所用醇的种类不同，得到的黄药也不相同。使用乙醇合成时，得到的是乙黄药（C$_2$H$_5$OCSSNa）；合成物为异丙醇时，得到异丙黄药（(CH$_3$)$_2$CHOCSSNa）；丁醇则得到丁黄药（C$_4$H$_9$OCSSNa）。此外，尚有戊黄药（C$_5$H$_{11}$—OCSSNa）、异丁黄药（(CH$_3$)$_2$CH-OCSSNa）、仲辛黄药（CH$_3$(CH$_2$)$_5$CH(CH$_3$) OCSSA）、杂黄药（C$_3$~C$_6$ 的烷基黄原酸盐）等。

黄药是淡黄色粉剂，常因含有杂质而颜色较深，有刺激性气味，无毒性，易溶于水。黄药的主要性质如下。

（1）黄药的分解。黄药的解离、水解和分解。黄药在水中解离：

$$ROCSSM = ROCSS^- + M^+$$

黄原酸根又水解生成黄原酸：

$$ROCSS^- = H_2O + ROCSSH + OH^-$$

黄原酸是弱酸，易分解，pH 值愈低，分解愈迅速：

$$ROCSSH = ROH + CS_2$$

为了防止黄药分解失效，常在碱性矿浆中使用。低级黄药比高级黄药分解快。例如，在 0.1mol/L 的 HCl 溶液中，乙黄药完全分解的平均时间为 5~10min，丙黄药 20~30min，丁黄药 50~60min，戊黄药 90min。因此，如必须在酸性介质中进行浮选时，应尽量使用高级黄药。

（2）黄药的氧化。黄药本身是还原剂，易被氧化。在有 O$_2$ 和 CO$_2$ 同时存在时，氧化速度比只有 O$_2$ 存在时更快，黄药存放过久除分解失效外，还会部分被氧化成双黄药，其反应为：

$$2ROCSSNa +1/2O_2+CO_2 \rightleftharpoons (ROCSS)_2+ Na_2CO_3$$

双黄药为黄色油状液体，难溶于水，在水中呈分子状态存在。当 pH 值升高时，会逐渐分解为黄药，常用于酸性介质中浮选铜矿浸出液经置换得到的沉积铜。

为了防止分解，要求将黄药贮存在密闭的容器中，避免与潮湿空气和水接触；注意防火不应曝晒；不宜长期存放；配制的黄药溶液不要停置过久，更不要用热水配制。

（3）黄药的捕收能力。黄药的捕收能力与其分子中非极性部分的烃链长度、异构有关。烃链增长（即碳原子数增多）捕收能力增强。当烃链过长时，其选择性和溶解性能随之下降，因此，烃链过长反而会降低药剂的捕收效果。常用的黄药烃链中碳原子数是 2~5 个。烃基支链的影响是：对于短烃链的黄药，正构体不如异构体好；但是，烃链增长到一定时，异构体不如正构体特别是支链靠近极性基者尤为明显。

（4）黄药的选择性。碱土金属（钙、镁、钡等）的黄原酸盐易溶。黄药对碱土金属矿物如萤石（CaF_2）、方解石（$CaCO_3$）、重晶石（$BaSO_4$）等，没有捕收作用。黄药离子能和许多重金属、贵金属离子生成难溶性化合物，各种金属与黄药生成的金属黄原酸盐难溶的顺序，按溶度积大小可大致排列为：汞、金、钴、铜、锑、银、铅、镍、铋、铁、锌、锰。

此性质可用来粗略估计黄药对重金属及贵金属矿物（主要指硫化矿）的捕收作用顺序。某金属黄原酸盐愈难溶，则其相应的硫化矿物愈易为黄药所捕收。

（5）黄药类新型捕收剂。新型黄药类捕收剂主要为 Y-89 系列[19]，它们属于长碳链和带支链的黄药类捕收剂。它是甲基异戊基黄药的同系列同分异构体，它们具有相同的分子式和捕收剂官能团，其比丁基黄药和异丁基黄药对硫化铜矿的捕收性能好[20,21]，它们是硫化铜矿石中铜硫的强捕收剂，该药剂应用于湖北大冶铜绿山矿石浮选中。结果显示，Y-89 捕收剂浮选比用异丁基黄药铜精矿品位提高了 0.39%，铜回收率提高了 0.23%，Y-89 捕收剂对硫化铜矿适应性好，选择捕收性强。曾小波等人[22]以 Y-89 为捕收剂、水玻璃为矿浆分散剂和腐殖酸钠为抑制剂，打破了传统的高碱度浮选工艺严重影响 Cu 和 Ag 的回收，在低碱度介质下，采用一次粗选、三次精选和一次扫选工艺流程得到铜精矿，其含铜 20.91%，回收率 93.88%，其含银 72.90%，回收率 77.91%，实现了铜和硫的有效分离[8]。

4.4.2.2　黄药酯

黄药酯的通式为 ROSR，结构式为：

$$R\!-\!O\!-\!C\!\underset{S-R}{\overset{S}{\diagup}}$$

　　黄药分子中，碱金属被烃基取代生成黄药酯类，可将其看作是黄药的衍生物。这类捕收剂属于非离子型极性捕收剂，它在水中的溶解度都很低，大部分呈油状。对于铜、锌、钼等硫化矿以及沉淀铜、离析铜等的浮选，具有较高的浮选活性，属于高选择性的捕收剂。即使在较低的 pH 值条件下，也能浮选某些硫化矿。黄药酯类药剂多和水溶性捕收剂混合使用，以提高药效、降低用量、改善选择性。常用的黄药酯有：

　　（1）乙黄腈酯（乙黄酸氰乙烯酯（$C_2H_3OCSSCH = CHCN$））、丁黄腈酯（$C_4H_9OCSSC_2H_4CN$）等，其制备反应为：

$$ROCSSNa + CH_2 = CHCN + H_2O === ROCSSC_2H_4CN + NaOH$$

　　（2）丁黄烯酯（丁黄酸丙烯酯 $C_4H_9OCSSCH_2CH = CH_2$），是丁黄药和氯丙烯在常温下合成的。乙黄腈酯、丁黄腈酯可作为铜、铅、锌和钼的硫化矿捕收剂。此外，尚有乙黄烯酯（$C_2H_3OCSSCH = CH_2$），性质和前者相近。

4.4.2.3　硫氮类（氨基二硫代甲酸盐）

　　（1）硫氮类主要代表捕收剂为乙硫氮，其结构式如下：

$$
\begin{array}{c}
CH_3CH_2 \\
\\
CH_3CH_2
\end{array}
N—C
\begin{array}{c}
\diagup S \\
\\
\diagdown S—Na
\end{array}
$$

乙硫氮是二乙胺与二硫化碳、氢氧化钠反应生成的化合物：

$$(C_2H_5)_2NH + CS_2 + NaOH === (C_2H_5)_2NCSSNa + H_2O$$

同理，用丁二胺（$C_4H_9)_2NH$ 反应，则可制得丁硫氮。

　　乙硫氮是白色粉剂，因反应时有少量黄药产生，工业品常呈淡黄色。易溶于水，在酸性介质中容易分解。

　　乙硫氮也能同重金属生成不溶性沉淀，捕收能力较黄药强。它对方铅矿、黄铜矿的捕收能力强，对黄铁矿捕收能力较弱，选择性好，浮选速度较快，用量比黄药少。对硫化矿的粗粒连生体有较强的捕收性。它用于铜铅硫化矿分选时，能够得到比黄药更好的分选效果。目前，乙硫氮是我国应用最广的硫化矿捕收剂之一。

　　（2）新型硫氮类捕收剂。新型硫氮类药剂有二硫代氨基甲酸-α-羧基丁酯及二硫代氨基甲酸-α-羧基乙酯等，它们对铜的捕收力较强，对黄铁矿及未活化的闪锌矿捕收力弱，可用于铜硫浮选分离，浮选指标高于丁基黄药，也可以减少石灰用量，取得很好的铜硫分离效果[16]。

4.4.2.4　硫氮酯类

　　硫氮酯类包括硫氮丙烯酯和硫氮丙腈酯（酯-105）。为棕色油状非离子型化合物，是硫化矿（特别是黄铜矿）的良好选择性捕收剂，并具有起泡性能。使用时可直接加入搅拌槽或经乳化后加入。

硫氮丙腈酯的结构如下：

$$CH_3CH_2 \\ CH_3CH_2 \Big\rangle N-C \genfrac{}{}{0pt}{}{S}{S-CH_2CH_2CN}$$

硫氮丙腈酯是二乙胺与二硫化碳、丙烯腈反应生成的化合物：

$$(C_2H_5)_2NH+CS_2+CH_2=\!\!=CHCN \longrightarrow (C_2H_5)_2NCSSCH_2CH_2CN$$

我国多个铜矿应用硫氮丙腈酯代替黄药和 2 号油，效果良好，并可降低药剂成本。

4.4.2.5　硫胺酯

（1）硫胺酯是国内外广泛应用的硫酯型捕收剂。硫胺酯（硫逐氨基甲酸酯）也属非离子型极性捕收剂。主要应用的是丙乙硫胺酯，它是用一氯醋酸、异丙黄药和乙胺合成的，为琥珀色微溶于水的油状液体。使用时可直接加入搅拌槽或浮选机中。硫胺酯的结构如下：

$$R-O-C \genfrac{}{}{0pt}{}{S}{N-R'} \atop H$$

它是一种选择性能良好的硫化矿捕收剂，对黄铜矿、辉铜矿和活化的闪锌矿的捕收作用较强。它不浮黄铁矿，用作分选铜、铅、锌等硫化矿的选择性捕收剂，可降低抑制黄铁矿所需的石灰用量。国外的硫化矿浮选厂，用它代替黄药，特别是浮选硫化铜矿的选矿厂，如美国的代号为 Z-200 的药剂，就是"O-异丙基-N-乙基硫逐氨基甲酸酯"。Z-200 目前在我国硫化铜矿的选矿厂应用也较多。

（2）新型硫氨酯捕收剂。新型硫氨酯以美国 CYTEC 工业公司最近报道的烯丙基硫代氨基甲酸异丁基酯（代号为 Aer05100）和乙氧基羰基硫代氨基甲酸异丁基酯（代号为 Aer05415）以及烷氧羰基硫脲为代表。用这些药剂与戊基黄药混用，对硫化铜等矿石进行浮选试验取得很好指标。美国氰胺公司用黑药和N-丙烯基-O-异丁基硫代氨基甲酸酯混合物浮选铜、金、银及铂族金属矿物，用二甲基、丙基、异丙基和二丁基的二硫代氨基甲酸酯浮选硫化铜矿石，也有应用芳酰基硫代氨基甲酸酯衍生物浮选硫化铜等硫化矿的报道[17]。

栾和林等人研制的 PAC 属于烯丙基硫氨酯类的硫化矿浮选药剂，该药对硫化铜具有良好的选择性。Lewellyn、Wang 用 N-烯丙基硫氨酯浮选含 Cu、Mo、Pb、Zn 矿物的硫化矿石取得了比 IPETC 更好的结果。这是基于碳碳双键能与 Pt、Pd、Cu 生成配合物，因为硫氨酯中引入烯烃双键将会改善其活性[17]。

4.4.2.6　黑药类

黑药（二烃基二硫代磷酸盐）的结构式为：

$$\begin{array}{c} R\!-\!O \\ \end{array}\!\!>\!\!P\!\!<\!\!\begin{array}{c} S \\ S\!-\!Me \end{array}$$

黑药是由醇或酚与五硫化二磷反应制得：

$$4ROH + P_2S_5 =\!=\!= 2(RO)_2PSSH + H_2S$$

酸式产物为油状黑色液体，中和成钠或铵盐时可制成水溶液或固体产品。

黑药是硫化矿的有效捕收剂，其捕收能力较黄药弱，同一金属离子的二烃基二硫代磷酸盐的溶度积均较相应离子的黄原酸盐大，选择性较黄药好，几乎不浮黄铁矿，常用于选择性分离浮选。黑药有起泡性，一般不用再加起泡剂。黑药有些毒性。

黑药和黄药相同，也是弱电解质，在水中解离：

$$(RO)_2PSSH =\!=\!= (RO)_2PSS^- + H^+$$

但它比黄药稳定，在酸性矿浆中，不像黄药那样容易分解。当必须在酸性矿浆中浮选时，有时选用黑药。工业常用黑药有：

（1）甲酚黑药（$(C_6H_4CH_3O)_2PSSH$）。它是按照生产中配料加入的五硫化二磷的百分含量命名的，如 25 号、15 号黑药，常用的是 25 号黑药。但 31 号黑药，是 25 号黑药中加入 6% 的白药（二苯基硫脲，$(CHNH)_2CS$）组成的混合剂。在常温下，甲酚黑药为黑褐色或暗绿色黏稠液体，密度约为 $1.2g/cm^3$，有硫化氢臭味，微溶于水。由于其中含有未起反应的甲酚，故有起泡性，对皮肤有腐蚀作用，与氧气接触易氧化而失效。甲酚黑药使用时，常将其加入球磨机。

（2）丁铵黑药（$(C_4H_9O)_2PSSNH_4$）。学名二丁基二硫代磷酸铵。丁铵黑药为白色粉末，易溶于水，潮解后变黑，有一定起泡性，适用于铜、铅、锌、镍等硫化矿的浮选。弱碱性矿浆中对黄铁矿和磁黄铁矿的捕收能力较弱，对方铅矿的捕收能力较强。

（3）胺黑药。它是结构与黑药类似的另一种硫化矿捕收剂，通式为 $(RNH)_2PSH$，工业生产的有环己胺及苯胺黑药等，都是由相应原料与五硫化二磷反应制得的。

以上两种胺黑药均为白色粉末，有硫化氢臭味，不溶于水，溶于酒精和稀碱溶液中。使用时用 1% 的 Na_2CO_3 配成 0.5% 的溶液添加。胺黑药对光和热的稳定性差，易变质失效。胺黑药对硫化铅矿的捕收能力较强，选择性较好，泡沫不黏，但用量稍大，一般为 200~240g/t。

（4）新型黑药类。新型黑药类捕收剂以美国 CYTEC 工业公司研制的二烷基单硫代磷酸盐和单硫代磷酸盐为代表，前者为真正的酸性流程捕收剂，而后者则在中性和弱碱性条件下才有效。它们是硫化铜和金银矿物的有效捕收剂。

4.4.3 抑制剂

常用的硫化铜抑制剂有硫化物（如 Na_2S、$NaHS$、$(NH_4)_2S$）、诺克斯试剂、氧化剂（如次氯酸盐、过氧化物、高锰酸盐及重铬酸钾等）以及氰化物。氰化物用量少，抑制能力强，但对环境危害大，影响了它在生产上的应用，其抑制机理是 CN^- 与金属矿物形成亲水难溶的氰化物或配合物。诺克斯药剂则是通过硫代磷酸根和硫代砷酸根在铜矿物表面形成亲水的难溶性盐，而使其受到抑制，但它消耗快，易被矿浆中的氧所氧化而失去抑制效果。近年来，国内外对铜钼分离新抑制剂的研究比较活跃，且多集中在有机小分子药剂上，其中主要有巯基乙酸、巯基乙酸钠等。而硫化钠和巯基乙酸均能竞争吸附铜矿石表面的疏水薄膜（如黄药），形成亲水薄膜，这就是硫化钠和巯基乙酸抑制机理。

4.4.3.1　硫化钠

迄今为止，在国内外斑岩铜矿铜钼分离作业中，硫化钠是使用最广泛的铜矿物抑制剂，因为硫化钠能抑制除辉钼矿之外的其他硫化矿物。硫化钠除了可以竞争吸附矿物表面的疏水薄膜，还可以作为还原剂，使吸附在硫化铜矿石表面的疏水膜还原解吸，达到脱药的目的，从而实现铜钼分离。因为一般铜钼精矿铜品位较高，且硫化钠是强还原性物质，容易在浮选过程中氧化失效，所以硫化钠的用量一般很大。

雷贵春[23]分析了德兴铜矿硫化钠用量大的主要原因：（1）目前浮选介质是空气和水，其中的氧气将相当一部分硫氢化钠氧化为亚硫酸钠、硫代硫酸钠和硫酸钠（即无用消耗）；（2）硫化钠解离出来的硫氢离子消耗在铜、铁硫化矿物表面上，也有消耗在解吸黄药上（即有效消耗）。降低硫化钠用量的主要措施有蒸汽浮选、充氮浮选、分批加药、适当提高浮选浓度等。这些措施的目的都是降低硫化钠的氧化速率，使其充分发挥抑制作用。

4.4.3.2　巯基乙酸

巯基乙酸（$HSCH_2COOH$）由于其选择性高、污染小、用量少、抑制效果好，在铜钼分离应用上已显示了其优越性。巯基乙酸能在较为广泛的 pH 值下进行浮选，作用时间短，抑制选择性高，其低毒性及水溶性都促进了它在工业上的应用，在铜钼分离工业中正显示出良好的发展趋势。作为铜抑制剂其自身具备抑制剂分子结构条件：（1）具有与被抑制矿物表面发生强烈吸附的极性官能团（—SH），从而能附着于矿物表面；（2）必须具有使矿物亲水的基团（—COOH）；（3）亲固与亲水官能团间有短烃基相连。根据浮选药剂分子设计结构模型理论，巯基乙酸是一种结构简单的有机抑制剂[24]。

Nagaraj 等人[25]对巯基乙酸抑制剂的结构-活性的关系做了系统的研究，讨论了其用量与矿浆 pH 值的关系，并进行了小型浮选试验和浮选体系及抑制剂溶液的氧化还原电位测定，认为巯基乙酸是一种优良的、可用于铜钼浮选分离的有机抑制剂，同时还能提高钼的回收率。Gordon[26]将巯基乙酸应用到铜钼分离中并获得了较好的试验效果，钼精矿品位达到了 57.2%，回收率高达 97.1%。

4.4.3.3 新型铜抑制剂的研究进展

由于硫化钠稳定性差，用量大，而疏基乙酸成本较高，因此开发新型高效廉价的铜钼分离抑制剂仍是当前铜钼分离的主要研究方向。电化学还原性是铜抑制剂的共性，其溶液的氧化还原电位越大，还原性越强，被抑制的黄铜矿表面生成高负电荷，其抑制效果越好。

蒋玉仁等人[27]合成了一种新型廉价的有机小分子化合物 DPS，研究了 DPS 对铜钼人工混合矿和铜钼混合精矿的分选性能。结果表明，使用 DPS 分离钼品位为 15.14%铜钼混合精矿可以获得 28.26%的钼精矿，说明 DPS 可以选择性地抑制黄铜矿和方铅矿。

符剑刚[28]探讨了疏基乙酸的合成方法，最终确定二硫化钠法为合成疏基乙酸的最佳方案，并在德兴铜矿进行了以疏基乙酸为主要成分的 CD 药剂选钼工业试验。试验结果表明，CD 药剂能有效地实现铜钼分离，并取得了良好的选别指标，同时也降低了选钼药剂的成本。

欧乐明等人[29]采用一种新型高效的铜矿物抑制剂替代硫化钠，对德兴铜矿铜钼混合精矿进行试验研究，结果显示这种新型抑制剂用量少，添加方便，可有效实现铜钼分离。

4.5 铜钼矿选矿实践

4.5.1 金堆城钼矿

金堆城钼矿为一特大型斑岩钼矿床，露天开采，选矿设计及生产规模已从建矿初期的 500t/d 扩大到现在的 4 万吨/天。与此同时，金堆城向河南汝阳、安徽金寨扩充资源，先后在汝阳东沟钼矿新建 5000t/d、2 万吨/天选矿厂，成为陕西有色的主干矿山，在国内钼炉料工业生产中占有极其重要的地位。

4.5.1.1 金堆城本部建设概况

金堆城钼矿始建于 1958 年，1966～1983 年先后建成投产了一选厂（寺坪试验厂）、二选厂（三十亩地选厂）及三选厂（百花岭选厂），设计日处理矿量2.05 万吨，年产钼精矿标量 1.34 万吨。一选厂 1966 年 9 月建成投产，设计规模500t/d。根据矿山发展战略，1993 年一选厂停产拆除。二选厂 1971 年 9 月建成投产，设计规模 5000t/d。经过 1973 年和 1980 年两次扩建，二选厂形成了 4 个磨矿与粗选系列，保留原 1 个精选系列，设计规模增加至 6600t/d，现实际生产能力为 8000t/d。三选厂 1983 年 11 月建成投产，设计规模 1.5 万吨/天，9 个磨矿与粗选系列，3 个精选系列。1996 年三选厂实施达产改造，2011 年在预留场地新建 1 万吨/天生产线，目前实际日处理矿量为 3.2 万吨[30]。

4.5.1.2 矿石性质

金堆城钼矿是典型的斑岩型钼矿床，矿体分北露天矿和南露天矿。北露天矿岩类型主要为花岗斑岩和安山玢岩，南露天矿上部主要矿岩类型为石英岩，下部主要为安山玢岩。南北露天矿石中主要金属矿物有辉钼矿、黄铁矿及少量黄铜矿、磁铁矿、磁黄铁矿、辉铜矿、方铅矿、闪锌矿，脉石矿物以石英为主，并有少量长石、萤石、云母、绿泥石等。辉钼矿呈细脉浸染状嵌布，粒度一般在 0.027~0.045mm，与石英、黄铁矿、黄铜矿、闪锌矿等关系密切。金堆城钼矿主要元素分析结果见表 4-1。

表 4-1   金堆城钼矿主要成分分析结果 （％）

成分	Mo	Cu	Pb	S	TFe	CaO	SiO_2	Al_2O_3
北露天	0.135	0.035	0.008	2.55	6.30	3.71	58.59	10.50
南露天	0.093	0.054	0.013	2.06	3.97	0.88	83.94	2.96

4.5.1.3 三十亩地选钼厂

三十亩地选钼厂处理矿石与选矿工艺与百花岭选钼厂相同。两厂的不同点在于三十亩地选钼厂采用了 14m³ 充气搅拌式浮选机代替 A 型浮选机。与 A 型浮选机相比，充气搅拌式浮选机适宜于大型选矿厂，钼的回收率稍高，能耗稍低，占地面积小。

三十亩地选钼厂几乎同期使用过 A 型浮选机、充气搅拌式浮选机和浮选柱。浮选柱的作业是稳定的，特别适宜于精选次数多达 10 次的选钼厂。

4.5.1.4 百花岭选钼厂

百花岭选钼厂是目前我国规模最大的选钼厂。该选厂位于陕西华县金堆城乡。

百花岭选钼厂的选矿生产工艺流程如图 4-4 所示。

钼矿石经破碎后给入球磨机，球磨机与 2FLC-24mm 螺旋分级机闭路作业，以煤油为捕收剂加在球磨机中。分级机溢流细度为 -0.074mm 占 50%~58%，溢流进入搅拌槽，加 2 号油，搅拌后进入粗选、扫选，浮选机为 XCF-24 的大型浮选机，粗精选用 XCF-8 型浮选机经一粗二扫一精得到含 Mo 为 8%~14% 的粗精矿。而后用旋流器分级，底流进球磨机再磨，再磨细度为 -0.04mm 占 70% 左右，再磨精矿经八次精选、两次精扫得到最终钼精矿。精选作业为了抑制黄铜矿、黄铁矿和方铅矿等硫化矿物添加了巯基乙酸钠 25g/t、磷诺克斯 16g/t，最终钼精矿中含 Mo 为 53% 左右，当入选品位为 0.1%~0.13% 时，钼的总回收率为 85%~87%。

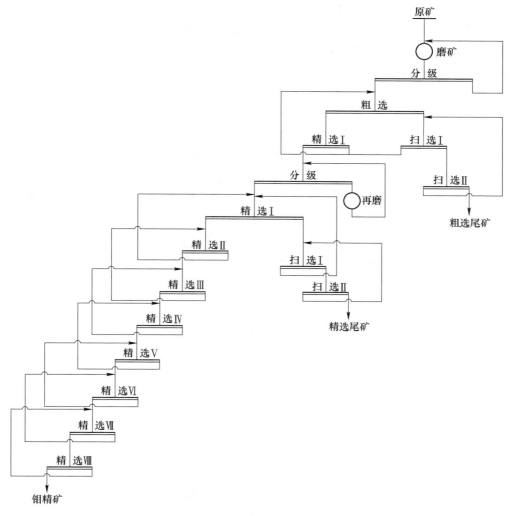

图 4-4 百花岭选钼厂选矿工艺流程

2000 年以来，金钼集团公司在提高资源利用率、资源综合利用、节能减排、浮选药剂制度改进、产品质量提高、选矿设备改进和设备大型化自动化等方面做了相关的研究与应用，主要包括以下几个方面。

A 新型钼矿捕收剂[31]

YC 新型选钼捕收剂于 2006 年 5 月在百花岭选矿厂工业试验获得成功并在全公司推广。该药剂克服了传统药剂煤油的捕收能力强与选择性不佳的弱点，使用该药剂后，钼回收率提高了 1.68%，药剂成本降低，同时有利于改善精选段操作条件，经济效益明显。

B　新型起泡剂 JM-208[32]

新型选钼起泡剂含有酯及醇酯等极性相对较强的表面活化剂，强化了与选钼捕收剂的协同作用。使用该药剂后，缓减了选钼过程中泡沫发黏的现象，在与原起泡剂用量相等、所得钼精矿品位相近的情况下，可以提高钼的回收率，并降低捕收剂用量。

C　深度浮选工艺获得含钼 57% 的钼精矿

金钼集团于 2006 年引进国外"高品位氧化钼—水洗—氨浸—连续结晶"工艺，新建 6500t/a 钼酸铵生产线。该生产线无酸洗和酸沉环节，不仅避免了钼酸铵生产中氨氮废水环境污染现象，而且可提高钼酸铵的品质，为后续钼金属深加工提供优质的原料，但该工艺对氧化钼焙砂的品质要求较高，而获得此类氧化焙砂所需的钼精矿品位必须达到 57% 以上[33]。

2007 年 11 月，深度浮选工艺在百花岭 3 号精选系统获得推广应用。该工艺首次在钼精选段联合采用浮选柱和浮选机及立式搅拌磨擦洗泡沫，在保证回收率不降低的情况下，采用单一浮选法获得了含 Mo 57% 以上的优质钼精矿，浮选流程如图 4-5 所示。

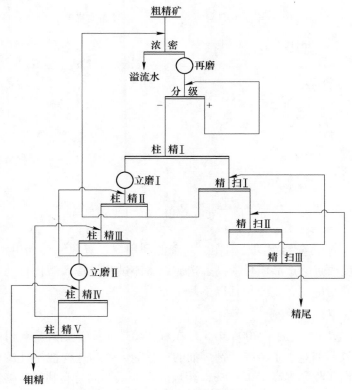

图 4-5　57% 钼精矿生产工艺流程

D　综合利用

为了最大限度地回收钼矿石中的伴生金属，比如从尾矿中回收硫精矿，回收铁精矿，从精选尾矿中回收铜。在浮选中，使用 T-2K 型捕收剂（复合脂类）代替黄药和苯胺黑药，该捕收剂对黄铜矿捕收剂活性较高，对伴生黄铁矿捕收活性低，石灰用量少。

E　选矿设备大型化、自动化

2000 年，将原有加药设备全部更新为 PLC 程控自动加药，实时控制药剂用量，反应及时。

2001 年，在百花岭选厂 3 号系统球磨机上应用磨矿-分级自动控制技术，随后进行了推广。使用该技术后，工艺稳定性和磨矿效率等生产技术指标较人工操作有了一定的提高，减少了人工工作量。

2007 年在磨浮车间 2 号和 3 号系统实现了浮选柱自动控制。2 号系统生产57%钼精矿实现了品位在线监测，可及时检测原矿、粗精、精矿、尾矿品位变化。

2011 年在万吨新生产线上实现了浮选机液位和充气量自动控制，可自动调整 100m³ 大型浮选机液位高度和充气量大小。

4.5.2　洛阳栾川钼业集团选矿二公司

4.5.2.1　矿石性质

主要金属矿物为黄铁矿、辉钼矿、磁黄铁矿、白钨矿，其次有黄铜矿、磁铁矿、赤铁矿和少量褐铁矿、铜蓝、闪锌矿、方铅矿等，主要脉石矿物为石榴子石、透辉石、石英、斜长石，次有方解石、萤石、硅灰石和少量绿泥石、绿帘石、云母等。

辉钼矿与黄铁矿、磁铁矿关系不密切，二者很少连生，白钨矿与黄铁矿极少连生。但白钨矿与辉钼矿关系密切，常见白钨矿中包裹或边缘连生有粒度为1~30μm 的细片状辉钼矿单晶。另外，白钨矿的成分不均一，钨钼钙的含量变化较大，平均含钨（WO₃）74.5%，含钼 2%，含钙 22.5%，还有一部分类质同象的钼，这些钼与白钨矿是难以分离的。

4.5.2.2　工艺流程

洛阳栾川钼业集团选矿二公司的选钼流程如图 4-6 所示。

2005 年改造前生产能力：二公司一车间 1500t/d，二车间 4500t/d；改造前的生产流程：破碎采用二段一闭路；浮选流程为：一段磨矿细度 -0.074mm 占60%，经过一次粗选、一次预精选、三次扫选、粗精矿再磨（-0.074mm 占

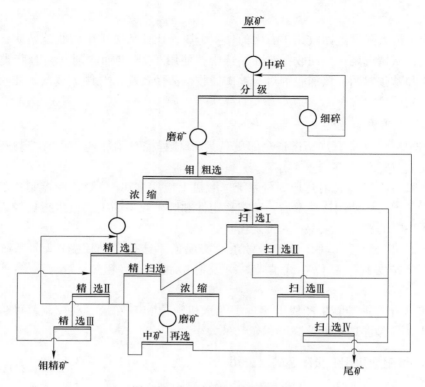

图 4-6　洛阳栾川钼业选钼流程

87%）后经八次精选、三次精扫选得到了合格钼精矿。

经过不断的发展，洛钼选厂二公司已经成为设备先进、管理先进、职工素质较高的现代化钼选厂，取得了很多成果，主要有[34]：

（1）针对原有精选工艺流程得到的钼精矿品位难以提高，2005 年 1 月完成了 CCF 系列浮选柱取代精选作业 BF 浮选机的技术改造，同时简化了流程，减少了预精选，增加了一次扫选，精选再磨后直接返回粗选。最终精矿品位可以达到 51%以上，降低了成本，经济效益显著。

（2）中细碎破碎机采用瑞典产 SANDVIK 破碎机，提高了供矿的稳定性。与之前相比，碎矿处理量增加了 50 万吨/年，充分保证了选矿系统对原矿的需求。

（3）采用磷诺克斯代替重铬酸钾抑制铅，将其加入浮选柱精选Ⅲ，有效抑制了精矿中的铅。

4.5.3　德兴铜钼矿选厂

江铜集团德兴铜矿是我国最大的露天开采铜矿山，它的伴生元素钼金属的储量有 27 万吨，占世界储量的 4%，占我国储量的 16%，平均含钼 0.0108%。钼以辉钼矿形式与铜矿物伴生。共有三大矿区,自东南至西北有富家坞铜钼矿区、铜厂铜金矿区、朱砂红铜矿区。经过 50 多年的开采和建设,矿山生产规模由建矿初期的 2500t/d 发展到现在的 13 万吨/天。

4.5.3.1 矿山性质

矿石按岩体可分为蚀变千枚岩矿石和蚀变花岗闪长岩矿石。金属矿物主要有黄铜矿、辉钼矿,其次是黄铁矿、辉铜矿、斑铜矿、黝铜矿和闪锌矿,还有少量碲银金矿、银金矿和自然金等。脉石矿物主要绢云母、石英、绿泥石、方解石、中长石、奥长石,还有少量的黑云母、绿帘石、角闪石、白云母、高岭土和石膏等。

主要矿物粗细不均,与脉石关系复杂。黄铜矿呈他形,与黄铁矿、辉钼矿共生。辉钼矿多呈鳞片状、薄膜状集合体嵌布于脉石矿物解理或裂隙面上,与黄铜矿、石英、黄铁矿构成细脉,粒度较小。黄铁矿呈他形、半自形,以浸染状或细状分布于脉石矿物中,且被黄铜矿交代成残余体,两者多呈歪曲的嵌布特征。

4.5.3.2 工艺流程改造[35]

1998 年,采用片状硫化钠(袋装)后,硫化钠质量明显改善,且配制方便,浓度稳定,有利于现场均衡添加与控制,据统计此项措施使 Na_2S 的单耗在原有基础上下降了 10%以上,经济效益显著。

2000 年前铜钼分选工艺流程是:铜钼混合精矿通过 $\phi30m$ 浓密机浓缩,经一次粗选、二次精选,中矿依次返回,粗尾为铜精矿;二次精选产品通过浓缩再磨后,再经四次精选,得到最终钼精矿,流程为半开路流程。选矿药剂用硫化钠为抑制剂,煤油作为捕收剂,水玻璃、六偏磷酸钠为调整剂。

2001 年,为解决精选段经常出现沉槽、跑槽现象,将半开路流程改为闭路流程,中矿依次返回,药剂不变。

2002 年,为解决铜钼混合精矿大量选矿残留药剂和细泥问题,采用旋流器预先分级处理,取沉砂进入铜钼分选,溢流弃尾,脱除 $-10\mu m$ 粒级和大部分残留药剂,达到脱泥、脱药和浓缩目的。同时选钼回收率和精矿品位分别提高了11.14%和 0.63%,硫化钠消耗和选钼成本分别降低了 32.17%和 50%[36]。

经过多年的技术攻关和工艺完善,选钼工艺技术取得了长足进步。然而随着德兴铜矿扩产到 13 万吨/天,铜钼混合精矿量将达 1687t/d 以上,现有的选钼流程及装备已与之不相适应。因此,在 2008 年进行了 5000t/a 钼精矿改(扩)建工程试生产,流程如图 4-7 所示。实践证明,采用柱机联合新工艺特别适合细粒级矿铜钼分离选别作业,是提高产品质量和回收率的较佳工艺组合[37]。

4.5.4 柿竹园铜钼铋钨多金属选矿厂

柿竹园钼、铋、钨、萤石多金属矿是以钨、铋为主,伴生有钼、锡、萤石、

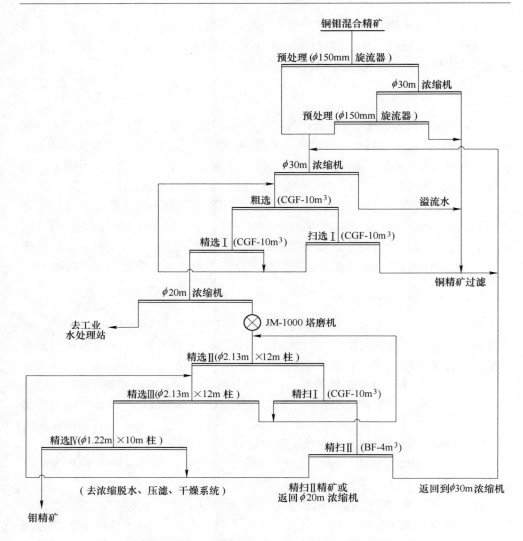

图 4-7　5000t/a 钼精矿改（扩）建工程试生产流程

石榴石的多金属矿床。已探明的钨储量占全国可利用钨储量的 27%，占世界钨储量的 14%。铋储量占全国储量的 74%。萤石占全国伴生萤石总储量的 73%。钼占全国总储量的 5%。锡占全国储量的 14%。该矿是世界罕见的特大型矿床，也是我国正在开发中的有色金属矿产资源综合利用的重要基地。矿体分为Ⅰ、Ⅱ、Ⅲ和Ⅴ四个矿带，各矿带之间没有明显界限，多呈渐变过渡状态。其中，Ⅲ矿带是富矿段，是矿山前期生产和科研的主要对象。Ⅲ矿带富矿段矿石是矽卡岩-云英岩钨铋钼矿石。钨矿物有白钨矿、黑钨矿、假象半假象白钨矿和钨华。铋矿物有辉铋矿、自然矿、铋华和斜方辉铅铋矿等。钼矿物有辉钼矿和钼华。其他金属矿物有锡石、黄铜矿、斑铜矿、黄铁矿和磁铁矿等。非金属矿物有石榴石、萤石、方解石、石英、角闪石、绿泥石和云母等。

破碎工艺采用三段一闭路，磨浮工艺采用钼铋等可浮—钼铋分离—铋硫混浮—铋硫分离—尾矿选钨的工艺流程。硫化矿浮选时先进行钼铋等可浮，添加少量煤油和2号油，经一次粗选、二次扫选、三次精选，得到钼铋混合精矿。钼铋混合精矿添加 Na_2S 和水玻璃抑制铋，加煤油浮钼，进行钼铋分离，经一粗二扫五精得到钼精矿。钼铋分离尾矿加石灰浓缩脱水后，用水玻璃抑硅，乙硫氮浮铋，进行铋脱硅浮选，经一粗二扫二精得到铋精矿和铋中矿。为进一步回收自然铋和氧化铋，消除黄铁矿对钨浮选的影响，钼铋等浮尾矿用碳酸钠调浆，以乙硫氮作捕收剂、2号油为起泡剂进行铋硫混合浮选，经一次粗选、二次精选和二次扫选得到铋硫混合精矿，铋硫混合精矿用石灰作抑制剂进行铋硫分离得到铋精矿Ⅱ和硫精矿。铋硫混合浮选尾矿进行钨的浮选。

4.5.5　小寺沟选矿厂

小寺沟选矿厂位于河北省平泉市。选矿厂日处理矿石300t，矿石含钼0.07%～0.08%、铜0.15%～0.28%。

小寺沟矿床为细脉浸染斑岩型铜钼矿床。矿化带赋存于硅化绢云母化的花岗闪长斑岩、石英正长闪长斑岩中，石英细脉解理或裂隙部位充填呈毛细脉分布。

矿石中以辉钼矿、黄铁矿和黄铜矿为主，其次是辉铜矿、闪锌矿、斑铜矿、方铅矿，还有微量磁铁矿和褐铁矿。

辉钼矿呈片状、鳞片状、粒状、薄膜状和细脉状构造，浸染于石英、长石、云母中。粒度主要为1～0.04mm，最大粒度为2mm，小部分为0.02～0.008mm，大部分以单独薄片状浸染脉石矿物裂隙中，很少与黄铜矿共生，个别在黄铜矿晶粒中呈不规则嵌布。

黄铜矿呈他形嵌布于脉石矿物中，部分被包裹在黄铁矿中，少数与辉钼矿共生。也有少数在辉铜矿颗粒中呈细小包体。粒度为0.2～0.02mm，大部分为0.06～0.006mm，0.1mm以上的占少数。辉铜矿很少，矿石中黄铜矿和铜蓝含量为0.35%～0.4%。

脉石矿物主要有石英、钾长石和斜长石。其次为角闪石、黑云母、透闪石、方解石和白云石。入选矿石中有一种灰岩十分难选，经磨细调浆后泡沫失控，难以产生矿化泡沫。

矿石的成分分析见表4-2。小寺沟铜钼矿选矿工艺流程如图4-8所示。

表4-2　矿石成分分析结果

成分	Cu	Mo	Pb	Fe	SiO_2	Al_2O_3
含量/%	0.20	0.076	0.012	2.31	70.99	11.43
成分	MgO	K_2O	Na_2O	CaO	S	P_2O_5
含量/%	1.79	6.28	1.38	2.06	0.61	0.14

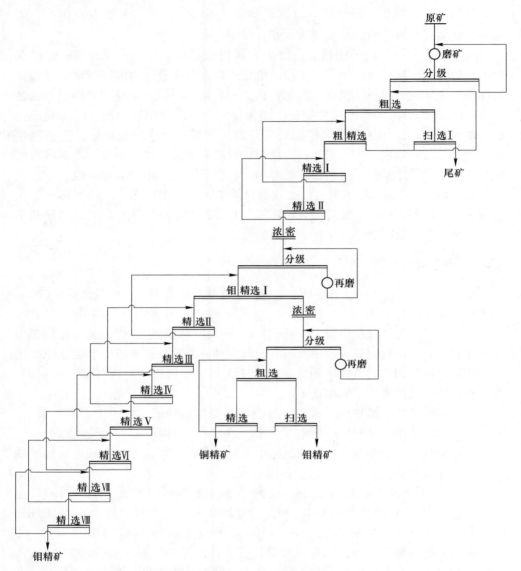

图 4-8　小寺沟铜钼矿选矿厂工艺流程

　　矿石经皮带运输机给至磨矿系统,磨矿共分四个系列,每个系列由 1 台格子型球磨机和其闭路作业双螺旋分级机组成,分级机溢流浓度为 32% ~ 37%,细度为 -0.074mm 占 50%。

　　浮选设两个系列,每个系列处理两台球磨机的产品,每个系列包括 11 台 CHF 14m³ 充气机械搅拌式浮选机,该机做铜钼混合粗选。粗精矿用 XJK2.8 浮选机(共 7 台)进行 3 次精选,产生含 Cu 6% ~ 10%、Mo 4% ~ 6% 的混合精矿。粗选作业的钼回收率为85%、铜回收率为55%。

铜钼混合精矿给入 ϕ15m 的浓密机，脱药和脱水后，底流进入 1500mm×3000mm 球磨机再磨，球磨机与 ϕ150mm 水力旋流器闭路作业，再磨粒度−0.040mm 占80%～90%。经8次精选，精扫选用18台 XJK1.1 浮选机，1～5次精选用6台 XJK1.1 浮选机，6～7次选用2台 XJK0.62 型浮选机，8次精选用1台 XJK0.35 型浮选机，经8次精选的精矿为钼精矿，扫选尾矿为铜精矿。钼精选回收率为96%左右。铜回收率为95%。由于铜精矿品位为10%左右，可将铜精矿给入中 ϕ5m 的浓密机脱药脱水，底流入 1500mm×3000mm 球磨机再磨，球磨机与 ϕ415mm 水力旋流器闭路作业，产物细度0.040mm 占90%，用10台（粗选4台、扫选6台）XJK2.8 浮选机再选，得出含铜15%左右的铜精矿，回收率为85%。

钼精矿入 ϕ9m 的浓密机，底流入 3m^2 外滤式过滤机过滤，滤饼水分低于14%，用 ZLG-3 型 3000mm×300mm 蒸汽加热式螺旋干燥机烘干，压强为 0.392～0.588MPa，干料含水低于4%，送包装。

铜精矿入 ϕ15m 浓密机浓密，底流送往 20m^2 外滤式过滤机过滤，滤饼含水分20%～25%，装车外运。

铜钼混合浮选时在球磨机中添加煤油130g/t，在浮选前搅拌槽中添加丁黄药5～10g/t，在球磨机中添加石灰1000g/t、松醇油80g/t、水玻璃2500g/t。铜钼分离时在各次精选中加煤油30g/t、水玻璃200g/t、硫化钠1000t。铜再选加松醇油5g/t、石灰1500g、黄药20g/t。钼精矿各项指标见表4-3。

表4-3　钼精矿各项指标　　　　　　　　　　　　　　　　　（%）

原矿品位		精矿品位		回收率	
Mo	Cu	Mo	Cu	Mo	Cu
0.095	0.285	48.33	14.4	78.44	51.38

4.5.6　安徽省金寨县沙坪沟钼矿

矿石主要成分分析结果见表4-4，矿石物相分析结果见表4-5。

表4-4　矿石主要成分分析结果

组分	Mo	Cu	MgO	Au	Ag	SiO$_2$	Al$_2$O$_3$	K$_2$O	CaO	S	Fe
含量/%	0.34	0.002	0.43	<0.1g/t	1.0g/t	69.99	9.52	4.72	1.04	0.78	1.22

表4-5　矿石中钼的物相分析结果

物相	含量/%	分布率/%	存在的矿物
硫化钼	0.34	97.84	辉钼矿
氧化钼	0.0075	2.16	钼华、铁钼华等
总　钼	0.3475	100.00	

由表 4-4 可知，矿石中可回收的只有钼，其他品位较低，难以经济回收。由表 4-5 可知，钼主要以硫化钼的形式存在，对回收有利。

通过偏光显微镜下鉴定、X 射线衍射分析和扫描电镜分析等综合研究，查明矿石中金属矿物较常见的是辉钼矿、黄铁矿，以及少量的磁铁矿、微量钛铁矿等；脉石主要为石英和钾长石，少量的斜长石、钠长石、角闪石、绢云母、白云母、绿泥石、角闪石，微量方解石、黑云母、锆石、磷灰石等。

在镜下发现安徽金寨沙坪沟钼矿的选矿难点在于：（1）辉钼矿与脉石共生关系密切，尤其部分脉石存在于辉钼矿层间，导致辉钼矿与脉石分离困难，为提高钼精矿品位增加一定的难度。（2）原矿中黄铁矿与辉钼矿的嵌布粒度属中细粒嵌布，辉钼矿与黄铁矿共生主要表现在细粒级连生，要进行细磨才能使硫与钼充分解离。

针对以上矿石性质，形成相应的选矿工艺流程如下：

（1）确定原矿—粗磨—钼硫混浮—钼硫混合精矿再磨—钼硫分离的选矿工艺流程。

（2）进行不同产品方案的工艺试验研究，最终形成四种产品方案：

1）钼单产品方案。确定"原矿—粗磨—钼硫混浮—钼硫混合精矿—再磨—钼与硫分离"的工艺流程，该工艺可以获得钼精矿含钼 52.84%，钼回收率为 94.60%；硫精矿含硫 48.35%，硫回收率为 46.45%，其工艺流程图如图 4-9 所示，试验结果见表 4-6。

表 4-6　单产品闭路实验结果　　　　　　　　（%）

名称	产率	品位		回收率	
		Mo	S	Mo	S
钼精矿	0.61	52.84	37.06	94.60	29.22
硫精矿	0.75	0.75	48.35	1.64	46.45
尾矿 Ⅱ	0.80	0.03	2.87	0.07	2.94
尾矿 Ⅰ	97.84	0.13	0.16	3.69	21.39
原矿	100.00	0.34	0.78	100.00	100.00

2）两产品方案 1。确定原矿—粗磨—钼硫混浮—再磨—分级—筛上精选—高品位钼精矿 Ⅰ—筛下钼与硫分离—钼精矿 Ⅱ，该工艺可以获得钼精矿 Ⅰ 含钼 58.33%，钼回收率为 43.26%；钼精矿 Ⅱ 含钼 47.05%，钼回收率为 51.53%，钼总回收率为 94.79%；硫精矿含硫 48.86%，硫回收率为 46.34%。其工艺流程图如图 4-10 所示，试验结果见表 4-7。

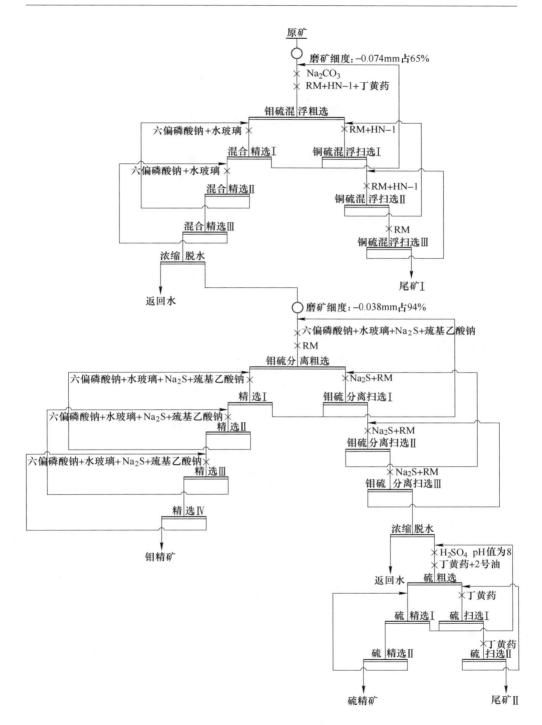

图 4-9　全流程闭路单产品试验工艺流程

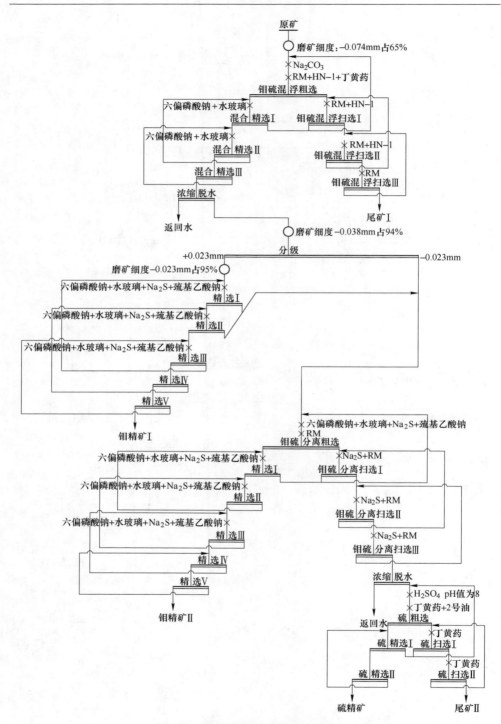

图 4-10　全流程钼两产品闭路 1 流程

表 4-7 全流程钼两产品闭路 1 试验结果 （％）

名称	产率	品位		回收率	
		Mo	S	Mo	S
钼精矿 I	0.25	58.33	39.32	43.26	12.80
钼精矿 II	0.38	47.05	36.65	51.53	17.61
硫精矿	0.72	0.65	48.86	1.37	46.34
尾矿 II	0.80	0.03	2.85	0.07	2.93
尾矿 I	97.85	0.01	0.17	3.77	21.32
原 矿	100.00	0.34	0.78	100.00	100.00

3）两产品方案 2。确定原矿—粗磨—钼硫混浮—钼硫混合精矿—再磨—钼与硫分离—钼精选 8 次—高品位钼精矿 I—后 4 次精选的尾矿合并—钼精矿 II 的工艺，该工艺可以获得钼精矿 I 含钼 58.52%，钼回收率为 40.30%；钼精矿 II 含钼 47.91%，钼回收率为 54.47%，钼总回收率为 94.77%；硫精矿含硫 48.57%，硫回收率为 44.98%，其工艺流程图如图 4-11 所示，试验结果见表 4-8。

表 4-8 全流程钼两产品闭路 2 试验结果 （％）

名称	产率	品位		回收率	
		Mo	S	Mo	S
钼精矿 I	0.24	58.52	39.51	40.30	11.99
钼精矿 II	0.39	47.91	36.97	54.47	18.53
硫精矿	0.72	0.63	48.57	1.32	44.98
尾矿 II	0.81	0.03	2.87	0.07	3.01
尾矿 I	97.84	0.01	0.17	3.84	21.49
原 矿	100.00	0.34	0.77	100.00	100.00

4）两产品方案 3。确定原矿—粗磨—钼硫混浮—钼硫分离—钼精矿—再磨分离获得钼精矿 I 和钼精矿 II，其工艺流程如图 4-12 所示，试验结果见表 4-9。该工艺可以获得钼精矿 I 含钼 57.61%，钼回收率为 49.19%；钼精矿 II 含钼 47.34%，钼回收率为 45.25%，钼总回收率为 94.44%。

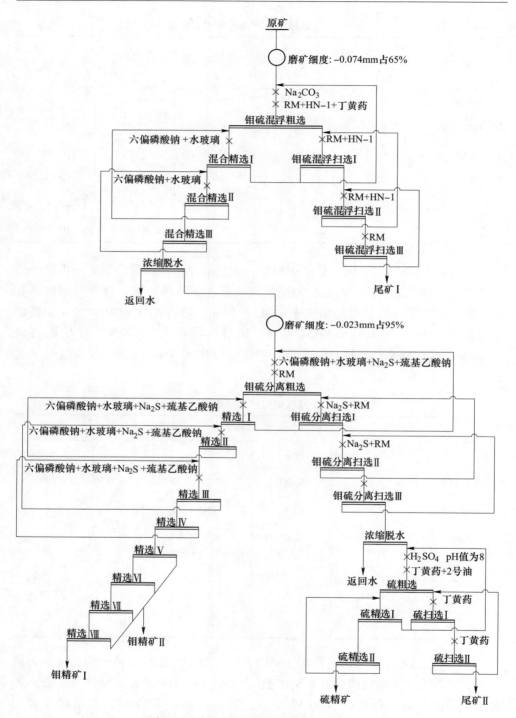

图 4-11　全流程钼两产品闭路 2 试验流程

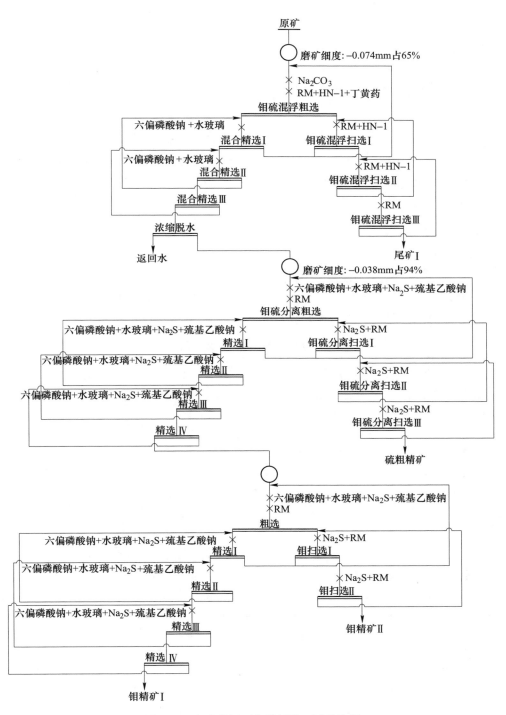

图 4-12 全流程钼两产品闭路 3 试验流程

表 4-9　全流程钼两产品闭路 3 试验结果　　　　　　　（%）

名称	产率	品位		回收率	
		Mo	S	Mo	S
钼精矿 I	0.27	57.61	38.75	49.19	12.83
钼精矿 II	0.30	47.34	36.48	45.25	13.52
硫精矿	1.40	0.33	24.85	1.48	43.21
尾矿 I	98.03	0.01	0.25	4.08	20.43
原矿	100.00	0.31	0.81	100.00	100.00

四个方案中，钼单产品方案的工艺流程较为简单、容易工业实施，同时双产品方案利于资源的综合回收。

4.5.7　姑田铜钼矿

4.5.7.1　矿石性质

原矿主要成分分析结果见表 4-10，铜钼赋存状态见表 4-11 及表 4-12，矿石主要矿物及其相对含量见表 4-13。

表 4-10　矿石主要成分分析结果

组分	Mo	Cu	MgO	Au	Ag	SiO_2	Al_2O_3	K_2O	CaO	S	Fe	WO_3
含量/%	0.051	0.16	1.52	0.05	1.58	65.37	16.51	4.72	2.84	0.92	1.22	0.015

注：Au 和 Ag 的单位为 g/t。

表 4-11　原矿中铜的赋存状态

物　相	含量/%	分布率/%	存　在　形　式
原生硫化铜	0.143	90.51	黄铜矿等
次生硫化铜	0.01	6.33	斑铜矿、铜蓝、辉铜矿等
自由氧化铜	0.003	1.90	孔雀石 $CuCO_3 \cdot Cu(OH)_2$、蓝铜矿 $2CuCO_3 \cdot Cu(OH)_2$ 等
结合氧化铜	0.002	1.26	被包裹于脉石矿物中无法机械分离或以类质同象、吸附等形式与 Fe、Mn 氧化物及脉石紧密结合，细磨不能分离出来的氧化铜矿物
合　计	0.158	100.00	

表 4-12　原矿中钼的赋存状态

物　相	含量/%	分布率/%	存在形式
硫化钼	0.048	97.96	辉钼矿
氧化钼	0.001	2.04	钼华、铁钼华等
总　钼	0.049	100.00	

表4-13 原矿主要矿物组成及其相对含量

矿物名称	相对含量/%	矿物名称	相对含量/%
黄铁矿（含微量磁黄铁矿）	0.47	白云母	5
辉钼矿	0.08	白云石、方解石	5
闪锌矿、方铅矿	0.02	角闪石、绿帘石	1
毒砂	0.01	绿泥石	0.5
黄铜矿（含微量斑铜矿、铜蓝）	0.44	辉石、石榴子石、萤石	0.3
黑钨矿、白钨矿	0.01	绢云母、高岭石	5
磁铁矿、赤铁矿、褐铁矿	0.3	黑云母	0.4
金红石、钛铁矿	0.02	电气石、磷灰石	0.2
石英	26	其他	0.25
钾长石	31		
斜长石	24		

由表4-10可知，矿石主要化学成分是SiO_2、Al_2O_3，其次为K_2O、Fe、Na_2O、CaO、MgO等；Mo含量为0.051%，Cu含量0.16%，具有价值；Pb、Zn等有色金属元素含量甚微；S含量0.92%，属低硫矿石。主要的有价元素为Mo、Cu；可作远景综合回收考虑的有Ag、WO_3等。

4.5.7.2 选矿工艺

采用钼铜硫混合浮选，钼铜与硫分离，然后钼与铜分离浮选工艺，原则流程如图4-13所示。全闭路实验流程如图4-14所示，试验结果见表4-14。

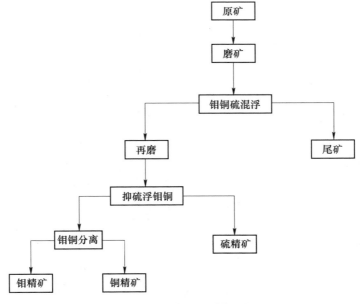

图4-13 选矿原则流程

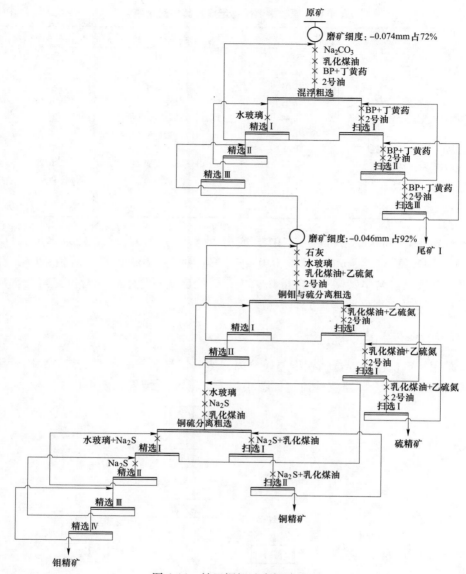

图 4-14 姑田铜钼矿全闭路流程

表 4-14 闭路试验结果 （%）

产品名称	产率	品位			回收率		
		Mo	Cu	S	Mo	Cu	S
钼精矿	0.08	45.65	0.95	31.15	78.48	0.52	2.58
铜精矿	0.61	0.35	20.86	32.65	4.59	87.43	20.58
硫精矿	1.66	0.21	0.35	34.21	7.49	3.99	58.68
尾矿	97.65	0.0045	0.012	0.18	9.44	8.06	18.16
原矿	100.00	0.0465	0.146	0.97	100.00	100.00	100.00

试验结果表明，采用钼铜硫混浮，钼铜与硫分离，然后钼铜分离的试验方案，获得钼精矿含钼45.65%，钼回收率78.48%；铜精矿含铜20.86%，铜回收率为87.43%的试验指标。

4.5.8　新疆洛钼矿业有限公司东戈壁钼矿

4.5.8.1　矿石性质

原矿化学成分分析结果见表4-15，原矿矿物组成及相对含量见表4-16。

表4-15　化学成分分析结果

组分	含量/%	组分	含量/%
Mo	0.11	Na_2O	2.08
Ag	16.72g/t	K_2O	4.45
Au	<0.1g/t	MgO	3.42
Cu	0.016	CaO	3.30
Pb	0.05	Al_2O_3	16.89
Zn	0.023	SiO_2	57.86
S	0.79	Fe	4.17

表4-16　原矿矿物组成及相对含量

矿物	含量/%	矿物	含量/%	矿物	含量/%
石英	37.51	白云石	3.11	辉钼矿	0.17
绢（白）云母	29.61	方解石	1.08	黄铜矿	0.04
黏土矿物	12.63	滑石	1.07	闪锌矿	0.05
黑电气石	3.14	磁铁矿	1.39	方铅矿	0.06
绿泥石	2.47	赤铁矿	0.81	黄铁矿	0.65
角闪石	1.05	黑铁矿	3.76	磁黄铁矿	1.01

由表4-15可知：

（1）钼达到了工业品位，是选矿的主要回收对象；

（2）银的含量达16.72g/t，是综合回收利用的对象；

（3）砷的含量很低，不会对钼精矿产品造成影响；

（4）SiO_2和K_2O的含量都很高，即绢（白）云母含量也高，将对钼精矿质量造成影响。

4.5.8.2　选矿工艺

根据原矿的工艺矿物学研究结果，选矿试验采用"钼硫混合浮选—钼与硫分离"的原则工艺流程，在磨矿细度为-0.074mm占61.6%的条件下，采用对钼选择性好、捕收能力强的 BP+乳化煤油的组合捕收剂，经一粗三扫二精后获得钼硫混合精矿；混合精矿经再磨（磨矿细度为−0.046mm 占 80.5%）后，采用石灰+水玻璃+硫化钠的组合抑制剂，经一粗三扫四精获得钼精矿产品。闭路试验流程如图 4-15 所示，试验结果见表 4-17。

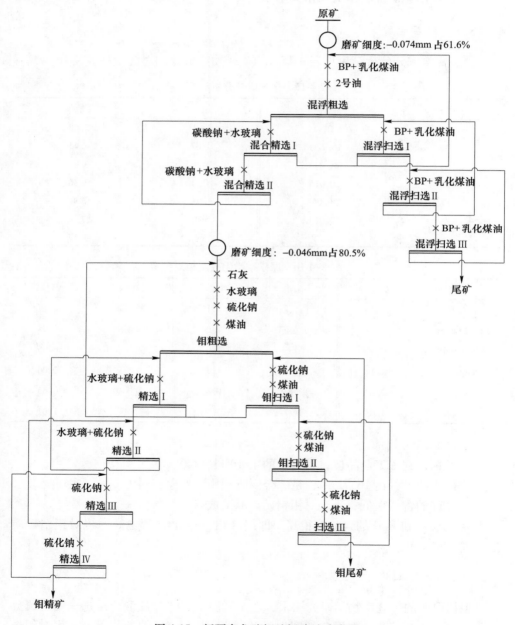

图 4-15　新疆东戈壁钼矿闭路试验流程

表 4-17　全闭路实验结果　　　　　　　　　（％）

产品名称	产率	Mo 品位	Mo 回收率
钼精矿	0.20	52.05	92.25
钼尾矿	0.96	0.19	1.62
尾　矿	98.84	0.007	6.13
原　矿	100.00	0.113	100.00

4.5.9　伊春鹿鸣矿业公司钼矿

伊春鹿鸣矿业有限公司（以下简称"公司"）是中国中铁股份有限公司全资子公司——中铁资源集团有限公司的控股子公司，是集钼矿采矿、选矿于一体的大型有色金属矿山企业。公司位于黑龙江省小兴安岭境内。地处小兴安岭-张广才岭多金属成矿带的翠宏山-二股有色金属成矿亚带的南段。为斑岩型成因的特大型钼矿床，矿区面积 4.6km²，到 2015 年年末保有钼矿石资源量 7.9 亿吨，平均品位为 0.093%。

公司设计年生产规模为采剥总量 3150 万吨，矿石年处理量 1500 万吨，设计原矿钼品位 0.088%，采用大规模露天分期开采方式，其主要产品为设计年产51% 的钼精矿 2.25 万吨，副产品是设计年产 16% 的铜精矿 0.495 万吨和 45% 的硫精矿 7.53 万吨。

4.5.9.1　矿石性质

矿石化学成分分析结果见表 4-18，主要有价元素铜和钼的物相分析结果分别见表 4-19 和表 4-20。

表 4-18　矿石化学成分分析结果

元素	Cu	Mo	Pb	Fe	SiO_2	Al_2O_3
含量/%	0.028	0.13	0.012	2.31	59.33	15.93
元素	MgO	K_2O	Na_2O	CaO	S	As
含量/%	1.47	6.28	1.34	2.82	0.82	0.005

表 4-19　原矿中钼的物相分析结果

钼相	硫化钼	氧化钼	硅酸钼	总钼
含量/%	0.1245	0.004	0.0015	0.13
分布率/%	95.77	3.08	1.15	100.00

表 4-20　原矿中铜的物相分析结果

铜相	原生硫化铜	次生硫化铜	自由氧化铜	结合氧化铜	总铜
含量/%	0.018	0.007	0.0020	0.0014	0.0284
分布率/%	63.38	24.65	7.04	4.93	100.00

由上表 4-18~表 4-20 可以看出：

（1）矿石中可供选矿回收的主要元素是 Cu 和 Mo，品位分别为 0.028% 和 0.13%，其他有价元素如 Pb、Zn、Ag 等含量较低，综合回收利用价值不大。

（2）矿石中通过选矿要排除的主要脉石成分为 SiO_2，约占总分布的 59.33%，其次为 Al_2O_3 和 K_2O，含量分别为 15.93%、6.28%。

（3）由化学物相结果显示，矿石中铜主要以硫化铜为主，硫化率总共为 88.03%（原生硫化铜与次生硫化铜），氧化率约占 11.97%。

（4）由钼的化学物相可知，矿石中钼主要以硫化钼为主，约占总钼的 95.77%，其他形式的钼较少，仅占总钼的 4.23%。

综合化学成分特点，可以认为试验矿石属有一定氧化的钼铜矿石，通过选矿可获得钼精矿、铜精矿产品。

该矿主要特点为：

（1）辉钼矿的粒径多数为细粒分布，部分辉钼矿与黄铁矿以及黄铜矿共生关系复杂，嵌布粒度微细，须细磨才能解离；大片鳞片状的辉钼矿片理中多含有一些脉石杂质，这在一定程度上会降低钼的品位。

（2）脉石矿物绢云母类脉石含量高达 24.5%，呈细粒嵌布，且与辉钼矿同为层状结构，具有一定的天然可浮性，会对铜钼浮选产生不利影响，影响精矿品位和回收率。

（3）矿石中的铅多为细粒嵌布，且铅质脆、易磨，磨矿过程中极易过粉碎，微细粒铅的抑制难度将大大增加，对钼与铅的分离产生不利影响。

（4）矿石中部分黄铜呈微细粒嵌布，一部分交代黄铁矿，两者呈港湾状连生或见黄铜矿呈微脉状充填于黄铁矿中，另一部分则产出于脉石矿物的裂隙中，解离难度大。

（5）矿石中铜有 24.65% 以次生硫化铜形式存在，多为斑铜矿，呈细粒状、极细粒状、不规则状产出于脉石中，粒径多在 0.01~0.10mm，斑铜矿可浮性较黄铜矿差，且呈微细粒嵌布，与脉石共生，易损失于尾矿中。

4.5.9.2　选矿工艺

全流程试验流程如图 4-16 所示，闭路实验结果见表 4-21。

该选矿工艺具有以下特点：

（1）铜钼浮选试验开发出高选择性捕收剂 HM，对铜钼具有良好的选择性捕收能力，对易浮脉石云母捕收能力弱，可降低其对铜钼浮选的干扰，与煤油一起组合浮选铜钼矿，同时添加促进钼铜浮选的调整剂 LA，在确保铜钼精矿品位的条件下，大幅提高铜钼浮选回收率，铜钼浮选铜钼的回收率分别达到了 92.83%、71.76%。

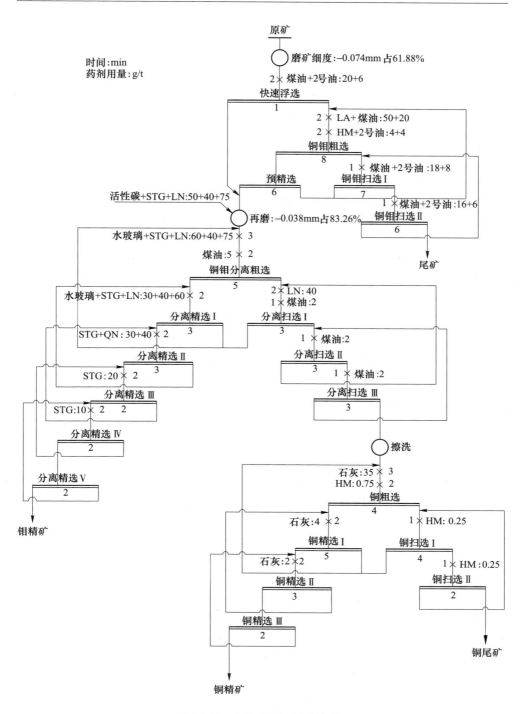

图 4-16 全流程闭路试验流程

表 4-21　全流程闭路试验结果

产品名称	产率/%	品位/%			回收率/%		
		Mo	Cu	Pb	Mo	Cu	Pb
钼精矿	0.21	54.38	0.13	0.10	90.78	1.01	1.88
铜精矿	0.08	1.25	20.56	2.99	0.71	54.25	20.10
铜尾矿	2.06	0.099	0.24	0.095	1.60	18.01	17.34
尾　矿	97.65	0.009	0.008	0.007	6.91	26.73	60.68
原　矿	100.00	0.128	0.029	0.0112	100.00	100.00	100.00

（2）铜钼分离工艺试验开发出组合抑制剂"活性炭＋STG（成分为：巯基乙酸钠）＋LN（主要成分为硫化钠）"，活性炭解析铜铅杂质表面吸附的捕收剂，STG 通过化学作用与铜表面作用从而有效抑制铜矿物，LN 的主要成分为硫化钠，对铜铅矿物选择性抑制作用强，因此通过组合药剂的协同抑制作用，实现了钼与铅铜的分离。有效解决了微细粒铅难以抑制的难题，大幅降低了钼精矿中铜铅杂质的含量。另外，抑制剂分别添加至再磨磨机和铜钼分离粗选，提高了抑制剂效果，进一步提高了抑制铅和铜的能力，保证了精矿质量。

（3）铜浮选采用搅拌擦磨，可以使铜钼分离时被抑制铜矿物产生脱药并产生新鲜表面，再采用高选择性的捕收剂 HM 浮选铜矿物，可在低碱度条件下实现铜与硫的分离，大幅提高铜的回收率，又确保了铜精矿品位。

4.5.10　库厄琼选矿厂

库厄琼选矿厂位于秘鲁利马东南约 90km 的莫克瓜。库厄琼选矿厂日处理矿石 46000t，1980 年矿石平均含 Cu 1.169%、Mo 0.026%。

入选矿石中铜矿物主要以黄铜矿、辉铜矿和铜蓝形式存在。辉钼矿结晶程度有好有坏，粒度中等。试验室试验表明，铜钼分离以采用阿斯莫法抑制硫化铜为最佳。

4.5.10.1　铜选矿厂

从采矿场运来的矿石经破碎至 -12.7mm，在 8 台 5003mm×6100mm 的球磨机中磨矿，球磨机与旋流器闭路作业。每 4 台球磨机的磨矿产品在 φ254mm 的水力旋流器中分级，矿砂与矿泥实行分选。矿砂在三排 2.27m³ 的阿基泰尔浮选机中进行，矿泥在三排 8.5m³ 的维姆科浮选机中进行。矿砂和矿泥浮选的粗精矿合并入浓密机浓密至固体约占 32% 的浓度，直接送至 2 台再磨机。再磨机与水力旋流器闭路作业，旋流器溢流经二次精选、扫选。砂、泥浮选尾矿合并为选厂最终尾矿。最终精矿细度为 -0.042mm 占 75%。

铜捕收剂为米涅瑞克 2030，即异丙基乙基硫代氨基甲酸盐、异丁黄原酸钠和戊基黄原酸钾。起泡剂是 AF-73、38Y 混合物和道-250。粗选和精选都在 pH 值约 11 条件下进行，石灰耗量为 2~2.5t。

1980 年前，铜浮选回路中钼的回收率平均为 67.13%，矿砂和矿泥分选后钼的粗选回收率约 80%。钼主要损失部分来源于被石英包裹的细粒辉钼矿和钼的氧化物。

钼精选回路中，约 60% 的钼损失于过粉碎的 -0.038mm 粒级中。此外，部分鳞片状辉钼矿在低浓度的精扫选作业中不能上浮。当矿石含大量有光泽的、浮游速度较快的黄铜矿时，辉钼矿由第一次精选作业被挤入精扫选作业，结果在精选作业中出现大量的辉钼矿循环，使钼损失达 10% 左右。为此，将精扫选泡沫用泵直接送往第二次精选，旨在改善钼的浮选效果。

4.5.10.2 铜钼分离厂

全部铜钼混合精矿集中给入 $\phi9m$ 的浓密机，浓密到含固体 60%~65%。沉砂用砂泵输送至储矿槽分配器，溢流进入回水系统。沉砂由泵扬至装有阀门的分配箱，在搅拌槽搅拌后送入丹佛擦洗机擦洗，矿浆与辉钼矿的捕收剂在其中充分接触。辉钼矿表面被擦洗干净，利于辉钼矿与捕收剂之间的充分作用。擦洗后的矿浆经立式泵扬送至粗选。在泵池添加阿斯拉尔药剂和稀释水，稀释水为制氮厂的冷却水（热水），泵的排矿装一个减压闸，以防止泵喘振对粗选的影响。

粗选用 12 台 2.83m³ 的丹佛 DR30 浮选机，其中每 4 台浮选机后装有一个矿浆缓冲箱。浮选机单边溢流，泡沫槽较大，粗选作含固体浓度为 30%~35%。

粗选和 1~2 次精选作业使用氮气代替空气，加上粗选用热水选，致使阿斯莫尔药剂用量减少 50% 以上。由于阿斯莫尔药剂用量的减少使最终铜精矿的脱水和干燥效果明显改善。粗选精矿用砂泵扬送第一次精选，粗选尾矿与第二次精选尾矿一起用砂泵泵送到铜精矿浓密机，经浓密、过滤干燥得铜精矿。

第一次精选是由一排 4 槽 2.83m³ 的浮选机组成。阿斯莫尔药剂经粗选机泡沫槽加入第一次粗选中。精选尾矿自流到粗选。第一次精选精矿、第三次精选和最终精选尾矿合并在一起，给入第一段磨机的排矿槽，再送至 1 台 254mm 克莱布斯水力旋流器，底流泵至 1.52m×3.65m 的橡胶衬里磨矿机。

第一段再磨作业的水力旋流器的溢流进入第二次精选，第二次精选是 4-4-4-4 排列的单边溢流。第二次精选精矿用立式泵扬送到第三次精选。设两排平行的丹佛 No.18P Sub-A 型浮选机，进行第三、第四次精选，三次精选为 10 个槽，四次精选为 2 个槽。正常情况下用一排浮选，品位高时用两排浮选槽。第四次精选得最终钼精矿。

如要获得优质钼精矿，第四次精选的精矿在 $\phi0.2mm$ 克莱布斯水力旋流器分级，底流进入 1.2m×2.44m 胶衬球磨机再磨，再磨产品经蒸汽加热到 80℃，用氰化钠抑制较难抑制的黄铜矿微粒。最终精选次数为 5~8 次，每次为 2 台浮选槽，8 次精选后得最终钼精矿。药剂制度列于表 4-22。

钼选矿后的钼精矿由于含有一定数量的辉铜矿和铜蓝，需要经过浓密机浓密后氰化浸出处理（这一作业仅在生产最高级的钼精矿时使用）。选矿厂回收指标见表 4-23。

表 4-22　药剂种类和用量　　　　　　　　　　（kg/t）

加药地点	阿斯莫尔	氰化钠	爱克斯弗母 636	燃料油
磨矿机	充氮		0.05	0.05
粗　选	4.5		0.05	
第 1 次精选	1.5		0.05	
第 2 次精选	1.0		0.04	
第 1 次再磨				0.03
第 3 次精选	0.05		0.07	
第 4 次精选		0.2	0.03	
加热槽		0.5		
第 5 次精选			0.01	
第 6 次精选			0.01	
第 7 次精选		0.2		
第 8 次精选		0.1		
合　计	7.5	1.0	0.26	0.08

表 4-23　库厄琼选矿厂钼回收指标　　　　　　　（%）

给矿 Mo 品位	0.41
钼精矿中 Mo 品位	55.18
钼精矿中 Cu 品位	0.95
钼精矿浸出前 Cu 品位	1.70
钼精矿浸出前 Fe 品位	2.56
钼精矿浸出前 S 品位	38.73
尾矿中 Mo 品位	0.059
选铜时 Mo 回收率	64.6
钼系统 Mo 回收率	85.69
钼总回收率	55.36

4.5.11　拉·卡里达德选矿厂

拉·卡里达德选矿厂位于墨西哥索诺拉州，在墨西哥城东北约 265km 处。建于 1979 年，日处理矿石 7.2 万吨，目前日处理矿石 9 万吨。入选矿石含 Cu 0.6%~0.8%、Mo 0.02%~0.04%。矿石中铜主要呈辉铜矿，少量为黄铜矿；钼呈辉钼矿；矿石中尚含方铅矿、闪锌矿和少量银矿物。主要脉石矿物有石英、长石等。

4.5.11.1　铜选厂

矿石由 109t 的瓦布索翻斗汽车运至海拔 1406m 以上的破碎厂，第一段破碎机使用 15.2m×22.6m 的阿里斯恰米尔颚式破碎机。筛上矿块用两台阿里德型液压破碎机处理。矿石碎至-165mm 矿石约占 9%，排至两座 600t 的缓冲料仓。料仓中的矿石用平板给矿机给矿。经皮带转运后运至 60m 高的锥底料仓，料仓有效容积为 16.5 万吨。

第二段破碎系统设 6 台 33m×2123.6mm 的阿里斯·查尔米尔型圆锥破碎机，可将-330mm 物料碎至-38mm。第二段破碎产物排至 1.83m 宽的皮带运输机将矿石运至两台筛分机，筛上产品返回破碎，筛下产物入料仓。

第三段破碎系统设 10 台 76mm×2123.6mm 的阿里斯恰尔米圆锥破碎机，破碎与筛分机闭路作业，将 63.5mm 的矿石破至-12.7mm 占 70%。第三、第二段破碎产品一起给至筛分厂筛分。筛下产物-12.7mm 占 94%，给至粉矿仓。

老选矿厂有 12 条平行的磨矿生产线，每条生产线与相应的浮选机连接。改建后将每 6 台磨矿机旋流器构成闭路为一组，水力旋流器的溢流合并分配到 5 个大型粗选槽中。

破碎过的矿石经磨矿后，溢流细度为-0.074mm 占 60%。先进行铜钼混合浮选。原设计的铜回路粗选由 12 台（每台由 14 个丹佛 DR500（14.2m³）的浮选槽组成）浮选机与 1 台球磨机形成一个系列。1986 年进行改建时，将丹佛浮选机用在精选，目前粗选与扫选分为两个大系列，每个系列由 5 台 10 个奥托昆普 OK-38（38m³）浮选槽组成。

6 台磨矿机为一组的磨矿产物给至 5 台粗选机。粗选和扫选的精矿合并后再磨。再磨球磨机与克莱布斯 D15B 水力旋流器闭路工作。溢流送至精选系统，精选分两个系统，每个系统由 3 台丹佛 DR300 浮选槽组成，现改为用 DR500 槽作粗精选，浮选时间从 13min 增至 18min。铜钼混合精矿送铜钼分离。铜粗选及扫选使用的药剂用量列于表 4-24。

表 4-24　铜浮选药剂种类及用量

药剂种类	用量/g·t⁻¹
促进剂 Aerofloat238	1.2
戊基黄原酸钾	6.9
甲基异丁基甲醇	22.8
CC1065	19.1
石灰乳	1670.0
絮凝剂	1.0

4.5.11.2　钼浮选厂

由于拉·卡里达德铜钼矿的主要含铜矿物为辉铜矿、铜蓝和少量黄铜矿，采用高能擦洗回路，用较少量的亚铁氰化钠，在控制 pH 值条件下添加润湿剂可有效分离铜钼。钼选厂工艺流程如图 4-17 所示。

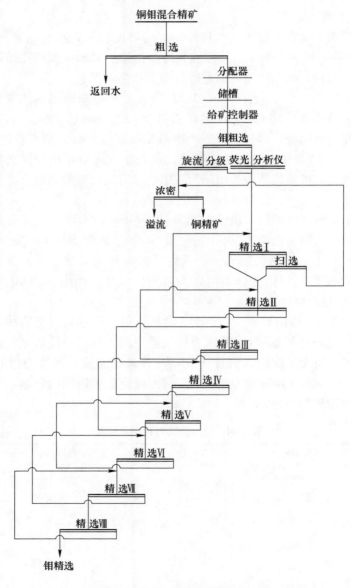

图 4-17　拉·卡里达德铜钼矿钼选矿工艺流程

铜钼混合精矿的处理流程为储存和钝化、擦洗、粗选和 8 次精选。经浓密机浓密后，底流泵送至搅拌储存槽中完成储存和钝化。这种钝化回路的主要优点是可使铜钼矿品位、给矿均匀。此外，在钝化时向铜钼精矿中充气降低矿浆的 pH 值，以便在钼浮选时更好地抑制铜的上浮。

钼浮选分两阶段进行，第一阶段包括粗选和第一、二次精选。从浓密机底流储槽出来的老化矿浆用泵扬送到粗选，补加新鲜水稀释矿浆，添加抑制铜、铁硫化矿的抑制剂亚铁氰化钠，添加硫酸控制粗选的 pH 值，也补加少量的辉钼矿捕收剂燃料油。粗选 pH 值的控制和矿浆浓度的控制取决于铜钼精矿中铜矿物的种类。如果以辉铜矿为主，pH 值调整在 8.0~9.0 之间，矿浆浓度为 18%~20%，浮选时间 16~20min。如果以黄铜矿为主，pH 值调整在 7.5~8.0 之间，矿浆浓度为 24%~28%，浮选时间加长。

给至钼选矿系统铜钼混合精矿经分析后，粒度平均为 -0.043mm 占 60%、钼 -0.043mm 占 91%、铜 -0.043m 占 83%、铁 -0.074mm 占 77%。由于铜钼混合精矿中辉钼矿已充分解离，在钼系统不设再磨。

钼粗选粗精矿扬送至第一次精选，添加亚铁氰化钠再抑制铜、铁硫化物，也加燃料油。尾矿进行扫选，精矿返至粗选，扫选尾矿与粗选尾矿合并在一起作为钼浮选系统的尾矿即铜精矿。

第一次精选的精矿送至第二次精选。再少加些亚铁氰化钠。精矿给至第三次精选。尾矿给至第二次精选。第三次至第八次精选过程是：第三次精选尾矿送至钼系统给矿浓密机，第三、第四次精选的循环量保持在 30%~50%，在这个精选阶段只添加锌氯化钠配合物，它是铜、铁和银硫化矿的有效抑制剂。将 4 份 $ZnSO_4 \cdot H_2O$ 和 6 份 NaCN 混合便形成锌氰配合物。第八次精选的最终精矿扬送至 1 台直径为 9.15m 的道尔奥利沃浓密机。浓密机底流含 50% 的固体，给至 3 台中的 1 台直径为 3.05m×3.05m（深）的搅拌槽。底流中典型的钼品位为 58%，含铜 0.5%~0.6%，浓密机溢流返至钼系统给矿浓密机。底流在必要时用搅拌槽浸出，浸出每千克铜需要氰化钠 1kg，浸出时间为 24h，约 35% 的铜被浸出。每个浸出搅拌槽可容纳 25t 钼精矿，浸出后经过滤和烘干，浸后钼精矿含铜低于 0.05%。

钼精矿过滤是用直径 1.83m、长 1.83m 的道尔奥利沃圆筒型过滤机。用两台串联过滤机，两段过滤以降低钼精矿中可溶性铜的含量。滤液扬至钼精矿浓密机。滤饼直接卸到两段双螺旋荷劳夫利特干燥机，烘干精矿含水率 7%。干燥机用油加热至 150℃（或 200℃）。烘干的钼精矿由螺旋输送机输送到 6 台圆筒装料台，钼精矿含 Mo 58.4%、Cu 0.38%、Fe 0.35% 和 Ag 30g/t。

铜精矿矿浆送至直径 42.7m 的道尔奥利沃浓密机，浓密至约 60% 的固体。底流给至过滤机，用 6 台中 ϕ3.66m×6.1m（长）的道尔奥利沃圆筒形过滤机。滤饼运至料仓。铜浮选尾矿给至 6 台浓密机，其中 5 台直径为 107m、1 台直径为

152m 的周边传动式浓密机，溢流返回利用，底流含固体 50%，自流至 10km 外的尾矿库。

4.5.12　丘基卡马达选矿厂

丘基卡马达选矿厂位于智利圣地亚哥市北 1650km，该厂日处理矿石 10.2t，是目前世界上最大的铜选矿厂。选厂分两个部分，一个是 1952 年建成投产的，设计年生产能力为 25 万吨，后来扩建到 7 万吨；另一个是 1982 年建成投产的，年生产能力为 3.2 万吨。

入选矿石为斑岩型铜钼矿石，矿石硅化、绢云母化、绿泥石化、钠长石化和绿帘石化。所处理的矿石为浅层富集矿石和原生深层矿石。浅层富集矿石中含铜矿物以辉铜矿和铜蓝为主，原生深层矿石中以硫砷铜矿（Cu_3AsS_4）为主。处理硫化矿，矿石含 Cu 1.04%、Mo 0.06%，主要脉石矿物是石英、长石、钠长石、绢云母和绿帘石等。

4.5.12.1　1952 年建选矿厂

该选矿厂采用马尔西型棒磨机磨矿，棒磨机排矿给至马尔西型球磨机，每台球磨机与 4 台克列布 D-20 型水力旋流器组成闭路作业。水力旋流器的溢流排到分配箱，加水调浆到矿浆浓度为 35%~38%，从分配箱出来矿浆给至粗选槽。粗选尾矿自流至浓密机中以回收水。浓密机底流含固体 50%~55%，送至尾矿库。粗精矿经道尔奥利沃浓密机浓缩后送至再磨，再磨机为马尔西型球磨机，球磨机与 4 台克列布 D10B 水力旋流器闭路作业。旋流器溢流的细度为 -0.043mm 占 80%~90%。底流进入精选作业，产出的精矿送往浓密。精选尾矿经扫选、扫选精矿浓密后，再磨再选，再选精矿返回到精矿。

最终精矿含铜 40%~42%、钼 0.8%~1.0%，浓密后给至钼选厂，该厂工艺流程如图 4-18 所示。

4.5.12.2　1982 年建选矿厂

该厂在 1952 年建厂工艺的基础上进行了如下改进：

（1）1952 年老厂 1 台棒磨机和 2 台球磨机日处理 5000t 矿石，1982 年建厂 1 台棒磨机和 1 台球磨机日处理 8670t 矿石。新厂每吨矿石能耗较高，但设备投资低，维修费用也低。

（2）粗选由 3 台 15 槽 14.2m³ 的浮选机组成，粗选时间从 1952 年建老厂的 6min 延长到 11min。粗选精矿送 6 台直径为 380mm 的水力旋流器分收，底流入 2 台 3m×3.6m 的球磨机再磨，排矿给至水力旋流器，溢流给至 2 台精选，粗选尾矿为最终尾矿。

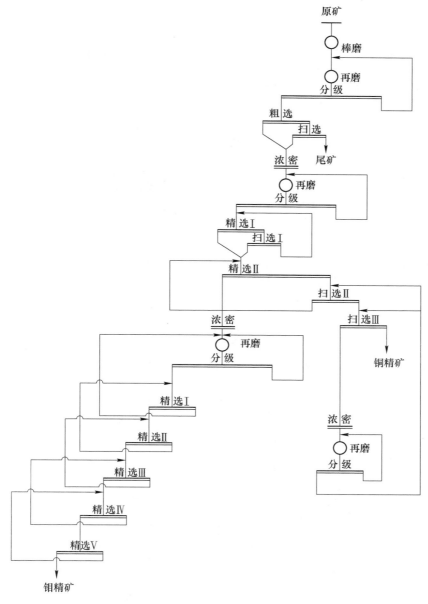

图 4-18　1952 年建铜钼选厂工艺流程

（3）精选由 26 台 8.4m³的浮选机组成，第一次精选，精选精矿再选，尾矿精扫选，扫选尾矿为最终尾矿。扫选泡沫给入 3m×3.6m 球磨机再磨，然后送到精选的扫选部分。一次精选泡沫经二次精选得最终精矿。新厂选矿工艺流程如图 4-19 所示。

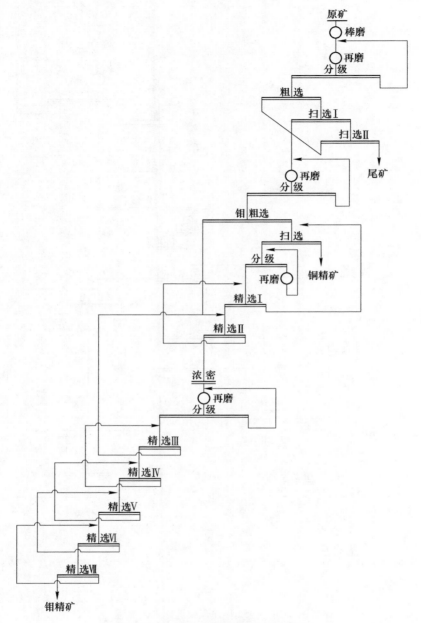

图 4-19　1982 年建铜钼选厂工艺流程

4.5.12.3　钼选矿厂

铜钼混合浮选时的捕收剂是丁基黄药和异丙基黄药，用石灰调整 pH 值为 9.6。起泡剂为道-25 和松醇油。

含 Cu 40%、Mo 1%的混合精矿用浓密机浓密后经 1 次粗选、7 次精选，产出最终钼精矿和铜精矿。粗选精矿再磨，钼精矿经两段氰化钠浸出，第一段为连续浸出，第二段为批量浸出，以进一步降低杂质含量。最终精矿经浓密、过滤和烘干。

铜钼分离用硫氢化钠，在钼精选时用阿基泰尔 40 型浮选机，用厂制氧车间的副产品氮气代替空气。使用氮气浮选后，硫氢化钠耗量下降 45%。

最终铜精矿含 Cu 42%、Mo 0.2%，铜回收率 90%，钼精矿含 Mo 54%、Cu 0.1%，钼回收率 40%。

参 考 文 献

[1] 秦克章，李惠民，李伟实，等. 内蒙古乌奴格吐山斑岩铜钼矿床的成岩、成矿时代 [J]. 地质论评，1999（2）：180-185.

[2] Richards J P, Boyce A J, Pringle M S. Geologic Evolution of the Escondida Area, Northern Chile: A Model for Spatial and Temporal Localization of Porphyry Cu Mineralization [J]. Economic Geology, 2001, 96（2）：271-305.

[3] 侯增谦，曲晓明，黄卫，等. 冈底斯斑岩铜矿成矿带有望成为西藏第二条"玉龙"铜矿带 [J]. 中国地质，2001，28（10）：27-29.

[4] Zengqian H. The Himalayan Yulong Porphyry Copper Belt: Product of Large-Scale Strike-Slip Faulting in Eastern Tibet [J]. Economic Geology & the Bulletin of the Society of Economic Geologists, 2003, 98（1）：125-145.

[5] 常印佛，刘学圭. 关于层控式矽卡岩型矿床——以安徽省内下扬子坳陷中一些矿床为例 [J]. 矿床地质，1983（1）：13-22.

[6] 宋磊. 铜钼硫复杂共生矿石选矿新工艺研究 [J]. 有色金属（选矿部分），2012（2）：35-38.

[7] 周峰，孙春宝，刘洪均，等. 某低品位铜钼矿低碱度浮选工艺研究 [J]. 金属矿山，2011，V40（3）：80-83.

[8] Salamy S G J. The application of electro-chemical methods to flotation research [J]. Institution of Mining and Metallurgy, 1953：503-516.

[9] Chander S, Fuerstenau D W. Electrochemical flotation separation of chalcocite from molybdenite [J]. International Journal of Mineral Processing, 1983, 10（2）：89-94.

[10] Krishnaswamy P, Fuerstenau D W. Electrochemical mechanism for the aqueous dissolution of molybdenite [J]. int. Symposium on Hydormetallurgy, 1987：227-241.

[11] Nagaraj D R. The mechanism of sulfide depression with functionalized synthetic polymers [J]. Symp Electrochem（Miner Metall Process），1992（5）：213-219.

[12] 张宝元. 铜钼矿石的浮选及铜钼分离工艺 [J]. 化工技术与开发，2010，39（5）：36-38.

[13] Poorkani, Banisi. Industrial use of nitrogen in flotation of molybdenite at the Sarcheshmeh copper

complex [J]. Minerals Engineering, 2005, 18 (7): 735-738.

[14] 李国胜, 曹亦俊, 桂夏辉, 等. 旋流-静态微泡浮选柱用于铜钼分离的试验研究 [J]. 有色金属 (选矿部分), 2009 (3): 42-45.

[15] 周旭日, 李春菊, 周育军. 浮选柱-浮选机联合处理铜钼混合精矿的研究 [J]. 矿产保护与利用, 2005 (3): 37-39.

[16] 杨鹏, 刘树贻, 陈荩. 脉动高梯度磁选分离难选铜钼混合精矿的研究 [J]. 矿冶, 1994 (2): 31-35.

[17] 李杰, 钟宏, 刘广义. 硫化铜矿石浮选捕收剂的研究进展 [J]. 铜业工程, 2004 (4): 15-18.

[18] 朱玉霜, 朱建光. 浮选药剂的化学原理 [M]. 长沙: 中南工业大学出版社, 1987.

[19] 刘广义, 钟宏, 王晖, 等. T-2K 捕收剂优先浮选硫化铜矿石的研究 [J]. 金属矿山, 2003 (1): 31-33.

[20] 李西山, 朱一民. 利用同分异构化学原理研究浮选药剂 Y-89 的同分异构体甲基异戊基黄药 [J]. 湖南有色金属, 2010, 26 (2): 19-21.

[21] 张麟. 铜录山铜矿浮选基础研究与应用 [D]. 长沙: 中南大学, 2008.

[22] 曾小波, 刘人辅, 张新华. 云南某硫化铜矿低碱度铜硫高效分离工艺研究 [J]. 2013, 8 (22): 112-115.

[23] 雷贵春. 德兴铜矿选钼生产新进展 [J]. 中国钼业, 1999 (4): 23-26.

[24] 朱玉霜. 浮选药剂的化学原理 [M]. 长沙: 中南大学出版社, 1996.

[25] R N D, S W A S, Avotins P V. Structure-activity relationships for Copper depressants [J]. Trans. Inst. Min. M etall. C ., 1986 (95): 17-24.

[26] Agar G E. Copper sulphide depression with thioglycollate or trithiocarbonate [J]. CIM Bulltin, 1984, 872 (77).

[27] 蒋玉仁, 周立辉, 薛玉兰, 等. 新型抑制剂浮选分离黄铜矿和辉钼矿的研究 [J]. 矿冶工程, 2001, 21 (1): 33-36.

[28] 符剑刚. 铜钼分离有机抑制剂巯基乙酸的合成与应用研究 [D]. 长沙: 中南大学, 2001.

[29] 欧乐明. 铜钼混合精矿浮选分离矿浆电化学及电位调控浮选柱研究 [D]. 长沙: 中南大学, 1998.

[30] 朱永安, 王漪靖, 王永超. 金堆城钼矿选矿工艺与技术 [J]. 中国钼业, 2018.

[31] 朱永安. 金堆城钼业集团选矿技术新进展与发展方向 [J]. 金属矿山, 2006 (5): 1-3.

[32] 刘迎春. 百花岭选矿厂技术进步回顾与展望 [J]. 中国矿山工程, 2014, 43 (4): 22-25.

[33] 张美鸽, 胡平, 刘迎春, 等. 57%钼精矿工艺研究及工业实践 [J]. 中国钼业, 2013, 37 (1): 21-24.

[34] 宋念平, 郝金朝, 李聪显. 洛钼集团选矿二公司八年以来的成功技改 [J]. 中国钼业, 2012, 36 (1): 33-37.

[35] 程建农. 浅析德兴铜矿铜钼分选工艺改进 [J]. 铜业工程, 2008 (3): 20-22.

[36] 雷贵春. 旋流器在德兴铜矿铜钼分离工艺中的应用 [J]. 矿冶, 2005, 14 (1): 32-35.

[37] 郭株辉. 德兴铜矿选钼工艺改造与生产实践 [J]. 现代矿业, 2015, 31 (9): 62-66.

索　引

A

安徽省金寨县沙坪沟钼矿　223
胺类浮选法　107

B

捕收剂　109
部分混合优先浮选工艺　17

C

COC 羟肟酸的作用机理　116
超声处理浮选法　108
磁浮联合工艺　108

D

D2 活化剂　110
德兴铜钼矿选厂　218

F

方铅矿　12
方铅矿表面吸附模型　34
复杂铜铅锌硫化矿　13，15

G

GJ　18
刚果金 KOLWEZL 矿选矿　175
高效捕收剂 BP　82
姑田铜钼矿　230
过度硫化的抑制作用　114

H

华刚矿业股份有限公司 SICOMINES 氧化铜钴矿选矿　120

化学选矿工艺　106
黄铜矿　12，196
黄铜矿表面吸附模型　32
黄铜矿的浮选行为　198
辉钼矿　196
辉钼矿的浮选行为　197
混合捕收协同浮选　106
混合浮选法　19
混合浮选分离工艺　200

J

江西七宝山铅锌矿伴生铜资源回收　82
金堆城钼矿　213

K

库厄琼选矿厂　238
矿床类型　10
矿石的构造　11
矿物的结构　12

L

LA 的促进硫化及辅助捕收机理　115
LPPC 预先抛废技术　151
拉·卡里达德选矿厂　240
离析法工艺　104
硫化浮选工艺　102
硫化浮选关键技术　103，104
硫化剂　109
洛阳栾川钼业集团选矿二公司　217

M

密度泛函理论　30

Q

其他选矿工艺　19

铅锌矿资源储量和分布　8

铅抑制剂　23

青海浪力克铜矿　65

青海祁连博凯铜铅锌矿　71

S

柿竹园铜钼铋钨多金属选矿厂　219

T

调整剂　110

铜钼矿矿床类型和矿石特性　195

铜钼矿选矿工艺　199

铜铅分离技术　61

铜铅矿浮选机理　50

铜铅锌分离　20

铜铅锌矿物赋存状态　57

铜抑制剂　23

铜资源现状　8

W

微波辐照浮选法　108

X

西藏玉龙氧化铜矿选矿　151

西藏中凯复杂铜铅锌多金属矿　57

小寺沟选矿厂　221

小铁山多金属矿　78

锌抑制剂　24

新疆滴水氧化铜矿选矿　139

新疆洛钼矿业有限公司东戈壁钼矿　233

新型起泡剂 JM-208　216

选矿新工艺的先进性和创新性　138

选冶联合法　107

Y

氧化铜矿　119

氧化铜矿矿床类型　92

氧化铜矿石特性　97

氧化铜矿物浮选行为　98

氧化铜矿物种类　94

氧化铜矿资源及其矿石特点　93

氧化铜硫化浮选机理　112

伊春鹿鸣矿业公司钼矿　235

乙二胺活化剂　110

乙二胺磷酸盐　110

抑钼浮铜（硫）方案　205

抑铜浮钼　200

优先浮选　15

原矿的物质组成　57

原矿的主要性质　57

云母抑制剂 DM　18

Z

直接浮选工艺　101

主要矿物的嵌布特性　12，72

组合抑制剂　25